DuMont's Handbuch der
Spritzpistolen-Technik

DuMont's Handbuch der Spritzpistolen-Technik

Entwicklung und Anwendung in Kunst und Werbung

Seng-gye Tombs Curtis
und Christopher Hunt

DuMont Buchverlag Köln

Umschlagvorderseite: Hajime Soratama, Illustration für
eine japanische Grafikzeitschrift, 1979

Umschlagrückseite: Paul Wunderlich, Sphinx und Tod, 1979

Frontispiz: Terry Pastor, Illustration aus dem Bereich der Luftfahrt.
Reproduktion mit freundlicher Genehmigung von An-
drew Archer Associates, London

Für Liz und Priscilla (Idee)
sowie Rose und Jacqui (tatkräftige Unterstützung)

CIP-Kurztitelaufnahme der Deutschen Bibliothek

Tombs Curtis, Seng-gye:
DuMont's Handbuch der Spritzpistolen-Technik :
Entwicklung u. Anwendung in Kunst u. Werbung /
Seng-gye Curtis Tombs u. Christopher Hunt. –
Köln : DuMont, 1983.
   (DuMont's praktische Handbücher)
   Einheitssacht.: The airbrush book ⟨dt.⟩
   ISBN 3-7701-1475-2

NE: Hunt, Christopher

Deutsche Übersetzung: Hans-Günter Schlothauer
und Karin Thomas
© 1983 DuMont Buchverlag Köln
Alle deutschsprachigen Rechte vorbehalten
Nachdruck verboten
Titel der englischen Originalausgabe:
The Airbrush Book. Art, History and Technique,
erschienen bei Orbis Publishing Limited, London 1980
© Seng-gye Tombs Curtis and Christopher Hunt 1980
Satz und Druck: Druckerei Rasch, Bramsche
Buchbinderische Verarbeitung: Hunke und Schröder, Iserlohn

Printed in Germany   ISBN 3-7701-1475-2

Inhalt

Einführung

Viele Leute haben noch nie etwas von einer Spritzpistole gehört. Wir sind zwar alle ihrem Einfluß ausgesetzt, und die Zeitschriftenwerbung ist in großem Maße von ihren Fähigkeiten abhängig, aber trotzdem konnte sie bisher noch nicht populär im allgemeinen Bewußtsein werden. Eigentlich wurde die Spritzpistole zuerst zur unsichtbaren Retusche von Fotografien verwendet. Mit ihr glättete man jene wenig schmeichelhaften Falten, die bei den frühen ›Porträts‹ zu Anfang dieses Jahrhunderts gewöhnlich noch zu sehen waren.

Wenn Sie sich für moderne Kunst interessieren, werden Sie die Werke des Fotorealismus kennen, von denen sich einige auf den ersten Blick wohl nicht von Fotografien unterscheiden lassen. Sie sind äußerst sorgfältig und präzis gemalt, und zwar oft mit Hilfe der Spritzpistole. Nur mit diesem Instrument lassen sich die feinen Lichtabstufungen, die verlaufenden Farben und die flächigen Töne erzielen, die für die Stilrichtung des Fotorealismus so typisch sind.

Die Geschichte der künstlerischen Spritzpistolennutzung geht zurück bis zur Jahrhundertwende. Die Erfindung dieses Geräts diente ursprünglich dem Zweck, mehrere Wasserfarbschichten äußerst gleichmäßig übereinander auftragen zu können. Mit der Spritzpistole gefertigte Werke hängen inzwischen in Galerien der ganzen Welt, und der Handel fordert für sie ähnliche Beträge wie für handgemalte Bilder. Denn beide Malweisen werden heute als ebenbürtig anerkannt und besitzen gleichermaßen Geltung in der Kunst.

Seit Alberto Vargas sein unsterbliches ›Varga-Girl‹ für die Zeitschrift ›Esquire‹ unter Verwendung einer Spritzpistole hergestellt hat, haben auch die Werbegrafiker die Möglichkeiten der Spritzpistole erkannt und genutzt. Viele kamen über die Fotoretusche zur Spritzpistole und sahen, daß eine unwirkliche, äußerlich makellose Welt sogar ohne ein zugrundeliegendes Foto erreicht werden konnte. Die ›Varga-Girls‹ drücken eine bestimmte Art aufreizender Perfektion aus – die lockende, aber nicht faßbare Frau. Seit den dreißiger Jahren haben Grafiker immer wieder neue plastische Realitäten entworfen. So gab es die surrealistische Illustration, aber auch die nostalgische Rückkehr zu den dreißiger Jahren in einigen Werken der späten sechziger und siebziger Jahre. Die Spritzpistole ist faszinierend und vielseitig – kaum ein Grafikstudio kommt ohne sie aus.

Die Spritzpistole kann allerdings noch mehr. So wird sie oft benutzt, um Modelle und Wände, Autos und Kuchen dekorativ zu bemalen. Modekleidung, Tücher, Möbel und Keramik – all diese Dinge sind mit gespritzten Designs geschmückt worden. Die Spritzpistole vermag auch ungewöhnliche Medien wie Latex zu sprühen und ist obendrein schon bei schwierigen Gehirnoperationen zum Besprühen empfindlicher Gewebe herangezogen worden. Ihre richtige Anwendung erfordert einiges Geschick, denn sie besitzt eine neue Technik, die sich von der irgendeines anderen Instruments grundlegend unterscheidet.

Man vergegenwärtige sich einmal kurz, was eine Spritzpistole ist. Sie wird gehalten wie ein Füllfederhalter und stößt kontrollierbare Mengen von Luft, vermischt mit Farbe, auf eine Fläche. Es gibt eine Reihe von Faktoren – etwa Farbe, Luft, das Verhältnis von Farbe zu Luft, der Abstand von der Oberfläche –, die dabei beherrscht werden müssen, ganz abgesehen von den zeichnerischen Fertigkeiten. Oft wird auch mit Abdeckungen oder Schablonen gearbeitet, deren Anfertigung schon allein eine Kunst für sich sein kann. Beherrscht man jedoch die Methoden und Tricks erst einmal, dann läßt sich die Spritzpistole auf vielseitige Weise anwenden. Aber man kann sie nicht einfach zur Hand nehmen und mit ihr malen, auch wenn man in der Technik des Pinselmalens versiert ist. Ihre Handhabe kann durchaus schwierig sein, aber dafür lohnt sie auch. Angesichts der bis 1978 über 130000 in Amerika verkauften Spritzpistolen liegt es auf der Hand, daß sich dieses Instrument inzwischen eine beträchtliche Popularität erobern konnte und daß dies ein noch fortschreitender Prozeß ist.

Dieses Buch stellt die bis heute umfassendste Einführung in den Spritzpistolengebrauch dar. Es enthält Vorschläge, welcher Typ sich für den individuellen Bedarf jeweils am besten eignet; es lehrt die Handhabung von den Grundlagen bis zu spezielleren Techniken; es beschreibt die herkömmlichen und die ausgefalleneren Anwendungsgebiete; und es behandelt auch die technischen und ästhetischen Aspekte der Entwicklungsgeschichte anhand vieler attraktiver Beispiele der Spritzkunst.

◁ Hajime Soratama, Illustration für einen Artikel über spezielle Spritztechnik in einer japanischen Grafikzeitschrift, 1979

1 Entwicklung der Spritzpistole

Vor etwa 35 000 Jahren bliesen die Menschen des Aurignac rötlichen Ockerstaub durch ein Bastrohr auf die Steinwände ihrer Höhlen. Eines der frühesten bekannten Beispiele dieser Art, das zugleich ein häufig wiederkehrendes Motiv in den französischen Höhlen von Lascaux und Pech-Merle darstellt, ist der Umriß einer Hand. Man wird kaum behaupten können, daß die Spritzkunst seit jener Zeit eine kontinuierliche Geschichte hat; fest steht aber, daß das Spritzen schon im 17. Jahrhundert in Japan bekannt war und im späten 19. Jahrhundert dann auch eine Rolle in der westlichen Welt spielte.

Der exakte Zeitpunkt, da die Spritzpistole erfunden wurde, steht nicht sicher fest; wahrscheinlich ist es das Jahr 1893, in dem Charles L. Burdick das Gerät in England patentieren ließ und im Londoner Clerkenwell Green eine Fabrik errichtete. Burdick war Amerikaner und hatte die Spritzpistole in den Vereinigten Staaten erfunden, kurz bevor er den Atlantik überquerte und seine Firma ›Fountain Brush‹ gründete. Es gibt jedoch auch ein amerikanisches Patent aus dem Jahr 1888, das man als Entwurf eines Spritzpistolengehäuses deuten könnte. Dadurch ist der genaue Zeitpunkt der Erfindung nicht exakt zu terminieren.

Burdick war ein vielseitiger Mann. Er erfand auch Befeuchtungssysteme, Münzzähl- und -sortiermaschinen und sogar eine Maschine zum Falten von Banknoten, die sich allerdings nicht durchsetzen konnte. Die Spritzpistole soll er erfunden haben, als er nach einem Verfahren suchte, mit dessen Hilfe man eine Wasserfarbenschicht über eine andere auftragen konnte, ohne daß die untere Farbe dabei beeinträchtigt wurde.

Er war Aquarellmaler, und sein Gerät bewerkstelligte diese Aufgabe gut. Die besondere Neuheit, die er entwickelte, bestand in einer zentrierten Flüssigkeitsspritze mit Flüssigkeitsnadel und Luftkappe – ein Prinzip, das bis heute die Grundlage aller gewöhnlichen Luftzerstäubungsspritzpistolen bildet. Das ursprüngliche Modell, das von Burdicks Firma vertrieben wurde, war das ›A‹-Modell, ein erstaunlich hoch entwickeltes Produkt der Technik. Es hatte eine Farbdüse aus Platin mit der Bohrungsgröße 0,18 mm und einen Farbnapf, der im Gehäuse des Gerätes untergebracht war. In nahezu jeder Hinsicht war es den heute gebräuchlichen, feinen Spritzpistolen, wie etwa dem ›Aerograph Super 63‹, ähnlich. Lediglich der Schlauch für die Luftzufuhr wurde aufgesteckt; denn Schraubverbindungen kamen erst in den zwanziger Jahren auf. Abgesehen von diesem Detail, könnte das Modell durchaus in jüngster Zeit angefer-

Anzeige für eines der frühen Produkte Burdicks, das damals als ›Aerograph‹ bezeichnet wurde

◁ Charles Burdick, der amerikanische Erfinder der Spritzpistole

tigt worden sein. Der Hebel mit zweifacher Wirkung war von Anfang an da und ebenso die austauschbaren Düsen. Burdick nannte sein Instrument ›Aerograph‹, und das Malen mit der Spritzpistole wurde eine Zeitlang zumeist als ›Aerographieren‹ bezeichnet.

insbesondere in den Vereinigten Staaten. Sie produzierten Modelle mit Fließsystem, wobei sich allerdings die meisten von den englischen Aerographen ableiteten. Einige schon bestehende Firmen, wie etwa Wold, konnten sich auf dem Markt behaupten, und auch so mancher einfallsreiche Einzelunternehmer wurde selbständig tätig. Der wichtigste unter ihnen war ein erfinderischer Einwanderer aus Trondheim in Norwegen, der seine Firma 1904 in Chicago gründete: Jens A. Paasche. Er brachte eine ungewöhnliche Spritzpistole heraus, die bemerkenswerterweise auch heute immer noch einen einzigartigen Ruf wegen ihrer äußerst feinen Arbeitsweise genießt. Die turbogetriebene ›AB‹ war Paasches Originalprodukt; man könnte mit Recht behaupten, daß sie die am weitesten entwickelte Spritzpistole ist, die es gibt. Die luftgetriebene Turbine, die mit einer Drehzahl von bis zu 20000 U/min. läuft, kann mit ganz geringen Farbmengen arbeiten und diese sehr langsam auftragen.

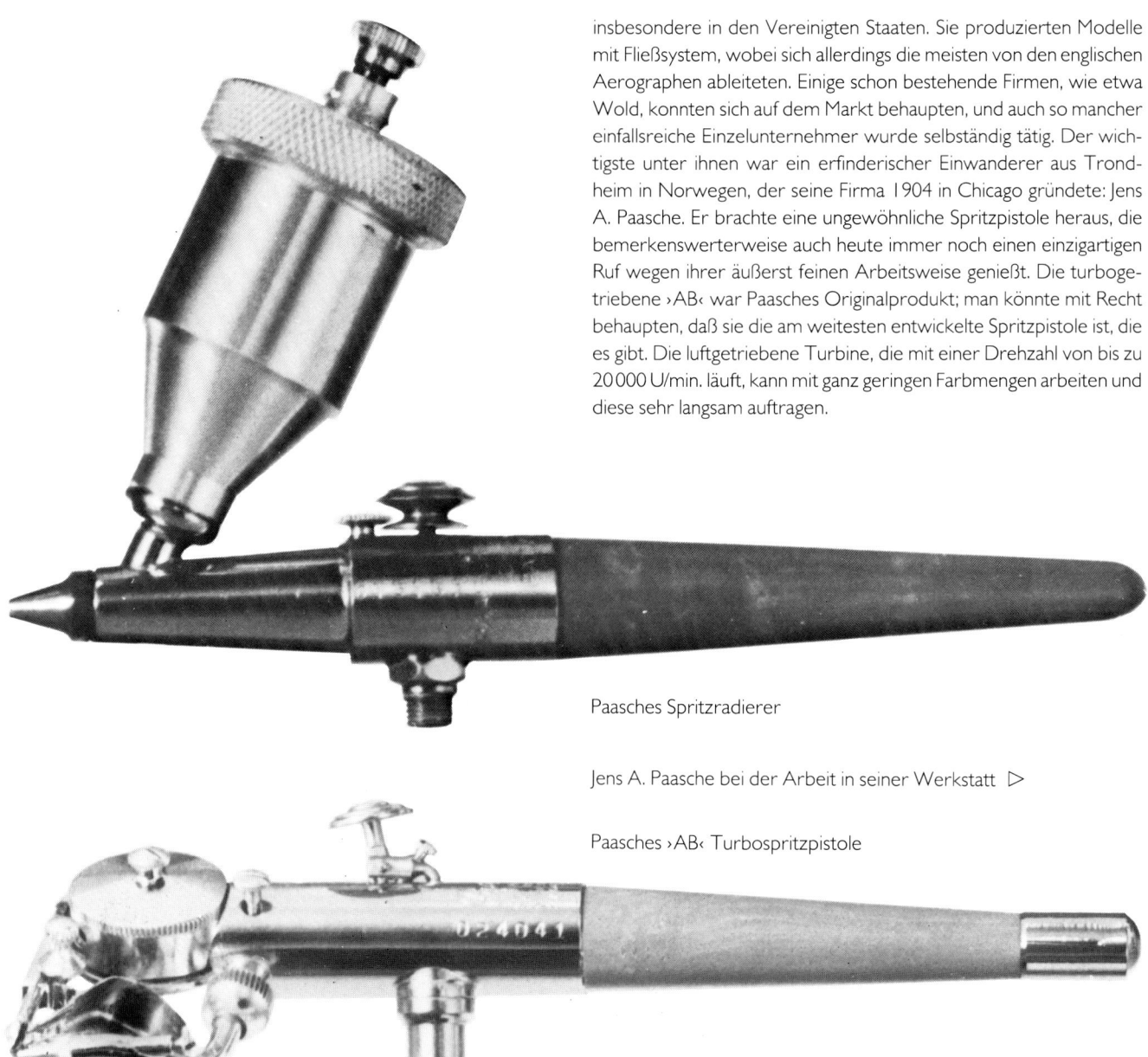

Paasches Spritzradierer

Jens A. Paasche bei der Arbeit in seiner Werkstatt ▷

Paasches ›AB‹ Turbospritzpistole

Abnehmbare Farbnäpfe wurden Anfang dieses Jahrhunderts entwickelt, ebenso offene, auf der Oberseite der Spritzpistole installierte Farbnäpfe (Modell ›E‹) und große geschlossene, die ebenfalls obenauf angebracht waren (Modell ›C‹). Der sog. ›Numograph‹ mit einer fest eingestellten Nadel für weniger exakte Arbeiten erschien um 1920. Es gab mit dem Modell ›AE‹ sogar eine ›Amateur-Spritzpistole‹; dank einer Art ›Widerlager‹ im Bedienungshebel wurde verhindert, daß zu viel Farbe verspritzt werden konnte, und ein besonderer Nocken sorgte dafür, daß das Luftventil nicht vor dem Farbventil geschlossen wurde, wodurch man ein ›Spucken‹ der Farbe vermied. Ein vergleichbarer Nocken findet sich auch noch bei einigen modernen Spritzpistolen, so bei der deutschen ›Efbe‹; allerdings gibt es für das ›Widerlager‹ heutzutage kein vergleichbares Gegenstück mehr in der Konstruktion moderner Spritzpistolen. Bis zu den zwanziger Jahren waren, neben Burdicks Produktionen, auch andere Firmen auf dem Gebiet der Spritzpistole tätig geworden,

1920 brachte Paasche einen anderen Spritzpistolentyp, den Spritzradierer, heraus. Statt Farbe spritzte er ein sehr feines Schleifpulver, meist ein Aluminiumoxid, um Farbfehler zu tilgen oder um zu ätzen. Man konnte ihn verwenden, um feine Teile empfindlicher Instrumente oder Schmuck zu reinigen und um Zahnkronen zu verbessern; darüber hinaus eignete er sich zum Gravieren, ja sogar zur Hervorhebung von Halbtönen auf Lithografien. So waren also in den zwanziger Jahren bereits viele der Spritzpistolen, die wir heute kennen, auf dem Markt. Lediglich leichte Abänderungen an der Konstruktion des Fließsystems wurden während der nachfolgenden 60 Jahre vorgenommen.

Es waren jedoch zwei voneinander unabhängige Erfindungen nötig, um die technische Grundlage für Spritzpistolen mit Saugsystem zu schaffen, obgleich Mundzerstäuber im Prinzip genauso funktionieren. Die eine war Burdicks Konstruktion einer zentrierten Nadel mit Flüssigkeitsspitze; bei der anderen handelt es sich um die Erfindung

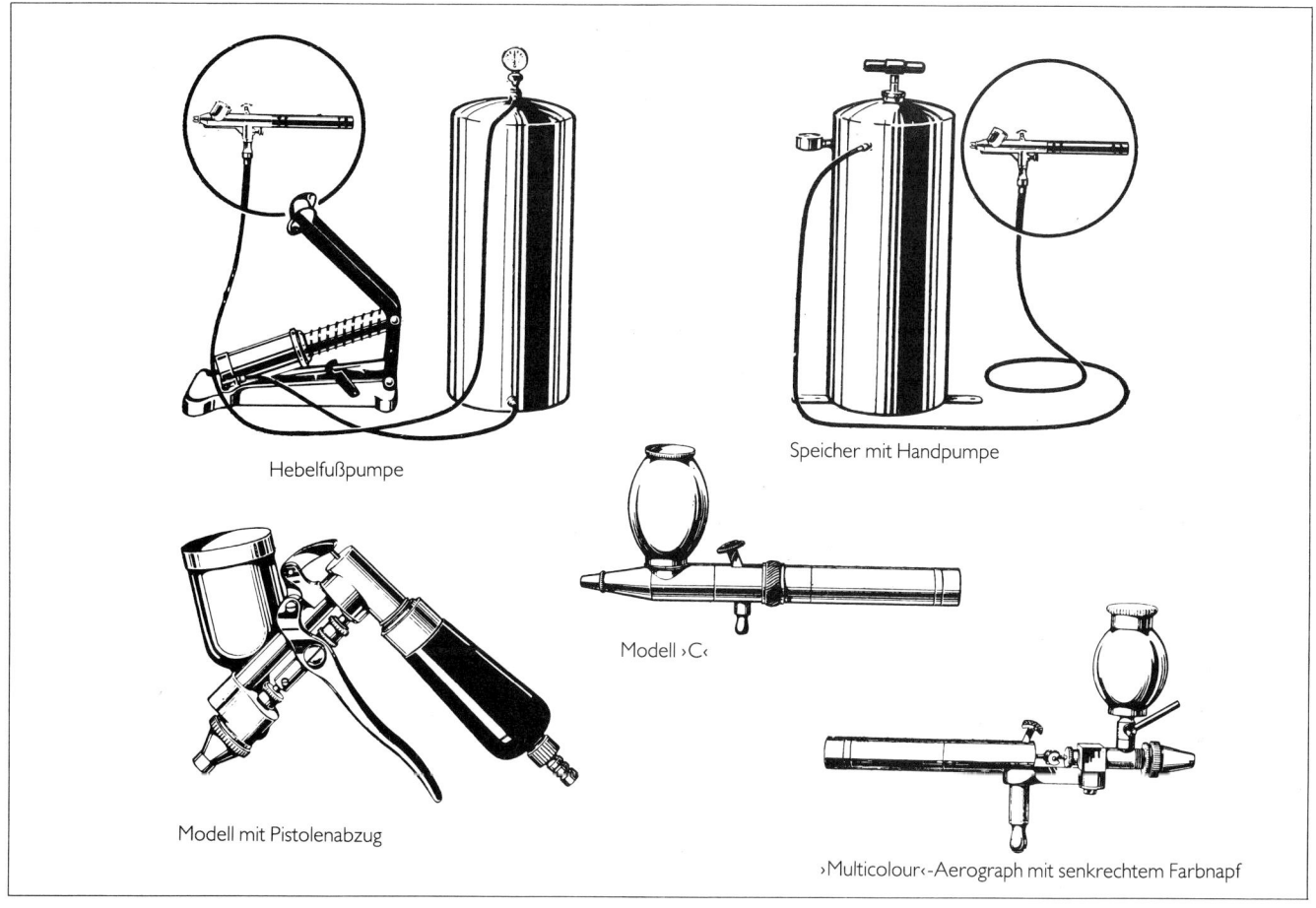

Hebelfußpumpe

Speicher mit Handpumpe

Modell ›C‹

Modell mit Pistolenabzug

›Multicolour‹-Aerograph mit senkrechtem Farbnapf

Eine Auswahl früher Aerographen und Zusatzgeräte

◁ Der Aerograph ›AE‹, auch unter der Bezeichnung Amateurspritzpistole bekannt

von Dr. Alan DeVilbiss, eines Hals-, Nasen- und Ohrenarztes aus Toledo in Ohio, der nach einer befriedigenderen Methode als das Tupfen suchte, um Medikamente in den Hälsen seiner Patienten aufzutragen. Er entwickelte zu diesem Zweck ein Zerstäubungsgerät mit einem Zinnbehälter, einem Gummiball und einigen Schläuchen; das Instrument stellte sich schnell als so erfolgreich heraus, daß DeVilbiss schon zwei Jahre nach seiner Erfindung, also 1890, eine Firma gründete. Parfüms und andere Sprays folgten, und die ›DeVilbiss Company‹ wurde 1931 mit der ›Aerograph Company‹ vereinigt. DeVilbiss und Burdick waren Freunde, so daß Burdick vor seiner Rückkehr in sein Heimatland froh war, seinen Betrieb an jemanden veräußern zu können, den er kannte und der bereits ein Tochterunternehmen in England besaß. Die meisten der heutigen Spritzpistolen basieren auf der Konstruktion von DeVilbiss und Burdick.

Es gab vor dem Ersten Weltkrieg auch schon eine große Auswahl von Antriebsmitteln, so die fußbetriebene Pumpe mit Luftreservoir. Der Typ mit Regelhebel wurde durch Auf- und Abbewegung des Fußes betätigt, was eine Unterbrechung des Spritzvorgangs während des Pumpens erforderlich machte. Es gab auch die Gleit- oder

Schwingfußpumpe, die durch eine horizontale Hin- und Herbewegung des Fußes betrieben wurde und sehr viel leichter zu betätigen war. Eine Handpumpe wurde ebenfalls auf den Markt gebracht. Sie war nur für Amateure gedacht und erforderte beträchtliche Anstrengung. Dampfgetriebene Kompressoren kamen auf, verschwanden aber wieder wie so viele andere mit Dampf betriebene Geräte angesichts der Konkurrenz durch die Elektrizität. Der elektrische Kompressor, den es seit den Anfangstagen der Spritzpistole gab, setzte sich bis heute als gängige Luftantriebsquelle durch. Kleine, tragbare Kompressoren, erhältlich etwa seit 1970, haben die Nutzungsmöglichkeiten der Spritzpistole beträchtlich erweitert, ebenso wie das Aufkommen des tragbaren Druckgasbehälters im Jahre 1972, der wenn auch nicht billig, so doch leicht und bequem ist.

Die Antriebsmittel sind also in erster Linie neuerer Entwicklung, die Spritzpistolen dagegen stammen in ihrer Konstruktion schon aus den ersten beiden Jahrzehnten dieses Jahrhunderts. Heutzutage ist eine Fülle von Modellen aus Amerika, Europa und Japan auf dem Markt erhältlich. Wie beim Auto in der westlichen Kultur dieses Jahrhunderts ist die wachsende Popularität der Spritzpistole eigentlich nicht auf radikale Neuerungen in ihrer Konstruktion zurückzuführen. Vielmehr haben preiswerte Antriebsmittel und die generelle Tendenz hin zur Massenkultur eine intensivere Verbreitung der Spritzpistole verursacht und dann indirekt auch eine Wandlung ihres Stellenwertes in der Kunst herbeigeführt.

2 Die Spritzpistole in der Kunst

Im Verlauf ihrer Entwicklungsgeschichte wurde die Spritzpistole zunächst hauptsächlich zur Retusche von Fotografien herangezogen, woraus dann auch ihre Anwendung in der Gebrauchsgrafik resultierte. Aber mit zunehmender Ausbildung eines spezifischen Massengeschmacks, der vorwiegend durch die Werbung entstand, kam es auch dazu, daß dieses Werkzeug des Werbegrafikers in größerem Umfang in den Bereich der Kunst vordringen konnte. Heute ist die Anerkennung der Spritzpistole als Arbeitsgerät des Künstlers unumstritten. In bestimmten Kreisen wurde sie aber nur sehr langsam akzeptiert. Solche Ablehnung mußte auch Charles Burdick erleben, als die Royal Academy sein Werkzeug mit der Begründung ablehnte, es sei mechanistisch. Die vorgebrachten Einwände konzentrieren sich weniger auf das Argument, daß sich ein niveauvolles Kunstwerk nicht mit einer Spritzpistole herstellen läßt, sondern sie sind eher theoretischer Natur. So wirft man dieser Malmethode vor, sie sei ohne Ausdruck, da mit mechanischer Hilfe gearbeitet wird, der Künstler komme bei dieser Technik nicht direkt mit der Leinwand in Berührung, und die Spritzpistole könne ihre Herkunft von der Gebrauchsgrafik nur schwer abschütteln, zumal ihr traditioneller Zweck der des unmittelbaren, nur für den Augenblick bestimmten Glamours sei.

Grafische Kunst

Wir sollten zunächst einen Blick auf den historischen Entwicklungsprozeß der Spritzpistole seit 1893 werfen und dabei insbesondere ihre Anwendung in der Kunst berücksichtigen. Charles Burdick, der Erfinder der Spritzpistole, begnügte sich nicht einfach mit seiner Entdeckung und mit der Gründung einer Produktionsstätte, die sein Instrument verbreiten sollte, sondern er unternahm wohl auch den ersten Versuch, mit der Spritzpistole künstlerisch zu arbeiten. Er startete sein Unterfangen mit einem großartigen, freihändig geschaffenen Porträt, das als Beleg für die Vielseitigkeit gelten kann, die schon die ersten Spritzpistolen besaßen. Im Jahre 1900 veranstaltete er einen Wettbewerb für gespritzte Bilder, bei dem ein prächtiges Exemplar viktorianischer Aquarellmalerei den Sieg davontrug. Doch es dauerte noch 70 Jahre, bis die künstlerischen Möglichkeiten der Spritzpistole konsequent weiterverfolgt werden sollten.

Abgesehen von der Tatsache, daß die Fotografie des 19. Jahrhunderts jeden vorher nicht wahrgenommenen Fehler in peinlichster

The original of the above was coloured by Messrs. RAINES & Co., of Ealing.
(Permission for reproduction granted by the Royal Air Force.)

Reproduction direct from original photograph before being touched up and coloured by the Aerograph as above.

Am Anfang diente die Spritzpistole hauptsächlich zum Kolorieren von sepiafarbigen Originalfotografien

◁ Pistolenschwingende Mama, aus der ›Esquire‹-Ausgabe März 1944, Spritzarbeit von Alberto Vargas, der mit dazu beitrug, daß der Gebrauch der Spritzpistole in der Illustrationsgrafik populär wurde

Ein Aquarellbild von Sidney Winney, das 1904 in England einen
Spritzpistolenwettbewerb gewann

◁ Ein frühes freihändig ausgeführtes Aerograph-Porträt eines unbe-
kannten Mannes, hergestellt von Charles Burdick (51 × 41 cm)

Eine Art Deco-Puder- und -Zigarettendose aus Metall mit aufge- ▷
spritzter Emaille

Weise bloßlegte, hatte sie auch einen weiteren großen Nachteil:
Denn eine akzeptable Farbwiedergabe war erst in den Anfangsjah-
ren dieses Jahrhunderts technisch möglich, und erst 1910 gab es
überhaupt Fotos mit einigermaßen klarer und kontrastreicher Farbe.
Das Publikum verlangte aber nach Farbe. Ab 1860 wurden daher
Schwarzweißfotografien von Hand koloriert. Als die Spritzpistole
aufkam, erkannte man schnell ihre Fähigkeit, diese Aufgabe weit
besser bewältigen zu können als der herkömmliche Pinsel. Denn sie
hinterließ keine sichtbaren Pinselstriche und arbeitete in Verbindung
mit Schablonen absolut exakt.

Erst in den dreißiger Jahren konnte die Anwendung der Spritzpistole in der Grafik bemerkenswerte Fortschritte verzeichnen, und
zwar wurden diese durch eine ganze Reihe unterschiedlicher Faktoren verursacht. Um die Jahrhundertwende war die Plakatkunst stark
von dem Fin-de-siècle-Stil Alphons Muchas beeinflußt worden.
Dieser Stil entsprach ganz dem Zeitgeist, was übrigens auch auf
andere feingliedrige Jugendstilentwürfe mit ihren eleganten extrava-
ganten Formen zutrifft, wenn man etwa an den Schmuck von
Fabergé und an die Glaskunst Laliques denkt. All dies endete mit dem
Ersten Weltkrieg, als Form und Funktion wieder Gewicht bekamen.

Geprägte Postkarten, die mit der Spritzpistole handkoloriert wurden (1903–10). Die beiden linken Beispiele stammen aus Amerika, wo solche Karten ab 1906 populär wurden. Die Postkarte rechts trägt eine japanische Beschriftung

Dabei war das Weimarer Bauhaus von beträchtlicher Bedeutung. Unter der geistigen Führung von Walter Gropius und der Mitarbeit solch herausragender Künstler wie Paul Klee, Lászlò Moholy-Nagy und Wassily Kandinsky wurde dort die Synthese von Kunst und Technik proklamiert. Unmittelbar vom Bauhaus beeinflußt und zum Teil als Folge der wachsenden Bildwerbung der zwanziger Jahre kam in Frankreich dann der als Art Deco bekannte Stil auf.

Das ästhetische Empfinden und das geometrische Design des Bauhauses beruhten eher auf mathematischen Grundlagen als auf rein imaginativer Vorstellung, weshalb es nicht überrascht, daß die Spritzpistole bald ihren Einzug in die Grafik des Bauhauses hielt. Die Möglichkeiten, die ihre rasche Handhabung bot, führten dazu, daß sie von vielen Bauhausdesignern und -grafikern, wie etwa Herbert Bayer, Otto Arpke, Henry Ehlers und Toni Zepf, benutzt wurde; zumal sich ihre raumgreifenden subtilen Farbflächen, die nicht selten zu dem schlichten geometrischen Charakter des Art Deco kontrastierten, sehr gut für den Gebrauch der Spritzpistole eigneten. Ein frühes Beispiel findet sich unter den Schmuckgegenständen in Gestalt einer Puder- und Zigarettendose, die eine mit Hilfe der Spritzpistole aufgetragene Farbstruktur besitzt.

Eine weitere Begründung für die wachsende Bedeutung, die die Spritzpistole im Design der dreißiger Jahre übernehmen konnte,

ergibt sich aus der Sozialgeschichte der damaligen Zeit. Es läßt sich wohl sagen, daß die wirtschaftlich und politisch schwierige Zeit der Weltwirtschaftskrise zu einer weitverbreiteten Fluchtreaktion in die Unterhaltungskultur geführt hatte. Die Hoffnungslosigkeit des Alltags ließ sich im Kino der Hollywood-Musicals verdrängen, sehr extravagant fegten dort die spektakulären, unbändigen Tanzmädchen Busby Berkeleys den Trübsinn hinweg. Und was Berkeley im Film schaffte, gelang George Petty und Alberto Vargas in den Magazinen. Im Herbst 1933 erschien die erste Nummer von ›Esquire‹ mit dem ersten Petty-Girl. Petty, der vorher als Fotoretuscheur gearbeitet hatte, zeichnete Pin-up-Girls, die sich rasch großer Popularität erfreuten. Im Oktober 1940 kreierte Vargas dann sein ›Varga-Girl‹, das ebenfalls in ›Esquire‹ erschien und das Pin-up-Girl von Petty um vier Jahre überlebte. Beide Grafiker haben für ihre Pin-ups die Spritzpistole verwendet, wenn man auch rückblickend wohl feststellen muß, daß Vargas auf originellere Weise als Petty von der Spritzpistole Gebrauch machte. Grundsätzlich aber ist die Qualität bemerkenswert, die beide mit der Spritzpistole erzielen konnten. Petty- und Varga-Girls gehörten nicht der Wirklichkeit des Alltags an; sie waren attraktiv, verlockend und zugleich unerreichbar. Dieser Stil war äußerst individuell, er suggerierte eine künstliche Scheinrealität, ein Schlafzimmer, in das jeder Mann entfliehen konnte unter Zurücklassung der realen Welt, die ihn wieder auf den Boden zurückgebracht hätte. Diese Art Bildgestaltung war sehr erfolgreich. So gingen für den Vargas-Kalender 1943 eine Million Bestellungen ein.

Es ist in diesem Zusammenhang noch erwähnenswert, daß ein Mitarbeiter der Produktionsabteilung von ›Esquire‹, Hugh Hefner,

Terry Pastor, Margrittalisa, 1977. Tusche und Gouache auf Karton, 51 × 35 cm. Die Mona Lisa wird von einem Apfel verdeckt – eine Parodie auf Magritte

Dick Ward, Wolkenkratzer-Zigarettenpackung, mit der Spritzpistole auf ein Foto aufgetragen

David Jackson, Illustration zur Eigenwerbung, 1978

Ende 1953 die Zeitschrift ›Playboy‹ herausbrachte. Auch der ›Playboy‹ sollte für seine Pin-ups bekannt werden, unter denen sich übrigens auch einige Spritzarbeiten von Vargas befanden. Das berühmte, doppelseitig abgebildete ›Playboy‹-Mädchen stellte eine Idealisierung des Varga-Girls dar, das zu dieser Zeit schon Teil der amerikanischen Traummythologie geworden war; und zweifellos pflegte man die Wirklichkeit stets mit der Spritzpistole zu korrigieren, indem die Körper der Modelle durch Retusche idealisiert wurden. Ein geschicktes Manipulieren mit der Spritzpistole beseitigte Schönheitsfehler, Narben und andere ungeliebte natürliche Eigenheiten und überführte so das Pin-up aus der Realität ins Reich der Phantasie.

In größerem Maße wurde die Spritzpistole von der Gebrauchsgrafik in den sechziger Jahren wieder aufgegriffen. Die Plakatkunst erfreute sich nach einer langen Zeitspanne, in der eine Vorliebe für matte Farbtöne die Spritzpistole weitgehend verdrängt hatte, im Zuge der Pop Art wieder wachsender Popularität. Die Nachkriegsnüchternheit wurde zugunsten einer farbfreudigen Experimentierlust zurückgedrängt. Die enorme Expansion der Massenwerbung warf ganz neue Symbole, Embleme und Bilder auf den Markt. Das

von Werbung und Konsum geprägte Stadtleben mit seinen abgepackten, vorgefertigten Produkten wurde von den Medien ins allgemeine Bewußtsein gerückt. Und der heutige Status der Spritzpistole in der Kunst hat in dieser uniformen Welt der Reklamebilder seine Grundlage.

Seither hat die Spritzpistole zwar recht unauffällig, aber trotzdem sehr intensiv in Verbindung mit der Fotografie Verwendung gefunden. Oft sind wir uns ihrer Mithilfe gar nicht bewußt; denn ihr Wert als Retuschierwerkzeug liegt ja gerade in ihrer Fähigkeit, unsichtbar zu bleiben. Aber da wir sie nie sehen, vermögen wir gar nicht richtig einzuschätzen, wie eine Fotografie verändert werden kann – und geändert wird. Für den Inserenten resultiert daraus die Möglichkeit, sein Produkt perfekter als real darzustellen. Blickt man auf ein Reklameplakat für eine Packung Zigaretten, so sieht die Packung selbst neu und makellos aus. Das ist nicht bloß gute Fotografie, sondern es handelt sich mit größter Wahrscheinlichkeit um das Resultat einer Retusche. Die Spritzpistole läßt die fotografische Darstellung eines Objektes so akkurat und perfekt wie nur möglich erscheinen. Umgekehrt läßt sie sich aber auch zu Zwecken der Täuschung anwenden.

Inwieweit spielt das Retuschieren in der Werbung nun tatsächlich eine Rolle? In Zeitschriften mit hochwertigem Farbdruck gibt es zumeist eine große Zahl von ansprechenden Fotoanzeigen, von denen nahezu alle retuschiert sind. Dies geschieht beinahe unmerklich, aber doch deutlich genug, um das Produkt so weit wie möglich zu idealisieren.

Die Verwendung der Spritzpistole als Medium der Darstellung und der Retusche hat seit 1960 stark zugenommen. Was heutzutage führende Illustratoren wie David Jackson und Terry Pastor erreichen, resultiert aus der unbekümmerten Ausplünderung aller künstlerischen Strömungen der letzten Jahrzehnte, wobei die Spritzpistole eine zynische, künstlich-glatte Form von Realität verherrlicht. Einige Werke von Terry Pastor ahmen in ihrem alogischen Nebeneinander ganz unbekümmert Magritte nach. So wird zum Beispiel in einer perfekten fotografischen Wiedergabe das Gesicht der Mona Lisa durch einen grünen Apfel ersetzt. David Jackson ist einer von vielen, die Spritzarbeit so anwenden, daß das dargestellte Produkt idealisiert wird – ganz in der Art, wie in Zeitschriften Aktdarstellungen gezeichnet oder retuschiert werden. In den künstlerisch einigermaßen hochwertigen Arbeiten dieses Typs ist die Idealisierung offensichtlich: Ein attraktives Paar Lippen saugt Apfelsaft aus einem Strohhalm, aber anstelle von Flüssigkeit enthält das Glas einen Apfel. Das Ganze besitzt eine Prise Humor und ist dadurch aufreizend und mehr als real im Sinne von ›surreal‹.

Von den Surrealisten hat das grafische Gewerbe die Freiheit übernommen, beliebige Bilder nebeneinander zu stellen, um Traum und Realität zu verbinden, und zwar nicht nur als Fotomontage, sondern in einem mit der Spritzpistole geschaffenen Kunstwerk. Der wichtigste Grundsatz des Surrealismus, die Erweiterung der greifbaren Welt über die alltäglich wahrgenommene Realität hinaus, war von befreiender Wirkung auf die Arbeit der Werbegestalter. Für

Schallplattenhüllen und Werbeillustrationen wurden Bilder aus artfremden Regionen geholt und in diese neue Welt des erweiterten Post-Surrealismus gestellt, was dem Publikum durchaus gefiel.

Es gab jedoch auch noch eine andere unwirkliche Welt zu illustrieren: die Science-fiction-Kunst mit ihren futuristischen und phantastischen Bildern. Angesichts der explosionsartig anwachsenden Begeisterung für Science-fiction ab Mitte der siebziger Jahre wurde dieses Thema am meisten von der Gebrauchsgrafik in Anspruch genommen, und vielleicht haben einige Illustratoren die Spritzpistole dabei sogar allzu eifrig benutzt. So meint David Hardy, dessen Buch ›Thomas Cook's Galactic Tours‹ (›Thomas Cooks galaktische Reisen‹) einige gute Beispiele dieses Genres enthält: »Ich glaube, daß dieses Gebiet mehr als irgendein anderes sowohl den Gebrauch als auch den Mißbrauch der Spritzpistole angeregt hat. Es gibt viele Effekte, die sich eigentlich mit keiner anderen Methode erzielen lassen, aber ein kurzer Spritzer läßt auch nicht unbedingt einen Sternenkosmos entstehen.«[1]

Noch ein weiteres Gebiet, das für die Gebrauchsgrafik wichtig wurde, ist der Erwähnung wert: die Darstellung technischer Objekte. Die Spritzpistole wird seit mindestens 40 Jahren auch zur Herstellung jener technischen Zeichnungen und Schaubilder herangezogen, mit denen man diverse Handbücher zu illustrieren pflegt. Wie bei der Science-fiction-Illustration zählt hierbei die Fähigkeit der Spritzpistole, Klarheit und Genauigkeit zu erzielen, wozu noch ergänzend ihre unübertroffene Schnelligkeit hinzukommt. Das technische Zeichnen hat sich überhaupt zu einem zentralen Bereich der Gebrauchsgrafik entwickelt. So ist die Darstellung von Autos und Motoren in der Produktwerbung, ja sogar in der Kunst, sehr beliebt geworden.

Malerei

Wie sieht es nun aber bei der Malerei aus? Im Jahre 1917 nahm Man Ray in einem Anflug der Verzweiflung eine Spritzpistole, die er bei seiner Arbeit gebraucht hatte, mit nach Hause und begann, in Schwarz und Weiß zu spritzen. Dies entsprach seinen Absichten, sich endlich von der konventionellen Praxis des Kolorierens zu befreien und gleichzeitig die darin versteckten künstlerischen Ansprüche abzuschütteln. Man Ray war mit den Resultaten seiner Bemühung, die er ›Aerographien‹ nannte, sehr zufrieden: »Die Ergebnisse waren erstaunlich – sie hatten den Charakter von Fotografien, obgleich die dargestellten Dinge ganz und gar nicht figürlich waren … Es war erregend, ein Bild zu malen und die Oberfläche dabei kaum zu berühren – sozusagen ein rein geistiger Akt.«[2] Ray malte einige Spritzbilder, aber trotzdem verhärtete sich die schon vorher vorhandene ablehnende Haltung der etablierten Kunstkritik ihm gegenüber noch mehr. Sein Freund und Biograph Sir Roland Penrose schreibt, daß er bereits »als ein Entarteter, ein Scharlatan und Krimineller abgestempelt worden war wegen der Zerstörung des Malaktes durch mechanische Methoden«. Seine Spritzbilder, so etwa ›La Volière‹ (S. 30), »stießen genauso wie sein übriges Werk auf Ablehnung«.[3] Ray brach 1919 seine Versuche mit der Spritzpistole zugunsten von Experimenten mit der reinen Fotografie ab, aber seine erhaltenen ›Aerographien‹ sind nicht nur ein Beleg für Rays

◁ Ben Schonzeit, Berganos Tisch, 1977. Auf Leinwand gespritztes Acryl, 91 × 91 cm. Dies ist in seinen täuschenden Effekten ein echtes Stück Fotorealismus

schöpferisches Genie, sondern auch für den Umfang seines medien-expansiven Denkens. Etwas verbittert meinte Ray am Ende seines Lebens, daß seine Aerographien eigentlich für Fotografien gehalten wurden und nie recht anerkannt worden sind.

Kunst mit mechanischen Mitteln: das war der Vorwurf, den man gegenüber den ›Aerographien‹ Man Rays erhob, und lange Zeit war dies überhaupt der Grund für die ablehnende Haltung, die der Spritzpistolenkunst von der etablierten Kunstwelt entgegengebracht wurde. Die Eröffnungssalven im Kampf um die allgemeine Emanzipation der Spritzpistole kamen dann aber von der Pop Art, die ihre Sujets aus der Konsumkultur herholte und sie – so neutral wie nur möglich und in vergrößertem Maßstab – zu Kunstobjekten machte. Wenn ein Konsumgegenstand als Kunst akzeptiert wird, dann ist er auch Kunst, so argumentierten die Pop-Künstler, gleichgültig, wie genau das industriell gefertigte Modell wiedergegeben wurde. Die Pop-Künstler lehnten auch jegliche Unterscheidung zwischen gutem und schlechtem Geschmack ab. Diese neue Kunstrichtung wurde von einer breiten Öffentlichkeit akzeptiert, wenn auch Autoren wie Harold Rosenberg, Clement Greenberg und Peter Selz, die sich sehr für den Abstrakten Expressionismus engagierten, eine Gegenposition vertraten. Sie sahen in der Pop Art einen Angriff auf ihren Kunstbegriff. Willem de Kooning sagte über Pop-Künstler: »Ich bin auf einem Berg und sie auf einem anderen.«[4] Jim Dine war da schon zurückhaltender, wenn er meinte: »Ich glaube nicht, daß es einen scharfen Bruch gegeben hat, der den Abstrakten Expressionismus ersetzt hat. Ich denke, so ist der natürliche Lauf der Dinge.«[5] Aber so war es vermutlich nur deshalb, weil junge amerikanische Künstler in der dünnen Luft des Abstrakten Expressionismus zu ersticken glaubten. Da diese Stilrichtung rasch ihre eigene Grundlage verlor, wie jedenfalls Tom Wolfe feststellte, wandten sich die Jüngeren in einer heftigen Gegenreaktion wieder weniger erhabenen Dingen in Gestalt von Zahnpastatuben, Colaflaschen und Suppendosen zu. Dabei war es für konservative Kritiker nicht nur ein Problem, die von den Pop Artisten bevorzugten Sujets zu akzeptieren, sondern auch ihre Herstellungstechniken als künstlerische Methoden zu würdigen. Dies gilt gleichermaßen auch für die nachfolgenden Fotorealisten. Dennoch konnte sich die Pop Art sehr wohl behaupten, eben weil sie sich verkaufen ließ. Sie wurde von einer Käuferschicht akzeptiert, die froh war, etwas Helles und Enthusiastisches zu finden, das zugleich leicht verständlich war.

Die Spritzpistole, das Instrument der Gebrauchsgrafik, fand rasch Eingang in die Pop Art, insbesondere bei Peter Phillips (S. 40–43). Ein Teil ihrer Anziehungskraft bestand wohl darin, daß ihr Stil technoid wirkte und ihre Handhabe mechanisch war, was dem Maler eine relativ neutrale und distanzierte Darstellungsform gestattete. Dieser Stil wurde dann allerdings in der künstlerischen Anwendung auf seine eigene Art ausdrucksvoll, so daß er uns heute eigentlich kaum noch neutral vorkommt. Roy Lichtenstein betonte: »Die Bedeutung meines Werkes liegt darin, daß es industriell ist, es ist so, wie die Welt bald sein wird . . . Eine Sache in einem malerischen Stil auszudrücken, würde sie verwässern; die Techniken, die ich anwende, sind nicht kommerziell, sie scheinen nur kommerziell zu sein.«[6] Dies sind Worte, die 50 Jahre früher auch von Man Ray oder Walter Gropius hätten ausgesprochen werden können.

David Hardy, Skilauf über Europa, eine Science-fiction-Illustration

Der Pop Art auf dem Fuße folgte eine Kunstrichtung, die man Foto- oder Hyperrealismus nannte und die viel dazu beitrug, den Gebrauch der Spritzpistole in der Kunst zu festigen. Einige Künstler verbanden in ihrem Stil die Techniken beider Richtungen miteinander. Was aber wohl alle Künstler dieser Richtungen gemeinsam haben, ist das Anliegen, die Konventionen der Bildgestaltung neu zu setzen und sich nur noch auf Maßstab und Kontext zu verlassen. Die Fotorealisten benutzten häufig Fotografien als neutrale Bildvorlagen; dabei strebte man weg vom Metaphysischen und hin zu einer empirischen Aussage über die Umwelt, einer Welt von heute mit Gebäuden, Autos und Motorrädern. Die angestrebte Unpersönlichkeit des künstlerischen Ausdrucks machte oft die Verwendung der Spritzpistole geradezu erforderlich, da sonst die Handschrift des Pinsels zu deutlich und aufdringlich gewesen wäre. Denn der Pinsel verrät sofort einen persönlichen Stil und weist auf die Methode der Gestaltung des Werkes hin. Dagegen ist die Kälte der Spritzpistole beunruhigend neutral auf eine Weise, wie es auch surrealistische Bilder sind. Vielleicht ist es diese Eigenschaft, die uns die Bilder, die wir täglich um uns sehen, immer wieder anschauen läßt, wenn sie auf der Leinwand erscheinen. Ein Autowrack ist riesiger, häßlicher Abfall; ein Lastwagen in Fahrt hat tatsächlich eine erstaunliche Grazie in der Bewegung.

Die Fotorealistin Audrey Flack wollte allgemein zugängliche Aussagen über das Leben machen und bediente sich dazu nicht nur jeglicher grafischer Technik, sondern auch der Spritzpistolenmalerei. Für einige Fotorealisten standen formale Erwägungen stärker im Vordergrund. John Salt (S. 36), der ebenfalls mit der Spritzpistole arbeitet, tut dies deshalb, weil er vom Einfluß der Kunst selbst wegkommen möchte. In erster Linie interessiert diese Künstler jedoch die Bewältigung technischer Probleme, die sich bei der Wiedergabe von Farbnuancen und Glanzlichtern auf einer Fläche ergeben. Alle Teile des Bildes werden mit der gleichen Unparteilichkeit behandelt, nicht nur weil man sie der Emotion und der eindeutigen sozialen Stellungnahme entziehen will, sondern weil das Sujet eben gar nicht so sehr von Bedeutung ist. John Salt meint dazu: »Das Auto war naheliegend... Aber ich male Autos nicht, weil sie wichtig sind oder irgendeine Botschaft vermitteln. Sie sind bloß ein sehr naheliegendes Sujet. Außerdem hatte die Art, wie ich mit Sprühfarbe und Spritzpistole malte, Bezug zu der Art, wie Autos lackiert werden.«[7] Und Don Eddy: »Ich glaube, das Sujet ergibt sich für mich aus der Struktur jener Malprobleme, für die ich mich interessiere.«[8]

Auf die Frage, was die Kamera mit der Wirklichkeit mache, gab der Fotorealist Ralph Goings zur Antwort: »Wenn man mit Fotovorlagen arbeitet, ist die Realität gefroren, sie ist da, unveränderlich, sobald das Foto aufgenommen ist. Egal wie man den Kopf bewegt, man wird bestimmte Überschneidungen oder geschickte Kombinationen von Dingen, die gegen traditionelle Vorstellungen von Komposition verstoßen, nicht ausgleichen oder beseitigen können.«[9]

Während die Pop-Künstler in ihren Bildern identifizierbare Objekte darstellen, messen die Fotorealisten ihren Vorlagefotos eigentlich keine Bedeutung zu; sie sind ohne Kontext. Richard Estes zum Beispiel versucht nicht, »das Foto zu vergrößern. In erster Linie mache ich ein Bild, und ich verwende nur all diese anderen Dinge, um es zu machen.«[10] Die Fotografie existiert auf der Ebene des beliebigen Quellenmaterials und ist Ausgangspunkt für das Werk. Die technische Herausforderung besteht in der Schaffung einer befriedigenden, ganz exakten Anordnung von Farbe auf der Oberfläche. Chuck Close macht die Feststellung: »Mein Hauptziel ist es, fotografische Information in Farbinformation umzusetzen.«[11] Und gewisse technische Faktoren erleichtern den Gebrauch der Spritzpistole bei der Schaffung spezifischer Imaginationsfelder, bestimmter Lichter und Töne. So ist es das Interesse für das Strukturieren von Farbe auf einer Fläche, worin die Fotorealisten von heute eine gewisse Verwandtschaft mit den Malern der konstruktivistisch-abstrakten Richtung von gestern aufweisen.

Ist die Spritzpistolenmalerei wirklich Kunst?

Die Spritzpistole erfordert ebenso wie der Pinsel spezifisches technisches Können, um einwandfreie illusionistische Werke zu schaffen; und wenn dabei auch die Hand etwas weiter als beim Pinsel von der Leinwand entfernt ist, so ist doch in erster Linie ausschlaggebend, ob der Künstler seine Fertigkeit so weit entwickelt hat, daß das künstlerische Verfahren eine Erweiterung des Geistes darstellt. (Bruce Glaser über das Werk von Audrey Flack)[12]

Es trifft natürlich zu, daß der Künstler nicht in direkter Berührung mit der Malfläche steht, obwohl auch das der Fall sein kann, wenn er feine Detailarbeiten ausführt. Außerdem wird eine Antriebsquelle in Gestalt eines Druckgasbehälters oder ein Kompressor verwendet, und die Spritzpistole stellt ein aus Metall gefertigtes, technisches Präzisionsinstrument dar, das mit einem Hebel betätigt wird. Das Gerät selbst ist also mechanisch. An dieser Stelle wird eine Differenzierung notwendig, die Man Ray, Gropius und eine ganze Reihe von Kritikern nicht vorgenommen haben. Das Instrument und seine Hebelbetätigung sind nicht das gleiche wie die Art und Weise, in der es benutzt werden kann. Es mag zwar ein Hebel sein, der das Spritzsystem der Farbe auslöst, aber er läßt sich stufenlos verstellen und damit modulieren. Dies ist eben das Entscheidende; die Spritzpistole gestattet genauso viele Ausdrucksmöglichkeiten wie der Pinsel. Es muß ebensoviel Technik erlernt – wie aus den folgenden Kapiteln ersichtlich wird – und auch genauso viel Geschick bei der Anwendung erworben werden wie in der herkömmlichen Malerei; und falls man es will, könnte man mit der Spritzpistole eine ebensolche persönliche Handschrift ausbilden wie mit dem Pinsel. Was bis jetzt noch fehlt, das ist eine voll entwickelte Ausdruckssprache mit der Spritzpistole und ebenso eine starke Tradition, denn noch ist die Spritzpistolenmalerei eine junge Disziplin.

Warum haben dann einige bedeutende Spritzpistolenkünstler seit Man Ray ausdrücklich auf die mechanistische Struktur dieses Verfahrens hingewiesen? Der Grund dafür ist wohl psychologischer Natur. Die Spritzpistole ist eine Maschine; der Künstler projiziert ein wenig von sich selbst in die Maschine, die er gebraucht, und seltsamerweise spürt er so etwas wie einen wechselseitigen Einfluß. Die Spritzpistole funktioniert sicherlich nicht wie eine Maschine, wenn man darunter verstünde, daß sie ohne Ausdruck sei. Dieser Text hier wird auf einer Maschine geschrieben, einer Schreibmaschine, aber dadurch wird nicht unbedingt das Ergebnis mechanisch oder die Möglichkeit, daß dieser Text ausdrucksvoll ist, begrenzt.

Es gibt übrigens eine Maltradition, die der Spritztechnik im Ausdruck sehr nahe kommt, nämlich die alte chinesische Pinselmalerei. Eine Empfehlung in einem Handbuch der chinesischen Malkunst lautet: »Bewege beim Umgang mit dem Pinsel nicht nur die Finger, sondern den ganzen Arm.« Genau das gleiche könnte für die Spritzpistole geschrieben worden sein. Und ob der chinesische Pinsel senkrecht oder schräg gehalten wird, das alles entspricht dem Abstand, den die Spritzpistole von der Malfläche einzunehmen hat. Aber die Hauptähnlichkeit liegt nicht in solchen Details, sie hängt vielmehr mit der Konstruktion des ganzen Werkes zusammen. Ein chinesisches Bild wird mit wenigen großzügig hingeworfenen Pinselstrichen ausgeführt. Ein Strich läßt ein Blatt oder einen Blütenkelch entstehen, so, wie beim Spritzen auch einige wenige, schwungvolle Farbstriche aufgetragen werden. In der Verwendung von großen Pinselstrichen statt einer Vielzahl von winzigen, detaillierten steht die chinesische Malkunst der Spritztechnik sehr viel näher als der herkömmlichen westlichen Pinselmalweise.

Wenn wir uns im Anschluß an die Techniken der Bildherstellung nun den Methoden der Bilddeutung zuwenden, so stellen wir fest, daß die Spritzpistole einen Platz in der gegenwärtigen Diskussion über die Wahrnehmungstheorie einnehmen kann. Die Wirkung der Wahrnehmung beim Deuten eines Bildes ist kein neues Thema für die Kunsttheorie; das gilt sowohl für den Wahrnehmungsvorgang selbst als auch für die Einschränkungen, die der Interpretation des betrachteten Werkes bei eben diesem Vorgang auferlegt werden. Aus seiner Arbeit in der Abteilung für Gehirn- und Wahrnehmungsforschung an der Universität Bristol folgerte Prof. Richard Green, daß unsere Wahrnehmungsprozesse nur ablaufen, wenn sie auf eine bestimmte Weise gereizt werden. Wir lernen nicht so sehr zu sehen, als vielmehr zu unterscheiden. (Diesen Punkt nimmt E. H. Gombrich in seinem Buch ›Kunst und Illusion‹ auf, und die folgenden Ansichten verdanken ihm sehr viel.) So etwas wie das unschuldige Auge gibt es nicht; unsere Wahrnehmung wird vielmehr von inneren Einstellungen und Erwartungen beeinflußt, die uns bereit machen zu sehen. Wahrnehmung hat man »vorrangig als Abänderung einer vorgefaßten Erwartung« bezeichnet; wo wir etwas erwarten können, müssen wir nicht so unbedingt unsere Wahrnehmung einschalten.

Wenn wir ein Bild anschauen, prüfen wir es auf seine Aussagemöglichkeiten und bringen dabei unsere eigenen vorgefaßten Meinungen mit ins Spiel – um zu sehen, welche passen. Ein bestimmter künstlerischer Stil erweckt auch ganz bestimmte Erwartungen im Betrachter; verschlüsselte Botschaften werden mittels einer mehr oder weniger konventionellen Symbolik übermittelt. Wenn sich eine schlüssige Deutung ergibt, sind wir schnell bereit, sie zu akzeptieren; wenn aber die ganze Botschaft den Erwartungen entspricht, macht das Betrachten generell nur wenig Freude. Ein ganz und gar konventionelles Kunstwerk ist gelegentlich nötig – wenn etwa seine Botschaft auf den ersten Blick kristallklar sein muß –, aber wir sehen ein solches Werk eigentlich nicht als Kunst an, da es unsere Aufmerksamkeit nicht fesselt.

Wir haben hier kriterielle Ansätze für das, was Kunst ist: Zwischen der Erwartung und der Beobachtung muß ein aktives Wechselspiel stattfinden; dieses Wechselspiel ist schließlich die Grundlage aller Kommunikation. Aber dabei muß es auch eine Abweichung von der Konvention geben, eine Herausforderung an die Aufmerksamkeit. Wenn sich diese Herausforderung einstellt, kommt es zu einem leichten Schock und einer Anpassung der Erwartungen dergestalt,

Die Utensilien des Spritzpistolenkünstlers bei großformatigen Werken, hier beispielhaft gezeigt anhand von Audrey Flacks Studio während der Arbeit an ›Marilyn‹ (das fertige Werk siehe S. 26)

daß ursprüngliche Annahmen revidiert werden müssen. Die Theoretiker des russischen Formalismus zu Beginn dieses Jahrhunderts hatten dafür die Bezeichnung »Ostranenie«, »Verfremden«. Sie nannten dies auch die Kunst der »schwierigen Wahrnehmung«, die für sie die Grundlage aller Künste war, und sie gelangten zu dieser Auffassung ohne die moderne Wahrnehmungstheorie.

Diese These verweist wohl recht deutlich auf den Standort, den die Spritzpistole in dieser Diskussion einnimmt. Die Spritzpistolenkunst wirft eine Reihe von Problemen auf: erstens mit ihrer mechanischen Eigenschaft und zweitens mit ihrer Herkunft aus der Gebrauchsgrafik. Letzteres war wohl, was ihre Respektierung durch die Kunst angeht, ein ziemliches Schreckgespenst. Und irgendwie beherrscht diese geistige Haltung auch heute noch die Art und Weise, wie ein Betrachter gewöhnlich an ein Spritzpistolenbild herangeht: man erwartet so etwas wie Gebrauchsgrafik. Wenn sich diese Erwartung als falsch herausstellt, sollten Schock und Anpassung erfolgen. Der Intellekt des Betrachters räumt dann ein, daß hierbei manches doch ein wenig anders ist, und das bringt vielleicht ein anderes Denkmodell, nämlich die Erwartungshaltung der ›schönen Kunst‹, ins Spiel. Das paßt wahrscheinlich einigermaßen besser, aber es ist immer noch nicht genau das richtige, da der Gebrauch der Spritzpistole dem Werk eine andere Beschaffenheit verleiht als der des Pinsels. Dies ist aber wenigstens die richtige geistige Kategorie, die dann erweitert wird, um auch Produkte der Spritzpistolentechnik als künstlerisch zu akzeptieren. Ein derartiger aktiver Prozeß ist Teil dessen, was die Deutung eines Kunstwerkes beinhaltet. Theoretisch stellt die mittels Spritzpistole geschaffene Malerei daher also eine Erweiterung alten künstlerischen Vokabulars dar.

Die eine oder andere in diesem Buch abgebildete fotorealistische Arbeit, die einer Fotografie sehr ähnlich ist, mag eine künstlerische Bewertung schwer machen, wenn der Betrachter auf den ersten Blick ein Foto zu sehen glaubt und mit dieser Einstellung an das Bild herangeht. Fotografien sind uns allen sehr geläufig; es fällt deshalb schwer zu akzeptieren, daß etwas, was einem Foto ähnlich ist, in Wirklichkeit doch keines ist, denn die damit verbundene Erwartungshaltung ist sehr stark. Einige sehen daher vielleicht nicht näher hin und fassen das Werk falsch auf. Diejenigen, die ihre Erwartung berichtigen

und künstlerische Kriterien in Betracht ziehen, werden von dem Sujet weg zu eher formalen Überlegungen geführt, und so kann man dann zu einer brauchbaren Deutung gelangen.

Auch der Künstler nimmt in diesem Prozeß eine spezifische Stellung ein. Er muß schließlich einen Grund für die Verwendung der Spritzpistole haben, und der liegt gewöhnlich darin, daß sich ein bestimmtes Motiv oder ein bestimmter Stil nur mit der Spritzpistole adäquat widergeben lassen. Andrew Holmes findet Lastwagen interessant, die Art der Ähnlichkeit aber, die er anstrebt, die Eigenschaften des Lichtes und der Farbtöne sind am besten mit einer Spritzpistole zu erzielen (S. 125). Der Künstler erweitert also die Sprache der Kunst, indem er neue Motive und neue Stilarten einführt. Ob er dafür akzeptiert wird oder nicht, hängt von der Haltung des Betrachters ab, die ihrerseits von vorherrschenden Moden oder auch von Geschäftsinteressen beeinflußt sein kann.

Der Künstler hat natürlich seine eigene geistige Einstellung, die nicht unwesentlich von den vielen bekannten Methoden und Bildern bestimmt wird. Vielleicht fängt er an, einen brauchbaren Beitrag zur Kunst zu leisten, wenn er feststellt, daß seine gewöhnliche Interpretation dessen, was er um sich sieht und was er malt, unzureichend ist. Um zu Gombrich zurückzukehren: »Nur durch Experimentieren kann der Künstler sich aus den Fesseln des Stils lösen und den Weg zu einer höheren Wahrheit finden. Nur dadurch, daß er Effekte versucht, die niemals vorher gemalt worden sind, kann er hoffen, der Natur näher zu kommen.« Was erhält er für seine Mühen? Dazu Gombrichs Antwort: »Dabei muß er darauf gefaßt sein, daß das Publikum, wie es nur allzu leicht geschieht, bei seinen neuen Entsprechungen nicht mitgeht und sie ablehnt, weil es noch nicht gelernt hat, diese neuen Kombinationen im Sinne der wirklichen Welt zu deuten.«[13] Seit Man Ray haben einige Künstler die Spritzpistole benutzt, um neue Effekte zu erproben, und sind dafür mit Beschimpfungen bedacht worden. Vielleicht sollten wir diese nun in Beifall umwandeln.

Nach diesen Feststellungen wollen wir abschließend einen kurzen Blick auf das Werk zweier zeitgenössischer Künstler werfen, um an ihrem Beispiel die Vielseitigkeit der Spritzpistolentechnik in der Kunst zu demonstrieren. *Norman Catherine* ist Südafrikaner, und seine Kunst enthält unübersehbare politische Aussagen. Die Spritzpistole benutzt er einerseits, um seinen Arbeiten einen ungewöhnlichen Glanz zu geben. Dies mag vielleicht eine kalte Neutralität sein, die der einiger Fotorealisten nicht so fern steht. Andererseits verwendet er die Spritzpistole auch, um eine eindeutige Klarheit zu schaffen, die durch ihre Direktheit und den Verzicht auf jede Ablenkung nur um so eindringlicher ist. In seinen beiden hier reproduzierten Werken (S. 34 f.) wird diese anziehende Oberfläche allerdings buchstäblich weggekratzt. Dadurch sind die Körper, insbesondere die Gesichter seiner Figuren zu einem bezwingenden, beinahe alptraumhaften

Ausdruck erstarrten Schreckens verzerrt. Die politische Botschaft tritt auf diese Weise um so deutlicher heraus: der Schwarze, der von den Weißen brutal mißhandelt wird (sogar die Verzerrungen sind weitgehend weiß). Ein Bild deutet eine Art Bethlehemstern an, der aber negativ ist. Die Intensität dieser Werke ist nahezu so stark wie in Francis Bacons ›Scream‹; es überrascht nicht, daß die südafrikanische Presse über Catherine schrieb: »Traurig, daß soviel Talent (und Talent hat er bestimmt) für derartig abstoßende Bilder verschwendet wird … Ist er so etwas wie ein fürchterlicher Prophet?«

Paul Wunderlich kommt aus Deutschland und ist international bekannt. Sein Werk hat einen ausgesprochen erzählerischen Charakter; es kommentiert bestehende Mythen oder kulturelle Reliquien. 1977 veranstaltete er eine Ausstellung in der Redfern Gallery in London unter dem Titel ›A partir de Manet‹, wo er sich ausschließlich mit neuen Fassungen zu Manets Werken beschäftigte. Sowohl ›Sphinx und Tod‹ (S. 33) als auch ›Porträt George Sand‹ (S. 34) haben Witz und Pointe. Wunderlichs fließende Figuren könnten fast Mannequins sein; gewiß entstammen sie weder der Welt des Traums noch der Realität. Wie Catherine hat er die Tradition der Gebrauchsgrafik und des orthodoxen Fotorealismus verlassen, jene beiden Richtungen, die so viel Spritzkunst hervorgebracht haben. Peter Sedgley dagegen, der seit der Ausstellung ›Responsive Eye‹ 1965 im Museum of Modern Art in New York als Op-Künstler bekannt ist, verwendet die Spritzpistole wegen der mit ihrer Hilfe erreichbaren Lichtwirkungen und der möglichen abstrakten, optischen Effekte. Wunderlich aber ist ein großer Erneuerer innerhalb der figurativen Tradition. Die Spritzpistole verleiht seinen Werken eine gewisse Weichheit, fast eine Plastizität, die vielleicht das bemerkenswerteste an ihnen ist; da er sich auf der Ebene des Kommentars, der Metasprache bewegt, ist die Bemerkung nicht unangebracht, daß seine Kunst etwas fremdartig wirkt, übrigens ein Zeichen dafür, daß Wunderlich weit mehr erbringt als nur Parodie.

Wunderlich und Catherine sind zwei Künstler, die die Spritzpistole gebrauchen, um ihrem Werk bestimmte Eigenschaften zu verleihen; der Betrachter kann sich ihnen nicht so einfach mit einer falschen geistigen Erwartungshaltung nähern und sich weigern, sich entsprechend darauf einzustellen. Gemeinsam mit anderen, wie Sedgley, Phillips und John Clem Clarke, belegen Wunderlich und Catherine wohl am überzeugendsten den endgültigen Vorstoß der Spritzpistole in die Kunst. Sie sind nicht durch bestimmte Traditionen der Gebrauchsgrafik oder der agitatorischen Spritzpistolenverwendung gebunden, bei ihnen tritt die Spritzpistole einfach gleichberechtigt neben andere Instrumente, die ein Künstler verwenden kann. Dadurch sind sie frei, um neue Effekte zu finden und den spezifischen Stil der Spritzpistole künstlerisch zu erweitern. Burdick tat eben dies in den neunziger Jahren des letzten Jahrhunderts. Es dauerte dann aber noch etwa 80 Jahre, bis sein Malgerät allgemein akzeptiert wurde, obwohl es eigentlich gar keinen Grund für Vorbehalte gab. Denn jeder kann nur Nutzen aus dem ziehen, was die Spritzpistole dem Künstler zu bieten hat – und, was am meisten zählt, auch die Kunst selbst.

◁ Audrey Flack, Marilyn, 1977. Öl und Acryl auf Leinwand, 244 × 244 cm

Galerie der Bilder

Die Spritzpistole in der
Hand bedeutender
Künstler
und Illustratoren

Malerei S. 30–50
Grafik S. 51–63

◁ Peter Sedgley bei der Arbeit an seiner › Target‹-Serie

30   **Man Ray,** La Volière, 1919. Gouache auf Papier, 71 × 56 cm

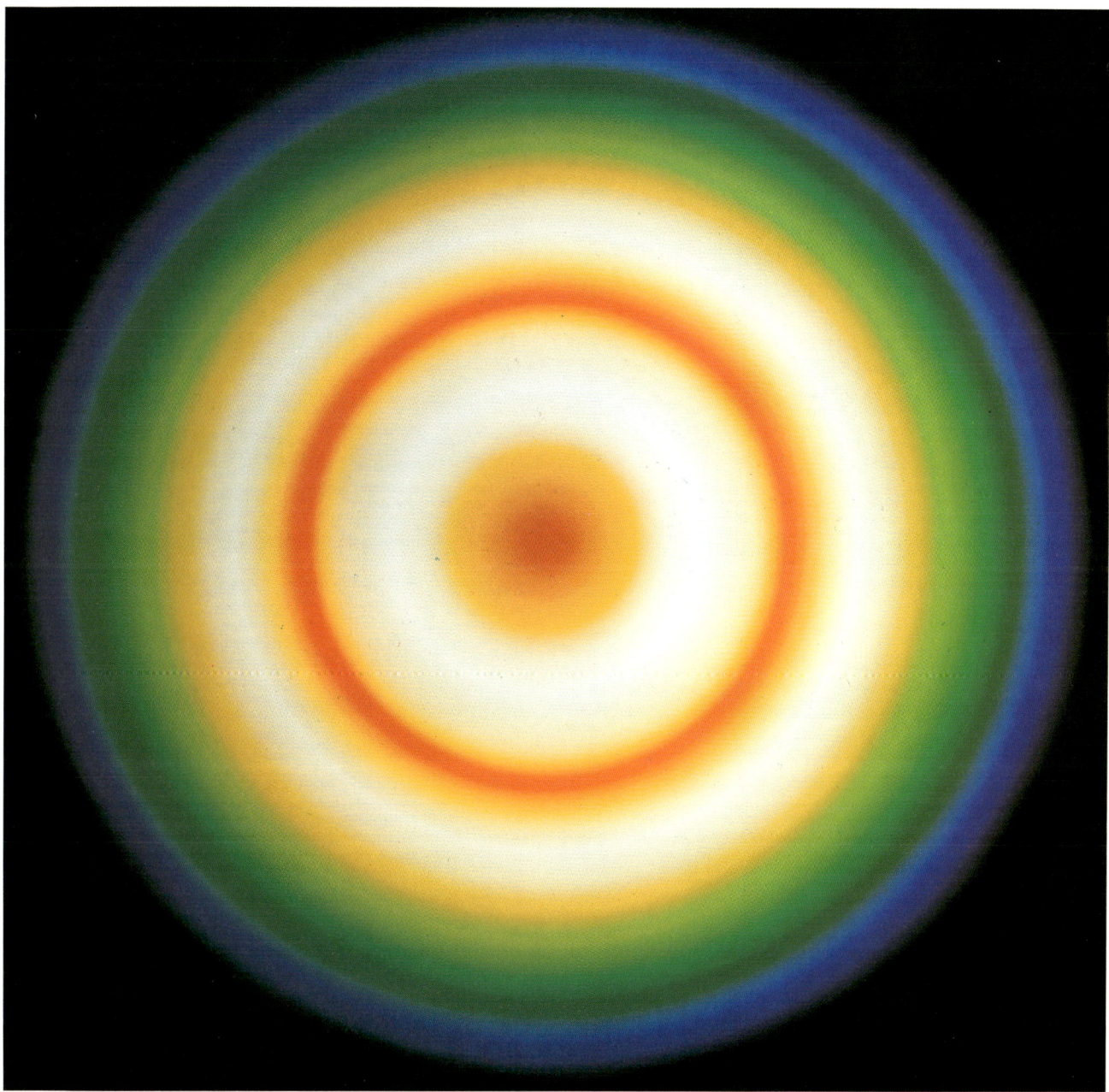

Peter Sedgley, Omen, 1966. Polyvinylalkohol auf Leinwand, 183 × 183 cm

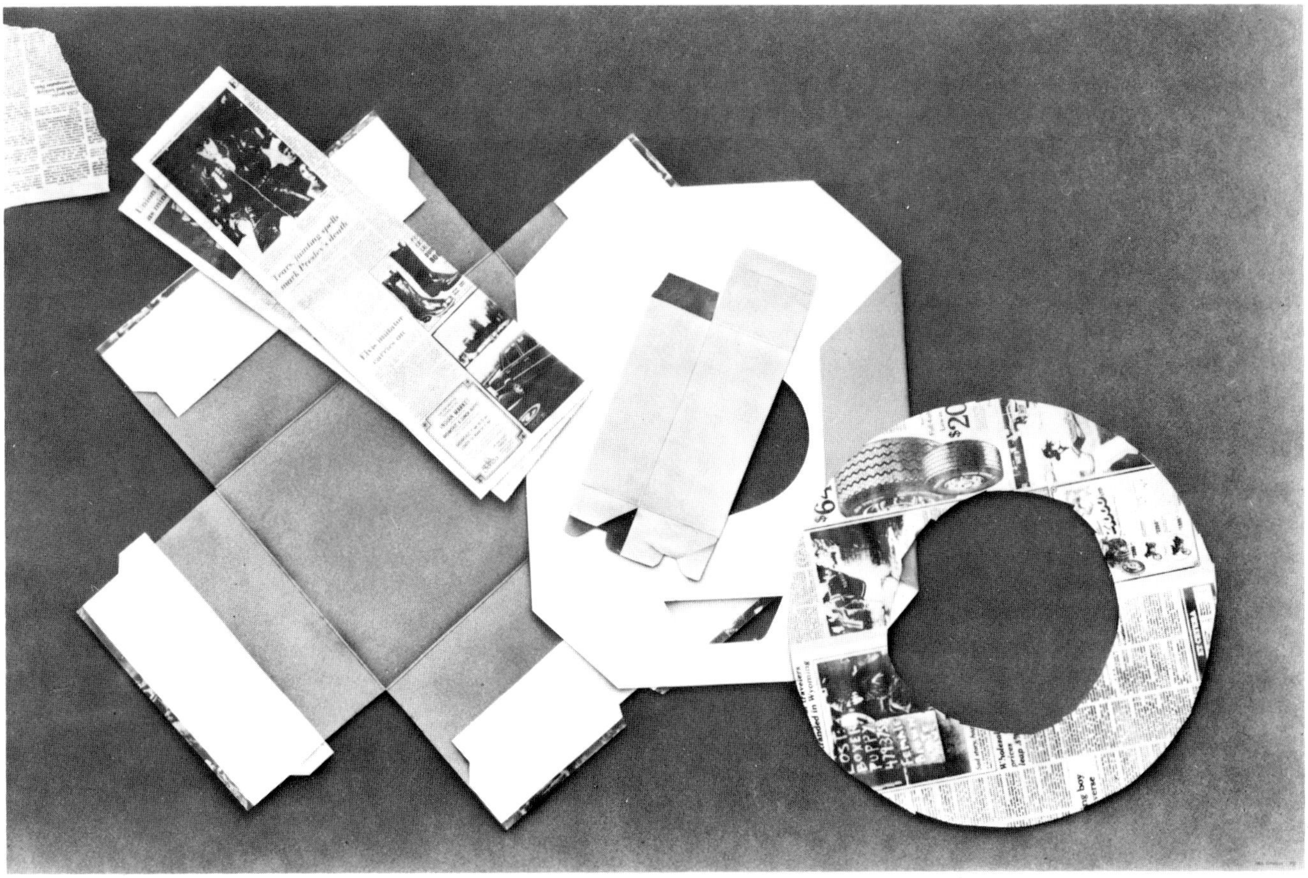

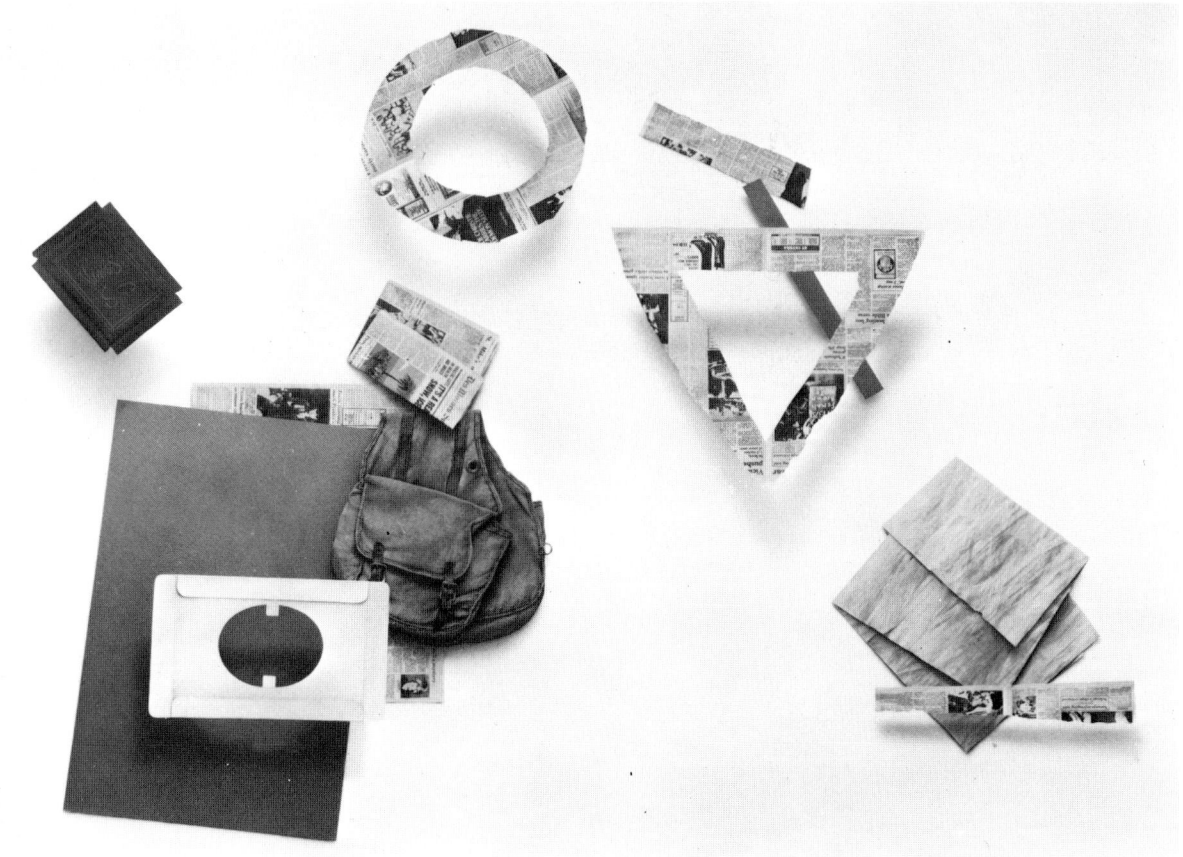

Paul Sarkisian, Ohne Titel, 1979
Acryl auf Museumspappe, 102 × 155 cm
Acryl auf Leinwand, 198 × 274 cm

Paul Wunderlich, Sphinx und Tod, 1979. Leinwand, 162 × 130 cm

Paul Wunderlich, Porträt George Sand, 1979. Leinwand, 80 × 120 cm

Norman Catherine, Nicht identifizierbar, 1979. Pigmentfarbe, Bleistift und Kreide, 60 × 55 cm

Norman Catherine, Mauern ohne Wolken, 1979. Pigmentfarbe, Bleistift und Kreide auf Pappe, 60 × 55 cm

John Salt, Grüner Chevy auf grünem Feld, 1973. Öl auf Leinwand, 125 × 184 cm

Kozo Mio, Frau/Metamorphose, 1971. Acryl auf Holz, 180 × 267 cm

Kozo Mio, Szene, 1971. Acryl auf Holz, 163 × 247 cm

Joe Nicastri, Fragmente (nach Caravaggios ›Tod einer Jungfrau‹), 1978. Acryl, Gips und Holz, 98 × 98 cm

Ben Schonzeit, Charlie Parker the Bird, 1977. Acryl auf Leinwand, 122 × 122 cm

Peter Phillips, Art-O-Matic Cudacutie, 1972. Acryl, 200 × 400 cm

Peter Phillips, Kundenbild Nr. 4, 1965. Öl auf Leinwand, 214 × 175 cm

Peter Phillips, Mosaikbild/Verschiebungen, 1976. Acryl auf Leinwand, 220 × 230 cm

Don Eddy, Glaswaren I, 1978. Acryl auf Leinwand, 133 × 102 cm

John Clem Clarke, Serie G (Napoleon in seinem Arbeits- ▷ zimmer – nach J. L. David), 1978–79. Öl auf Leinwand, 203 × 143 cm

Stephen Woodburn, Waldland, so gesehen, 1973. Acryl auf Leinwand, 183 × 236 cm

Seng-gye, Rausch der Tiefe, 1978. Alkyd auf Leinwand, 122 × ▷ 183 cm

Terry DeLoach, ›Beth Plus One‹, 1979. Acryl auf Leinwand, 137 × 213 cm

Michael English, Großes Stahlrad, 1975. Acryl auf Leinwand, 152 × 152 cm

Paul Davies, Grüße, 1979. Gouache, Tusche und Kreide auf Pappe, 56 × 56 cm

Paul Davies, Kimono, 1977. Tusche auf Pappe, 41 × 39 cm

Terry Pastor, *Balanceakt* (Detail), 1980. Tusche und Gouache auf Karton, 41 × 64 cm

Terry Pastor, Dreibeiniges Rennen, 1978. Tusche und Gouache auf Karton, 71 × 46 cm

Jean-Jacques Maquaire, Umschlagsillustration für ein Sony-Werbeprospekt, 1978 ▷

Mel Flatt, Werbeanzeige für Chrysler-Autos ▷

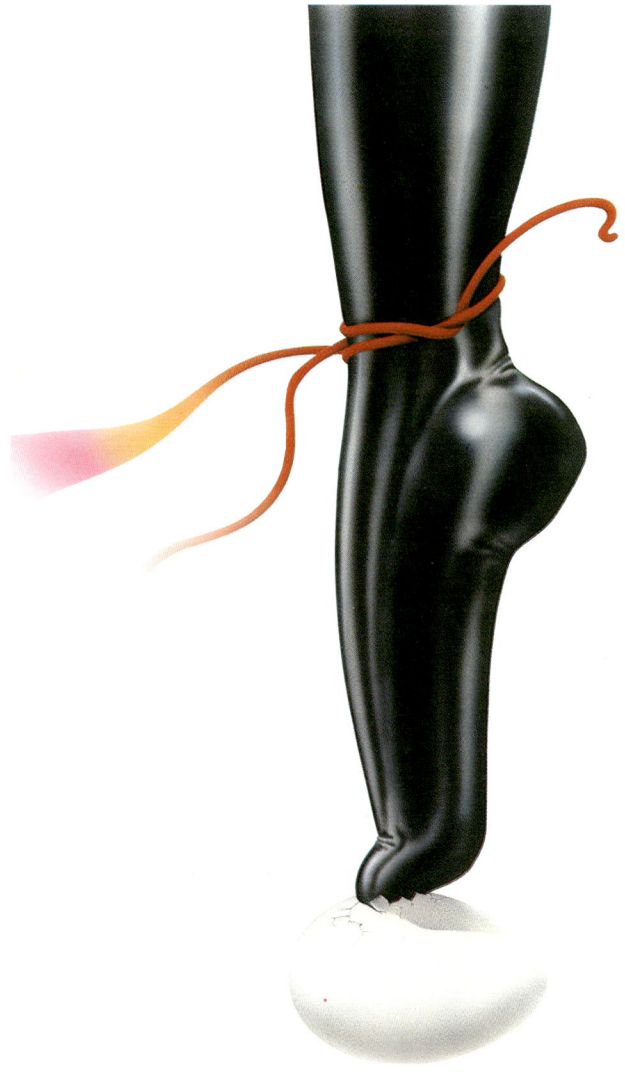

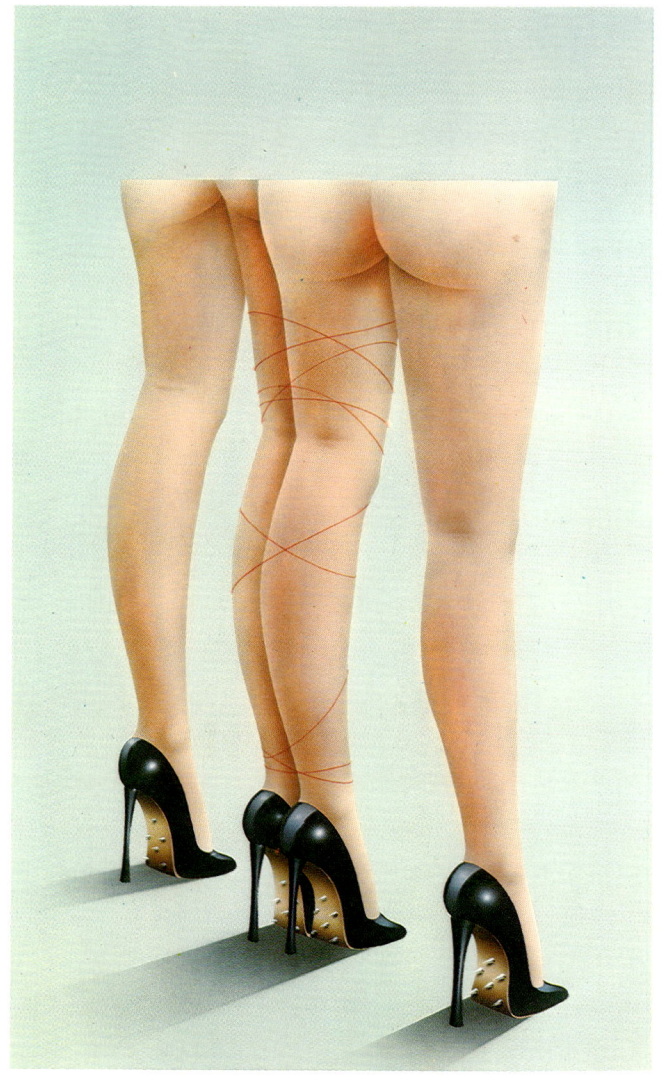

◁ **Kurt Jean Lohrum,** Didaktische Illustration

Katsuaki Iwasaki, Phantastische Illustration zur Eigenwerbung

Rick Goodale, Logogramme ▷

Alan Aldridge unter Mitarbeit von **Harry Willock,** Kinderbuchillu- ▷▷
stration aus ›The Butterfly Ball and the Grasshopper's Feast‹ von
William Plomer, 1973

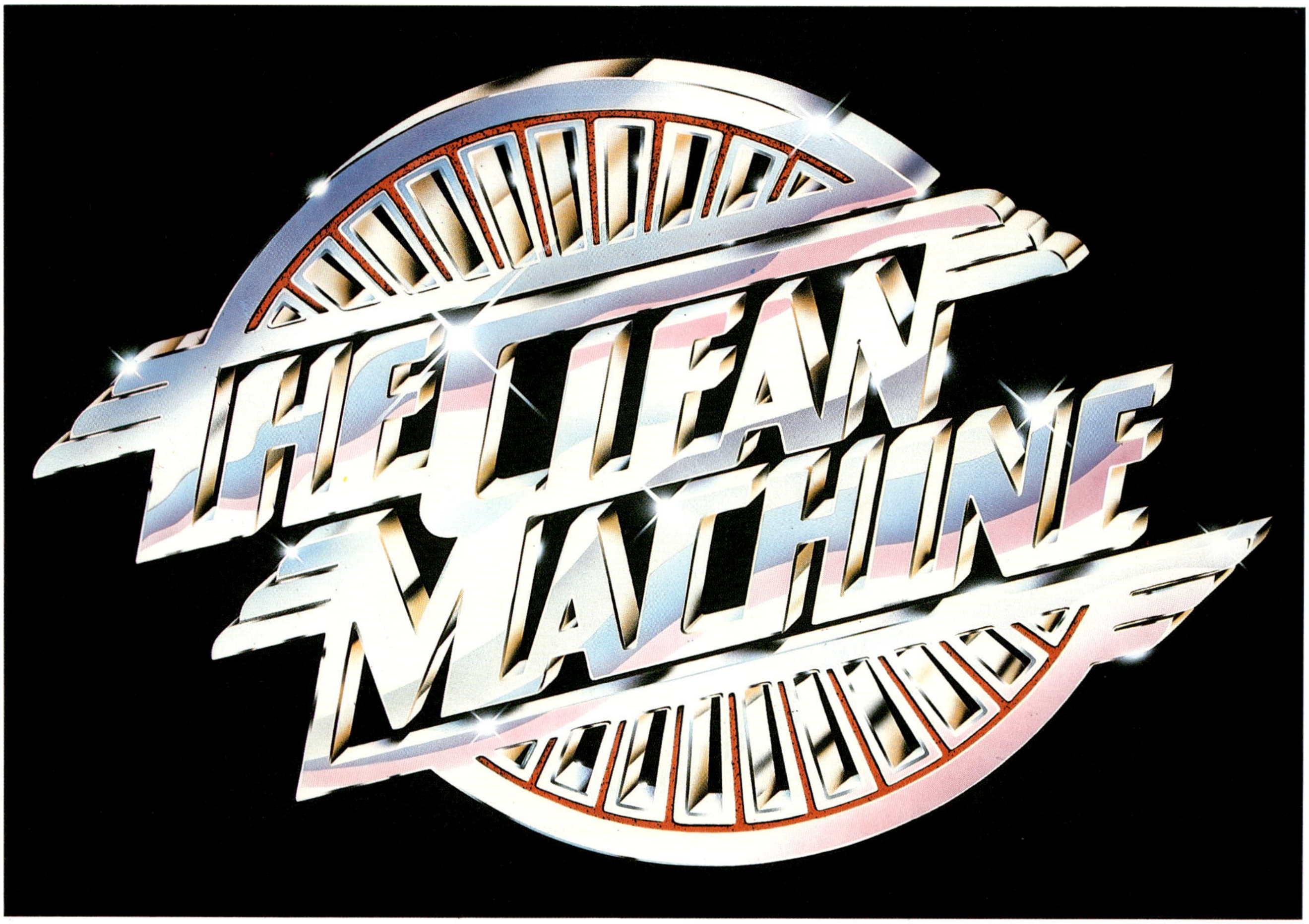
THE CLEAN
MACHINE

Publiplein
VRIJDAG
13 SEPTEMBER

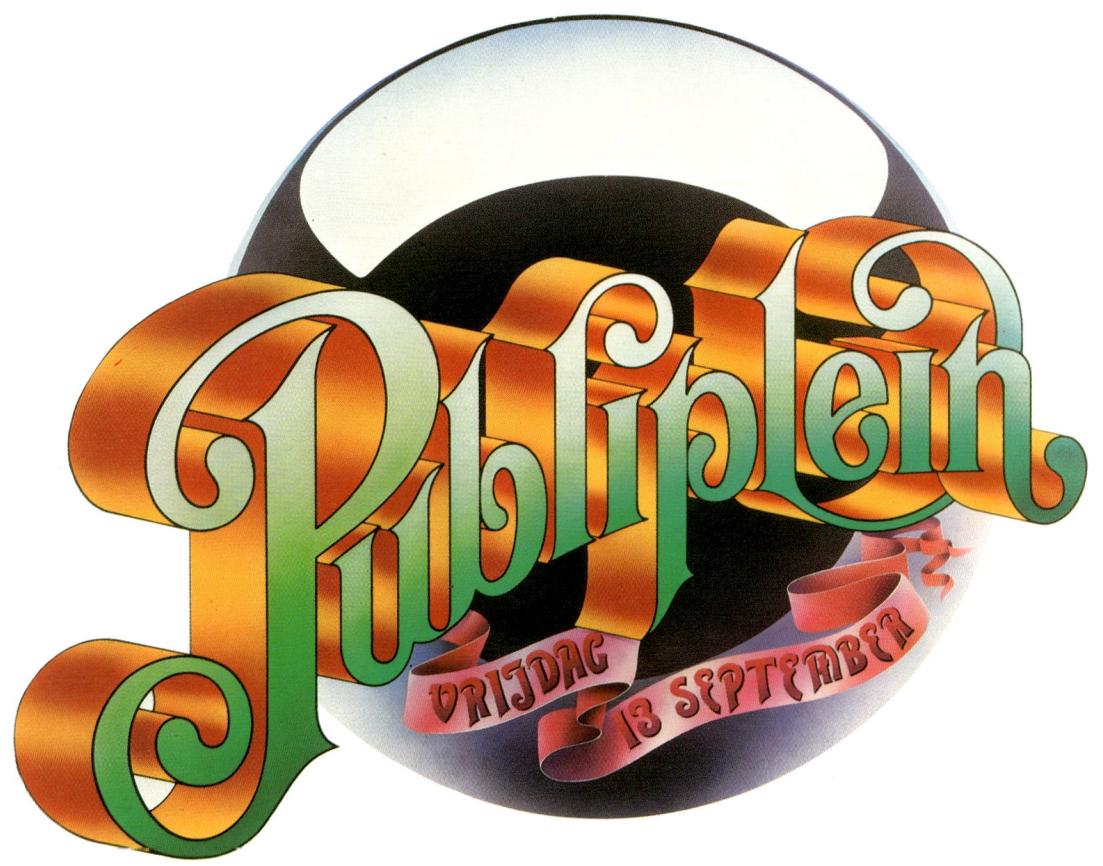

Ri Kaiser, Karl Marx, basierend auf ›Napoleon in seinem Arbeits-
zimmer‹ von J. L. David, als Titelbild für die Zeitschrift ›Stern‹
verwendet, 1978 ▷

Ichiro Tsuruta, Werbeillustration, Beispiel für die Tendenz in der
zeitgenössischen japanischen Grafik, das westliche Frauenideal mit
traditioneller japanischer Bildkunst zu verbinden

Brian James, Beispiel aus einer Reihe von Schaufensterwerbeplaka-
ten für Stadium Ltd., Hersteller von Motorrad-Zubehör, 1977

Philip Castle, Dienerin, Tempera auf Pappe. Werbeplakat für eine ▷
Ausstellung von Castles Arbeiten in der Francis Kyle Gallery,
London, 1979

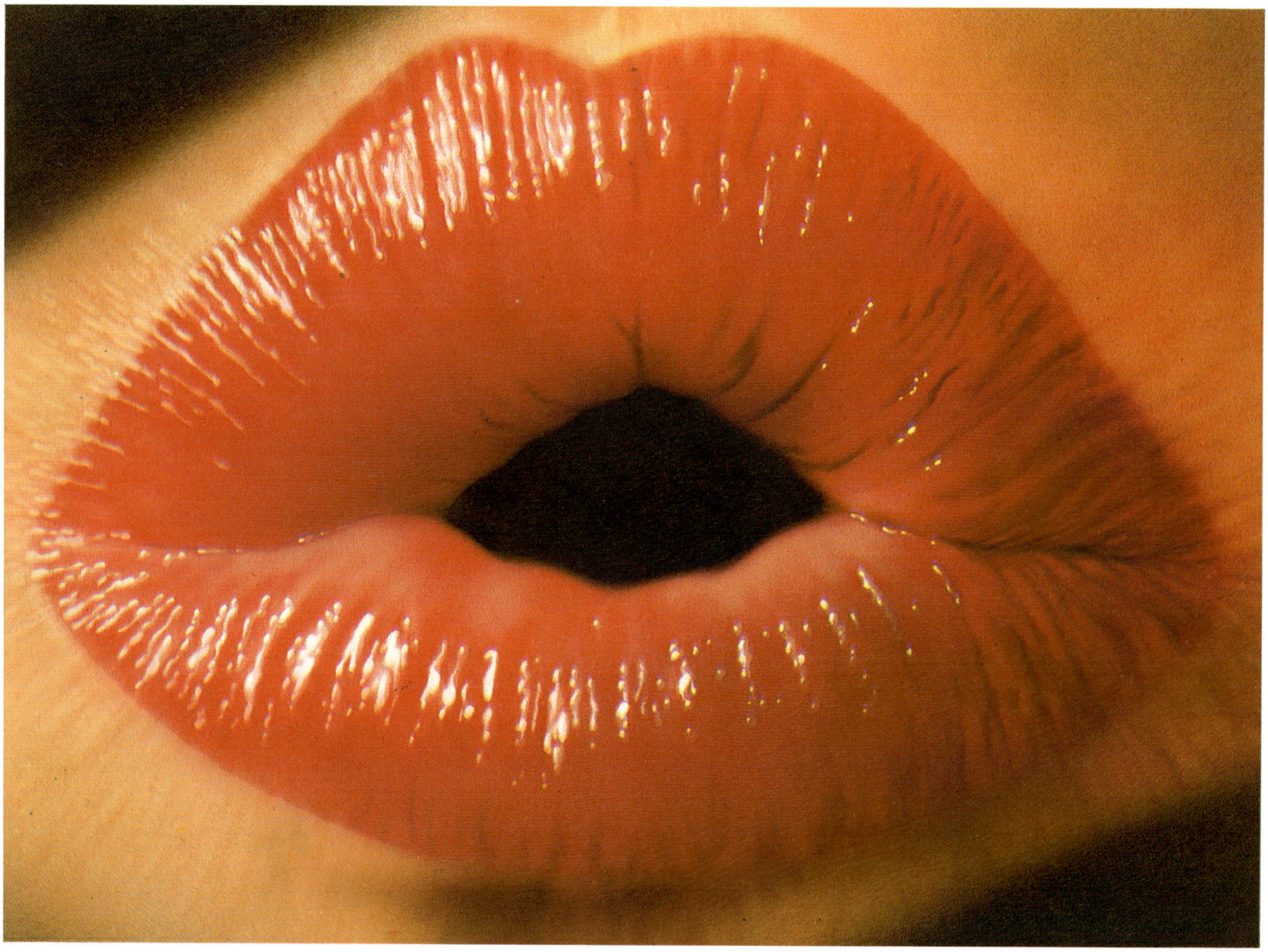

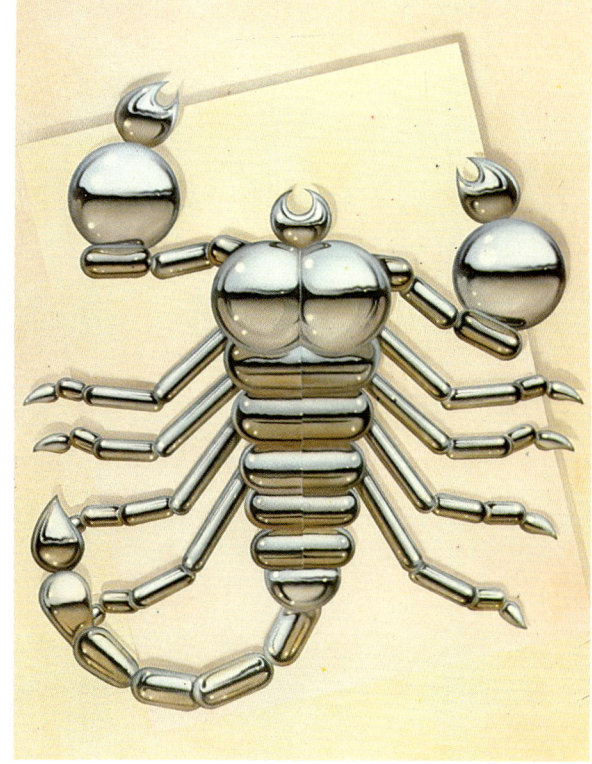

Gerry Preston, Illustration zur Eigenwerbung, 1976–77

Izumi Ota, Illustration zur Eigenwerbung

Michael English, Coke, 1970. Gouache auf Leinwand, 122 × 91 cm.
Ursprünglich ein Gemälde, jetzt bekannter als Plakat

◁ David Jackson, Illustration für ›Men Only‹, 1978

◁ Kazuo Hakamada, Schallplattencover

◁ Charlie White III, Skorpion, aus einer Tierkreis-Plakatserie

Keith Harmer und Roy Pickering, technische Illustration des Austin Healey 3000

Rolls-Royce Ltd., Bristol, technische Illustration des Viper-Triebwerks

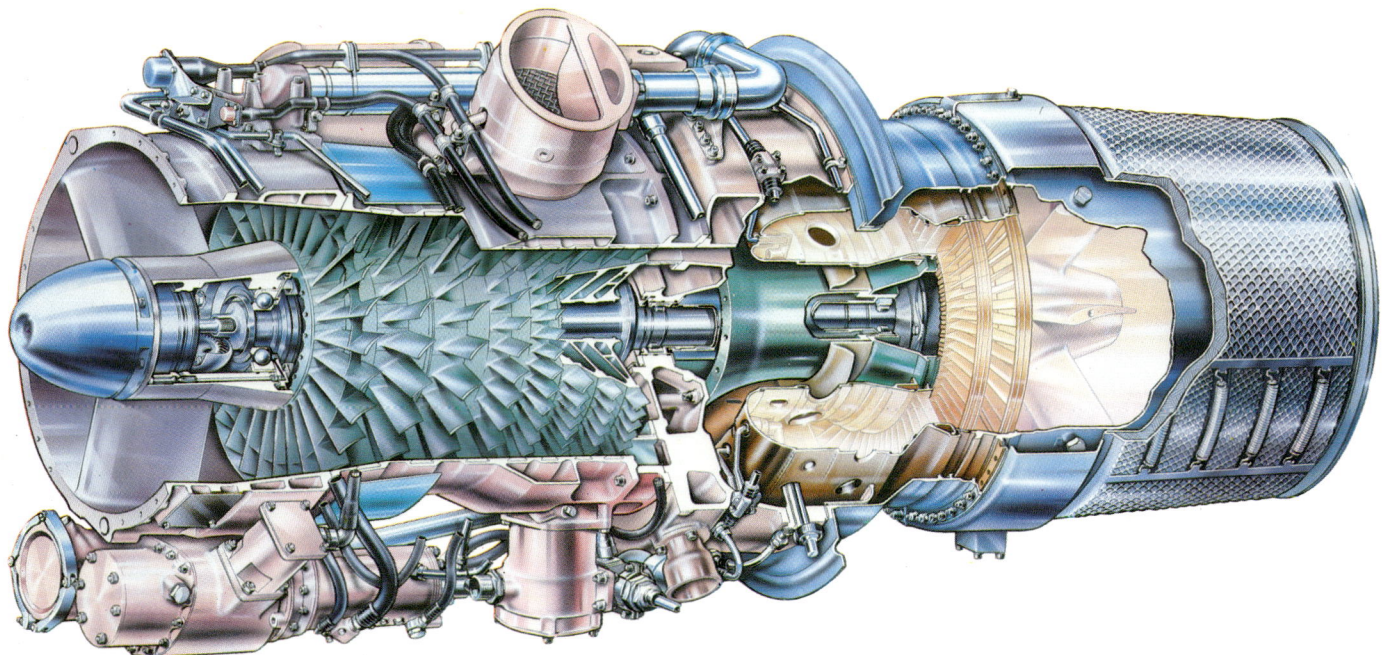

3 Anatomie der Spritzpistole

Dieses Kapitel befaßt sich mit den ersten Schritten beim Spritzpistolengebrauch; d. h. mit der Entscheidung, welches Modell man für besondere Zwecke benötigt, wobei die verschiedenen Typen mit ihren Vor- und Nachteilen dargestellt werden, und schließlich mit der Wahl und dem Gebrauch der grundlegenden Arbeitsutensilien, wie Farbmedien, Abdeckmaske und Antriebsmittel. Die meisten, die schon eine Spritzpistole besitzen und benutzen, werden in diesem Kapitel vieles finden, was ihnen schon bekannt ist.

Als erstes muß man sich die Frage stellen, ob man wirklich eine Spritzpistole braucht, wenn man sich vergegenwärtigt, daß es für bestimmte Funktionen einige billige und eigentlich ausreichende Alternativen gibt. Die Spritzpistole ist ein hochentwickeltes Präzisionsinstrument. Es kann durchaus sein, daß man schon mit einer alten Zahnbürste und einem Stück Pappe auskommt, wenn das zu erreichende Ergebnis relativ simpel ist.

Diffuses Gesprenkel

Wenn Sie lediglich eine ungeordnete Punktierung herstellen wollen, ohne besondere Rücksicht auf Gleichförmigkeit, Genauigkeit oder Muster, dann wird die Methode mit Zahnbürste und Pappe wohl genügen. Die Technik ist ganz einfach, und jegliches dünn- oder dickflüssige Medium läßt sich verwenden.

Streichen Sie die Farbe so auf die Zahnbürste, daß die Spitzen der Borsten getränkt sind, halten Sie dann die Zahnbürste mit den Borsten nach oben fest in einer Hand, und ziehen Sie das Pappstück über die Borsten zu sich hin (3.1). Die Farbe spritzt dabei nach vorne auf die Malfläche, wobei ein ungeordnetes Gesprenkel entsteht. Die Methode ist zwar erstaunlich einfach, hat aber wie die meisten einfachen Ideen ihre Nachteile. Ein echtes Problem taucht aber eigentlich nur dann auf, wenn die zu bedeckende Fläche groß ist, denn dieses hier ist ein sehr langsames und mühseliges Verfahren, das viel Geduld erfordert. Das Resultat fällt gewöhnlich recht ansprechend aus, allerdings eignet sich das Verfahren nicht für Detailarbeit (3.2).

Gleichmäßiger Spritzauftrag

Mundzerstäuber

Soll eine eher kleine Fläche eben und gleichmäßig mit Farbe bedeckt werden – wenn man zum Beispiel eine Firnisschicht auf ein kleines Bild auftragen oder einen Bildhintergrund anlegen möchte –, dann genügt ein einfacher Mundzerstäuber. Der ist im Zeichenbedarfshandel für wenig mehr als den Preis einer neuen Zahnbürste erhältlich.

3.1

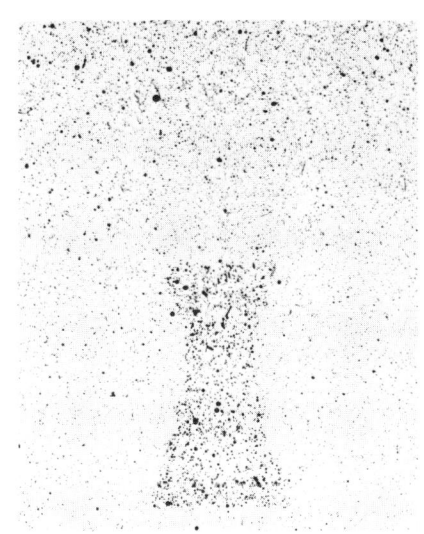

3.2

Er funktioniert, wie auch die meisten Spritzpistolen, durch die Wirkung des Bernoullischen Prinzips (3.3); dieses besagt unter anderem, daß ein Luftstrom von hohem Druck ein entsprechendes Absinken des ihn umgebenden Luftdrucks bewirkt. In unserem Fall bläst der Mund mit hohem Druck, wodurch ein Druckabfall der Luft über dem Farbrohr entsteht (3.4). Die Farbe, die unter atmosphärischem Druck steht, wird in das Farbrohr gesaugt (wo der Luftdruck geringer ist) und dann von dem durch das Blasen erzeugten Luftstrom mitgerissen. Es ergibt sich ein ziemlich gleichmäßiger, breiter und flächiger Sprühauftrag (3.5). Eine eventuell erwünschte Detailherausarbeitung – und das gilt gleichermaßen für die Verwendung von Zahnbürste und Pappe, Spray oder Aerosol – kann nur dadurch erzielt werden, daß man die Flächen, die nicht besprizt werden sollen, abdeckt (s. S. 76). Bei dieser Methode stellt sich wieder das Problem des erforderlichen Energieaufwandes; man muß äußerst heftig blasen, damit die Farbe in dem Rohr hochsteigt und versprüht wird, und wenn die zu bearbeitende Fläche groß ist, wird man rasch ermüden. Wollen Sie diese billige Methode also sehr häufig anwenden, dann müssen Sie fit sein!

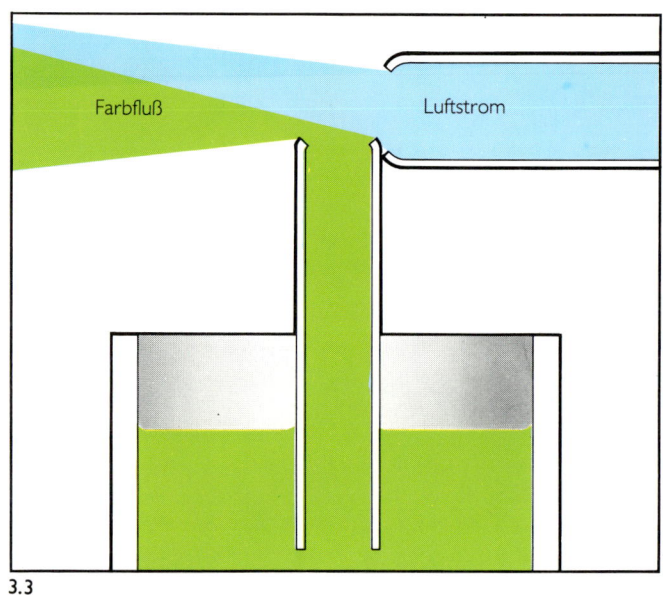

Farbfluß   Luftstrom

3.3

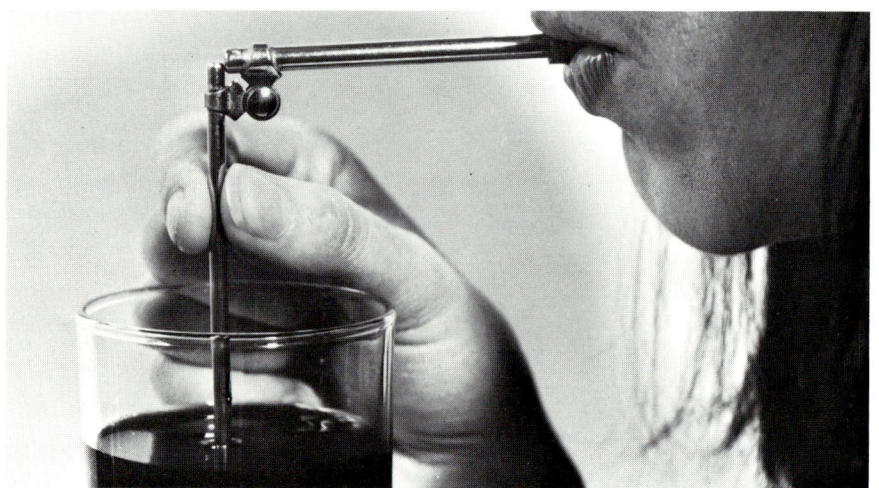

3.4

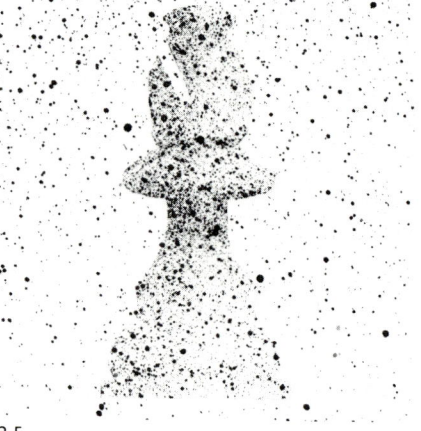

3.5

Badger 250 Spray Gun
1 Bedienungshebel (Luft-An/Ausschalter)
2 Nocke zur Regulierung des Luftstroms
3 Nocke zur Regulierung des Farbflusses

3.6

Einfache Spritzgeräte

Wenn Sie eine größere Fläche zu besprühen haben, ist Ihnen das unter Umständen die oben skizzierte physische Anstrengung nicht wert. Dann ist es angeraten, ein einfaches Spritzgerät zu kaufen, das nicht mehr als ein Mundzerstäuber mit Antrieb sein muß. Es gibt dabei große Preisunterschiede, aber auch Modelle für jeden Geldbeutel. Deren Arbeitsweise ist ganz einfach, und sie haben eigentlich nur eine Funktion – große Flächen gleichmäßig mit Farbe zu bedecken. Sie sind brauchbar, wenn man ein Auto neu lackieren oder einen farbigen Hintergrund anlegen will, jedoch ungeeignet für komplizierte Detailarbeit.

Aerosoldosen

Eine weitere Methode, um Farbe gleichmäßig zu versprühen, ist das Aerosol. Es ist nur zum Einzelgebrauch geeignet; die Farbe wird dabei in der Sprühdose geliefert. Es gibt ein recht großes Angebot von Sprühfarben in dieser Form, und vorausgesetzt, man findet einen passenden Farbton, hat das Aerosol einen Vorteil gegenüber dem einfachen Spritzgerät: Man muß die Farbe nicht mischen. Wenn man aber andererseits öfter derartige Sprüharbeiten ausführen sollte, ist es wohl lohnend, den Mundzerstäuber mit Antrieb zu kaufen. Auch hierbei ist Detailarbeit nur mit Abdecken möglich.

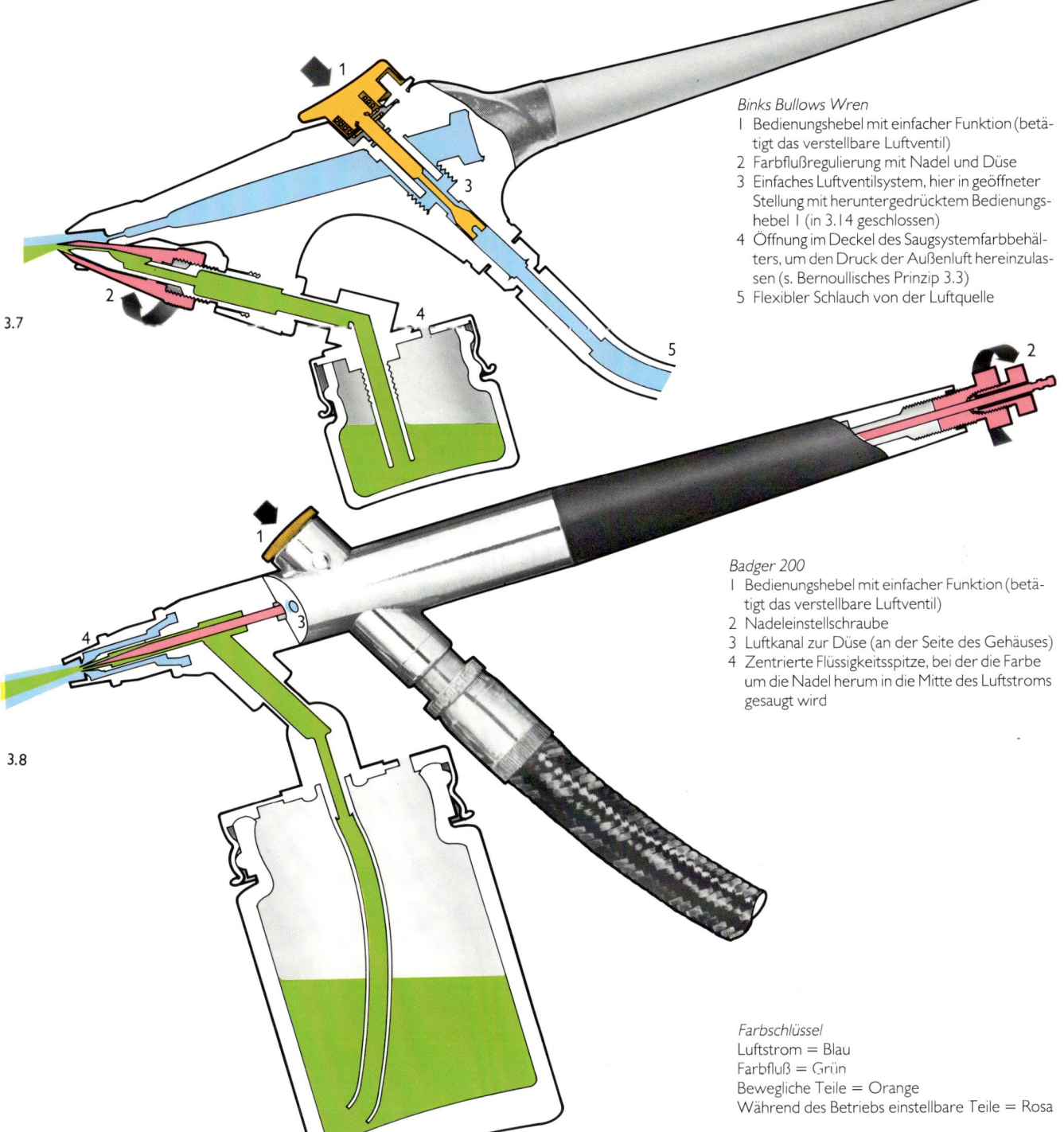

Binks Bullows Wren
1 Bedienungshebel mit einfacher Funktion (betätigt das verstellbare Luftventil)
2 Farbflußregulierung mit Nadel und Düse
3 Einfaches Luftventilsystem, hier in geöffneter Stellung mit heruntergedrücktem Bedienungshebel 1 (in 3.14 geschlossen)
4 Öffnung im Deckel des Saugsystemfarbbehälters, um den Druck der Außenluft hereinzulassen (s. Bernoullisches Prinzip 3.3)
5 Flexibler Schlauch von der Luftquelle

Badger 200
1 Bedienungshebel mit einfacher Funktion (betätigt das verstellbare Luftventil)
2 Nadeleinstellschraube
3 Luftkanal zur Düse (an der Seite des Gehäuses)
4 Zentrierte Flüssigkeitsspitze, bei der die Farbe um die Nadel herum in die Mitte des Luftstroms gesaugt wird

Farbschlüssel
Luftstrom = Blau
Farbfluß = Grün
Bewegliche Teile = Orange
Während des Betriebs einstellbare Teile = Rosa

3.7

3.8

67

Die Spritzpistole

Die Spritzpistole kommt voll zur Geltung, wenn Details von weniger als 30 cm Ausmaß erforderlich sind. Sie kann für jegliche raffinierte Schattierung, für freies Zeichnen oder Modellieren auf nahezu jedem Untergrund verwendet werden. Ihre Vielseitigkeit ist recht bemerkenswert; sie variiert beträchtlich mit der Art des Modells. Aber ein Gerät, mit dem eine wie mit dem weichen Bleistift gezogene Linie kontrolliert gespritzt werden kann, läßt sich genauso gut ohne Aufwand zum Spritzen von großen Flächen benutzen. Normalerweise ist es eine Verschwendung, das Gerät auf diese Weise zu nutzen, geradeso wie wenn man auf einer Rechenmaschine zwei und zwei addiert. Wenn man also zum Beispiel ein Auto bemalt, so wird der allgemeine Hintergrund in der Regel mit einem industriellen Spritzgerät aufgetragen und nur das spezielle Design mit der Spritzpistole.

Auf dem Markt ist jedoch eine verwirrende Vielfalt von Spritzpistolen erhältlich. Wenn man entschieden hat, daß eine Spritzpistole für die zu bewältigende Aufgabe am besten geeignet ist, muß man als nächstes das richtige Modell auswählen. Die auf dem Markt erhältlichen Fabrikate und Modelle selbst werden ab Seite 152 mit einer kurzen Bemerkung zu ihrer Bau- und Funktionsart vorgestellt. Die allgemeinen Prinzipien, die für Spritzpistolen gelten, werden dagegen hier aufgeführt.

Regulierbare Spritzgeräte (Typ Mundzerstäuber mit Antrieb)

Es läßt sich darüber streiten, ob dieser Typ schon eine Spritzpistole in unserem Sinne hier ist oder lediglich ein spezielleres Spritzgerät. Er unterscheidet sich von dem einfachen Mundzerstäuber mit Antrieb bloß in der Hinsicht, daß die Luft- und Farbströme an ihrem Zusammenfluß mittels zweier Ringe, Nocken oder Schraubenmuttern reguliert werden können. Dadurch läßt sich das Verhältnis zwischen Farbe und Luft in dem Sprühstrahl grob kontrollieren, obgleich es schwierig ist, während des Sprühvorgangs selbst Korrekturen vorzunehmen, und der Einstellungsbereich begrenzt ist. Die Hersteller dieses Gerätes sind natürlich davon überzeugt, daß dies schon als Spritzpistole gelten kann, und so ist dieses Gerät der billigste Typ, den der Markt anzubieten hat.

Das regulierbare Spritzgerät (3.6) ist durchaus angemessen für gröbere Arbeiten, wie einfaches Farbauftragen beim Modellbau, und nach den Aussagen der Hersteller ist dies auch seine Hauptfunktion. Für gesteuerte und detaillierte Arbeit muß eine Maske hinzugenommen werden, um den Formen und Schattierungen eine klare Begrenzung zu geben. Aber bei großflächigen Arbeiten, wie etwa Wandbemalungen, kann das Gerät freihändig betätigt werden; die Linien werden dann allerdings nicht sehr fein sein.

Der Hauptnachteil bei der Benutzung einiger dieser Modelle liegt darin, daß sich durch intensiven Gebrauch leicht die vorgenommene Einstellung ändert. Man muß in diesem Fall die Arbeit unterbrechen, das Verhältnis zwischen Farbe und Luft neu einstellen, probieren und dann neu beginnen. Verbesserungen in der Konstruktion scheinen dieses Problem aber allmählich zu beseitigen.

Zerstäuber und Nadel

Der nächste Spritzpistolentyp hat eine Nadel und eine Düse. Dabei gibt es zwei Haupttypen. Die Grundversion besitzt einen horizontalen Luftstrom, dessen Umfang geregelt werden kann, und ein Rohr, das von dem unten angebrachten Farbbehälter zu einer abgewinkelten Nadel-Düsen-Konstruktion führt, mit der die Farbmenge dosiert wird (3.7). Der Farbfluß läßt sich auf zweierlei Weise regulieren: Die Düse kann hoch und herunter bewegt werden, und die Nadel läßt sich innerhalb der Düse einstellen. Oft ist dafür jedoch ein Schraubenschlüssel nötig, was unter Umständen lästig ist und die Arbeit unterbrechen kann.

Es gibt einen zweiten Typ, bei dem die Nadel in der Düse an der Spitze der Spritzpistole plaziert ist, so daß beide horizontal angeordnet sind. Farbe und Luft treffen dabei zusammen in der Düse ein, so daß diese die Mischung und nicht bloß die Farbmenge regelt. Die Nadel läßt sich vom Ende der Spritzpistole aus durch einen Schraubmechanismus einstellen. Das ist zwar auch umständlich, zwingt aber nicht unbedingt dazu, den Spritzvorgang während des Einstellens zu unterbrechen (3.8).

Dies sind die Standardspritzpistolen für die meisten Modellbauer. Sie haben den Vorteil gegenüber den Mundzerstäubern mit Antrieb, daß sich mit ihnen recht detaillierte Arbeiten ausführen lassen, denn es kann sehr viel feiner und kontrollierter gespritzt werden, wenn die Nadel innerhalb der Düse plaziert ist. Dieser Typ ist gut für Arbeiten auf strukturierten Oberflächen, was natürlich ein Hauptanliegen beim Modellbau ist, aber für Spitzenarbeiten bis hin zum Ausstellungsniveau wird der gewissenhafte Feintechniker wohl eine vielseitigere und speziellere Spritzpistole nehmen. Der Zerstäuber mit Nadel wird auch für einige einfache grafische Arbeiten verwendet und ist für die meisten Aufgaben, die keine sehr feinen Details oder eine schnelle Ausführung verlangen, auch ausreichend.

Professionelle Spritzpistolen

Wir kommen nun zu den komplizierteren und teureren Ventilsystemen. Diese verleihen dem Bedienungshebel eine doppelte Funktion. Statt nur die Luft zu regulieren, dosiert der Bedienungshebel die Luft und die Farbe. Die Luft wird am Zufuhrventil wie bei einfacheren Modellen reguliert, und die in die Luft strömende Farbmenge wird durch die Flüssigkeitsnadel gesteuert, die ebenfalls mit dem Hebel verstellbar ist.

Es ist zweckmäßig, den Unterschied zwischen Spritzpistolen mit einfacher und solchen mit doppelter Hebelfunktion an dieser Stelle zu umreißen, da einige Kataloge auf dieser Grundlage die Gerätetypen unterteilen.

Einfache Hebelfunktion

Einfache und doppelte Funktionsweise sagen lediglich etwas über den Gebrauch des Bedienungshebels aus. Bei einer Spritzpistole mit einfacher Hebelfunktion regelt der Hebel nur die Luftzufuhr (3.7). Die einfacheren Typen, die schon besprochen wurden, arbeiten auf diese Weise. Die Farbe wird dabei separat reguliert. Die meisten Spritzpistolen dieses Typs haben ein ›Saugsystem‹.

Unabhängige Doppelfunktion

Bei einer Spritzpistole mit unabhängiger Doppelfunktion reguliert der Bedienungshebel Luft- und Farbstrom getrennt (3.10). Sowohl Modelle mit Saugsystem als auch solche mit Fließsystem können diese Bauart aufweisen. Sie verleiht dem Benutzer eine größtmögliche Kontrolle über sein Gerät und findet sich bei allen sehr präzisen und technisch hochentwickelten Modellen (3.13).

Gekoppelte Doppelfunktion

Bei diesem Typ reguliert der Bedienungshebel ebenfalls den Luft- und den Farbstrom, aber hier besteht eine feste Relation zwischen beiden Funktionsbereichen (3.14). Das macht die Handhabung für Anfänger leichter, jedoch ist sie dadurch auch weniger vielseitig. Man

erhält einen gleichmäßigen feinen Sprühstrahl, aber wie ein automatisches Getriebe bei einem Auto kann dies auch einschränkend wirken.

3.9
Verschiedene Grade der Versprühung, die sich mit einer Spritzpistole mit unabhängiger doppelter Hebelfunktion infolge des freien Spiels des Bedienungshebels erreichen lassen.

3.12
Eine Reihe von typischen, freihändig gezogenen feinen Linien, ausgeführt mit verschiedenen Arten von Spritzpistolen. (a) Einfaches regulierbares Spritzgerät; (b) Zerstäuber und Nadel; (c) einfache Spritzpistole mit einfacher Hebelfunktion, bei der die Nadel im Gehäuse sitzt; (d) Saugsystemspritzpistole mit doppelter Hebelfunktion und großer Düse; (e) Saugsystemspritzpistole mit doppelter Hebelfunktion und feiner Düse; (f) Fließsystemspritzpistole mit gekoppelter doppelter Hebelfunktion; (g) Saugsystemspritzpistole mit unabhängiger Doppelfunktion; (h) Turbospritzpistole. Der Bauer ist größtenteils in solchen Linien ausgeführt.

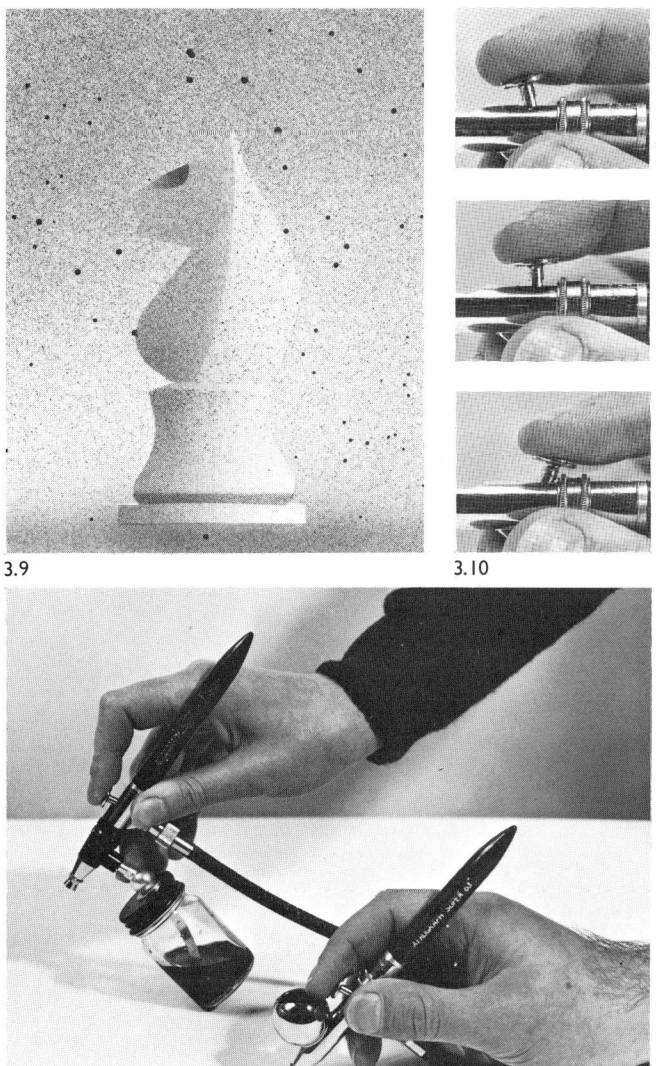

3.9 3.10

3.11

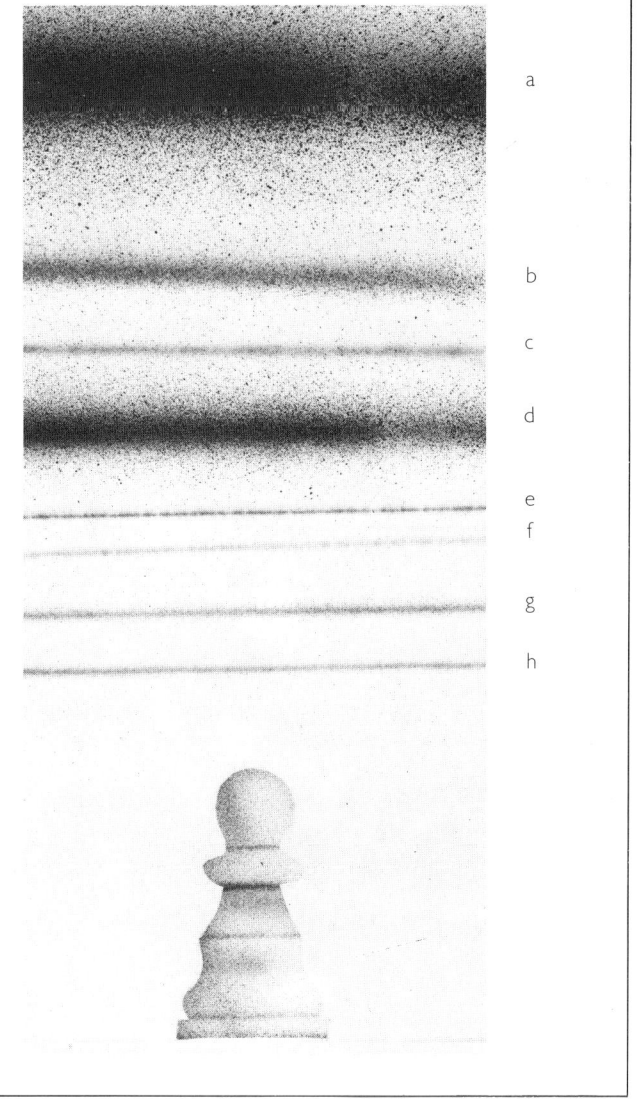

a

b

c

d

e

f

g

h

3.12

Das Saugsystem

Dieser Begriff ist oben schon verwendet worden und bezieht sich auf die Methode, mit der das Farbmedium in die Spritzpistole transportiert wird. Alle bislang in diesem Kapitel besprochenen Modelle haben ein Saugsystem. Im Gegensatz zum ›Fließsystem‹, bei dem das Farbmedium von oben (durch die Schwerkraft bedingt fließend) in den Luftstrom eintritt, wird bei Spritzpistolen mit Saugsystem das Farbmedium in die Strömung der Luft hochgesaugt. Hier kommt wieder das Bernoullische Prinzip zum Tragen: Der Luftdruck zieht die Farbe aus einem an der Unterseite befindlichen Behälter nach oben. Dies würde wohl als Energieverschwendung erscheinen, wenn die Farbe dabei mit der Luft gemischt und dann zerstäubt würde, ohne daß die Druckluft selbst dabei beteiligt wäre; tatsächlich aber erledigt sie hier beide Aufgaben: Sie saugt die Farbe hoch und zerstäubt sie anschließend.

Das Saugsystem hat gegenüber dem anderen System ein oder zwei Vorteile. So kann der Farbbehälter, da er unter der Spritzpistole selbst hängt, jede beliebige Größe haben und daher eine beträchtliche Menge Farbe enthalten. Wenn ein Wechsel der Farbe erforderlich ist, läßt sich das Medium leicht austauschen (siehe aber S. 73 im Hinblick auf den in diesem Fall notwendigen Reinigungsvorgang), indem ganz einfach ein neuer Behälter eingesetzt wird. Dieses System ist relativ leicht sauber zu halten und auch unkompliziert.

Diese Art der Farbzuführung hat aber auch zwei grundsätzliche Nachteile, wodurch sie für den Perfektionisten unbefriedigend sein kann. Wenn eine Spritzpistole mit einem Farbbehälter nicht waagerecht gehalten wird, kann es nämlich passieren, daß die Farbzuleitung aus dem Medium heraustritt, sofern nicht ein Kugelgelenk eine Justierung ermöglicht. In diesem Fall wird dann natürlich keine Farbe gesprüht. Der zweite Nachteil ist, daß die Position des Farbbehälters an der Unterseite der Spritzpistole den Benutzer behindert, wenn er sehr nah über der Malfläche arbeitet und in einem flachen Winkel spritzen möchte (3.11).

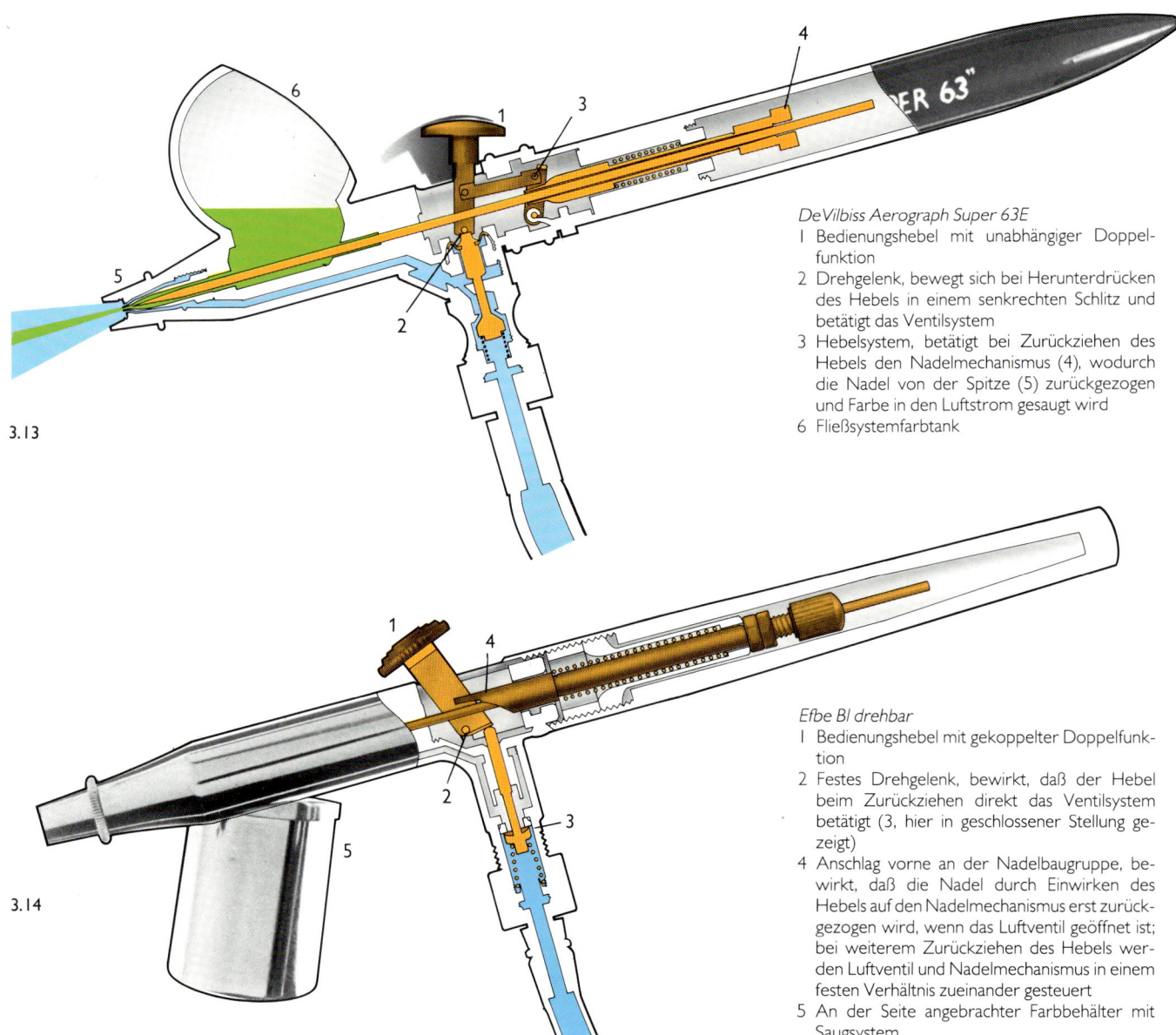

3.13

DeVilbiss Aerograph Super 63E
1 Bedienungshebel mit unabhängiger Doppelfunktion
2 Drehgelenk, bewegt sich bei Herunterdrücken des Hebels in einem senkrechten Schlitz und betätigt das Ventilsystem
3 Hebelsystem, betätigt bei Zurückziehen des Hebels den Nadelmechanismus (4), wodurch die Nadel von der Spitze (5) zurückgezogen und Farbe in den Luftstrom gesaugt wird
6 Fließsystemfarbtank

3.14

Efbe BI drehbar
1 Bedienungshebel mit gekoppelter Doppelfunktion
2 Festes Drehgelenk, bewirkt, daß der Hebel beim Zurückziehen direkt das Ventilsystem betätigt (3, hier in geschlossener Stellung gezeigt)
4 Anschlag vorne an der Nadelbaugruppe, bewirkt, daß die Nadel durch Einwirken des Hebels auf den Nadelmechanismus erst zurückgezogen wird, wenn das Luftventil geöffnet ist; bei weiterem Zurückziehen des Hebels werden Luftventil und Nadelmechanismus in einem festen Verhältnis zueinander gesteuert
5 An der Seite angebrachter Farbbehälter mit Saugsystem

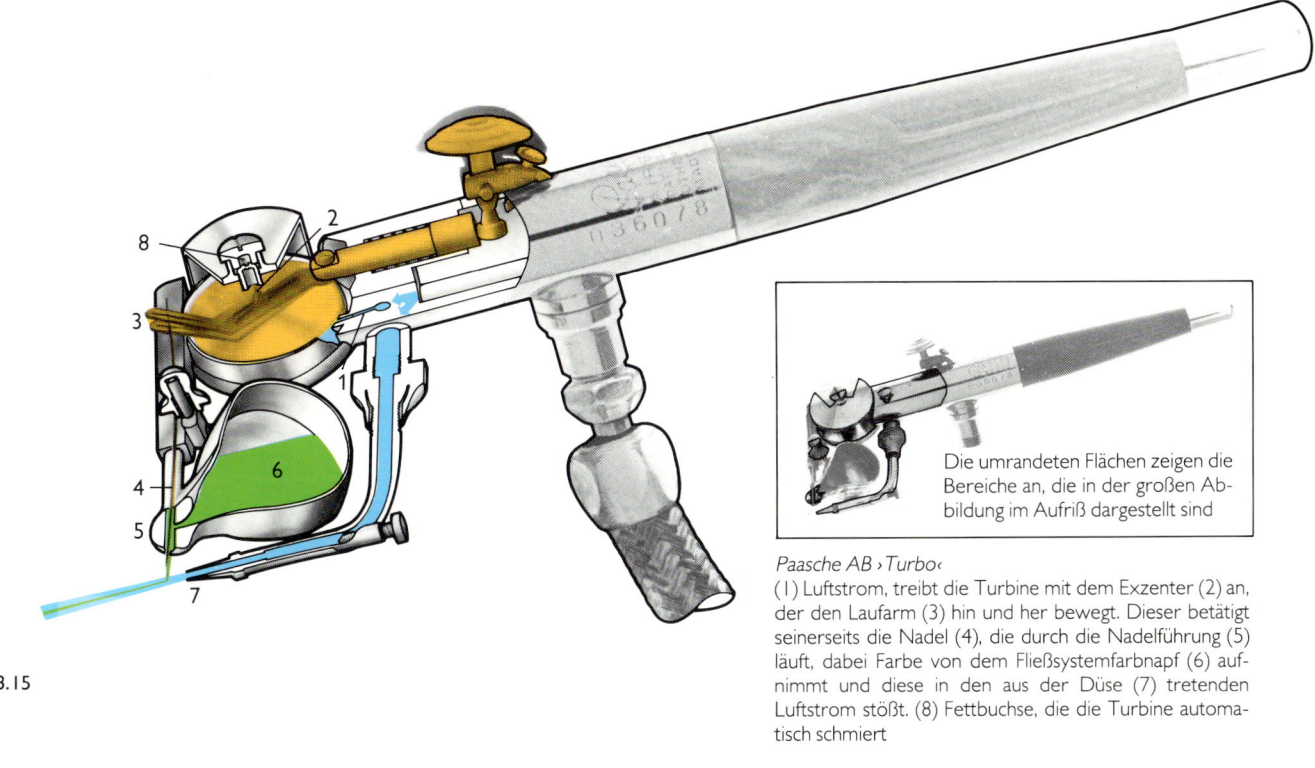

3.15

Die umrandeten Flächen zeigen die Bereiche an, die in der großen Abbildung im Aufriß dargestellt sind

Paasche AB ›Turbo‹
(1) Luftstrom, treibt die Turbine mit dem Exzenter (2) an, der den Laufarm (3) hin und her bewegt. Dieser betätigt seinerseits die Nadel (4), die durch die Nadelführung (5) läuft, dabei Farbe von dem Fließsystemfarbnapf (6) aufnimmt und diese in den aus der Düse (7) tretenden Luftstrom stößt. (8) Fettbuchse, die die Turbine automatisch schmiert

Farbschlüssel
Luftstrom = Blau
Farbfluß = Grün
Schleifpulver = Dunkelrot
Bewegliche Teile = Orange
Während des Betriebs einstellbare Teile = Rosa

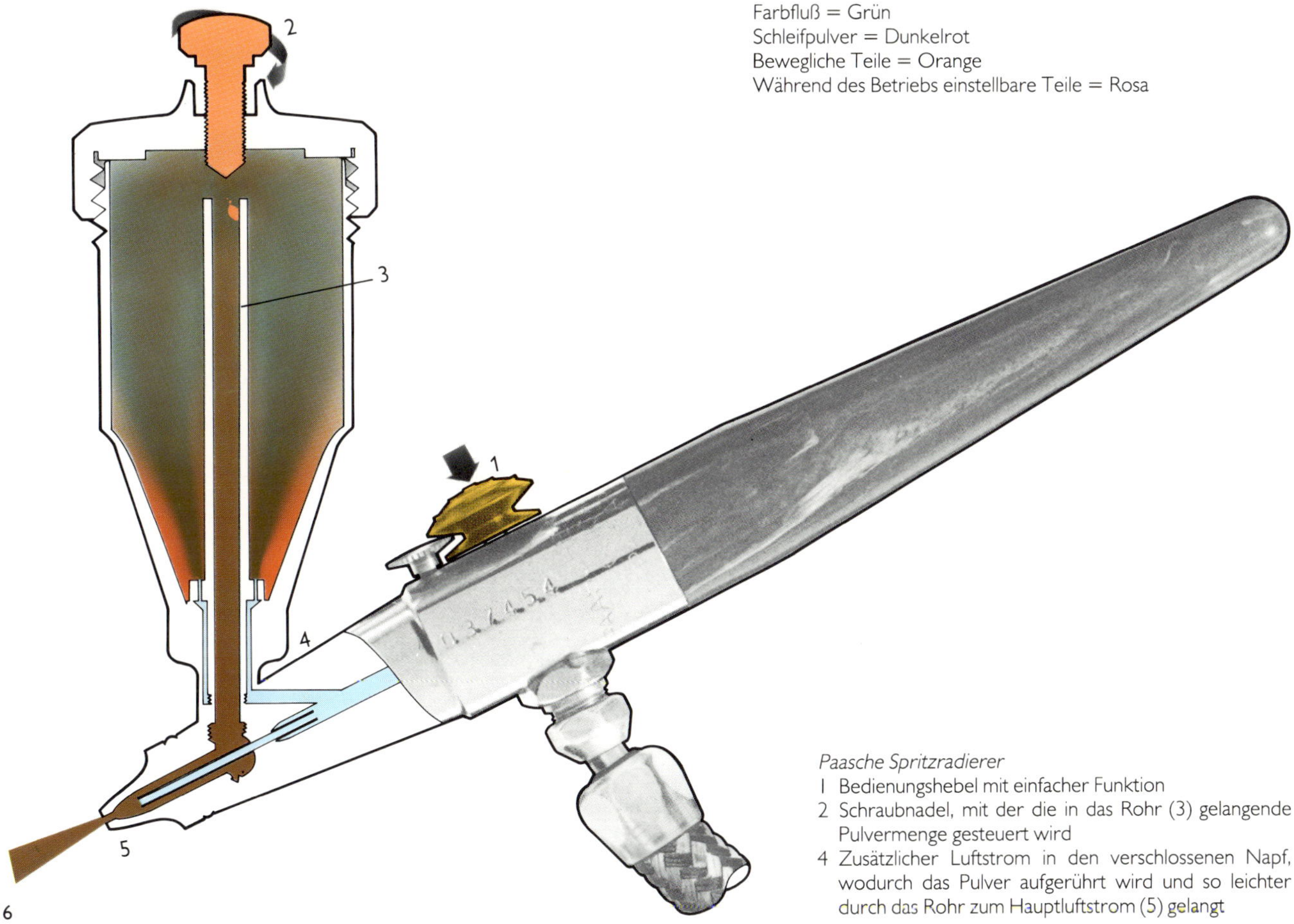

Paasche Spritzradierer
1 Bedienungshebel mit einfacher Funktion
2 Schraubnadel, mit der die in das Rohr (3) gelangende Pulvermenge gesteuert wird
4 Zusätzlicher Luftstrom in den verschlossenen Napf, wodurch das Pulver aufgerührt wird und so leichter durch das Rohr zum Hauptluftstrom (5) gelangt

3.16

Das Fließsystem

Spritzpistolen mit Fließsystem können seitlich oder obenauf angebrachte Näpfe haben, zuweilen aber auch nur eine Vertiefung im Gehäuse besitzen, so daß das Farbmedium – durch die Schwerkraft bedingt – in die Spritzpistole fließen kann. Diejenigen Modelle, bei denen die Farbnäpfe an der Oberseite angebracht sind, lassen sich beim Gebrauch besser im Gleichgewicht halten. An der Seite oder oben angebrachte Näpfe können zwar austauschbar sein, müssen aber vorher entleert werden, sonst fließt die Farbe weiter aus und kleckst alles voll. Mit etwas Vorsicht ist es jedoch möglich, einen Farbnapf durch einen anderen, der gefüllt ist, zu ersetzen.

Da Spritzpistolen mit Fließsystem fast alle auch doppelte Hebelfunktion haben, ist außerdem eine feine Mechanik nötig, um sowohl den Luft- als auch den Farbfluß zu steuern. Geräte mit gekoppelter Doppelfunktion haben einen Steuerhebel, der die Nadel zurückführt und das Luftventil öffnet, wenn der Steuerhebel nach hinten schwenkt (3.14). Bei Spritzpistolen mit unabhängiger Doppelfunktion wird der Hebel in einem senkrechten Schlitz bewegt, so daß er getrennt nach hinten oder nach unten gedrückt werden kann. Eine regulierbare Membran an der Austrittsstelle des Luftstroms läßt mit dem Herunterdrücken des Hebels nach und nach mehr Luft in das Gerät hinein (3.13). Der Zwischenraum zwischen Düse und Düsenkappe ist so gering, daß er kaum sichtbar ist. Burdicks erste Spritzpistole hatte einen Düsenbohrungsdurchmesser von 0,18mm, heutzutage weisen gute Modelle nur noch 0,15mm auf. Ein Gerät, das so exakt konstruiert ist und einen derart ausgeklügelten Steuermechanismus hat, kann man durchaus als Präzisionsinstrument bezeichnen. Diese Arten von Spritzpistolen werden nach strengen Maßstäben gefertigt; sie sind teuer und sollten mit Sorgfalt behandelt werden.

Dies ist nun nach Meinung der Autoren die vielseitigste und für allgemeine Zwecke wirkungsvollste Spritzpistole, die auf dem Markt erhältlich ist: die Spritzpistole mit Fließsystem und unabhängiger doppelter Hebelfunktion. Sie eignet sich für dünne Linien oder Farbflächen und läßt sich innerhalb dieser Bandbreite exakt steuern. Es gibt allerdings noch eine spezielle Spritzpistole sowie ein oder zwei weitere Geräte, die für ganz besondere Erfordernisse konstruiert sind.

Die Turbospritzpistole

Dieser Spritzpistolentyp (3.15), bei dem als einzigem das Bernoullische Prinzip gar nicht zur Anwendung kommt, eignet sich nur für äußerst feine Detailarbeit. Die Luft nimmt dabei zwei Wege. Ein Teil treibt eine Turbine auf eine Geschwindigkeit bis zu 20000 U/min an. Diese Turbine ist mit einem Arm verbunden, der die Nadel sehr schnell vor- und zurückbewegt. Ein anderer Teil des Luftstroms zweigt ab und strömt durch eine normale Luftdüse. Die Farbe fließt, auch hier, durch die Schwerkraft bedingt, in eine winzige ›Nadelführung‹, in der die Nadel hin- und herbewegt wird, und etwas Farbe wird infolge der Oberflächenspannung von der Nadel mitgerissen und seitwärts in den aus der Düse austretenden Luftstrom gestoßen. Die Luft bläst die Nadel sauber, die dann erneut Farbe anbringt, welche wiederum von dem Luftstrahl weggesprüht wird – und das wiederholt sich ständig mit sehr hoher Frequenz.

Die ›Turbo‹ ist eine Spritzpistole mit Fließsystem und unabhängiger Doppelfunktion; durch Zurückziehen des Hebels wird der Lauf der Nadel gesteuert, der bestimmt, ob die Farbe sich an die dünne Spitze oder den dickeren Rumpf der Nadel setzt. Je weiter der Hebel zurückgezogen wird, um so größer ist die mit Farbe benetzte Oberfläche der Nadel, die dem Luftstrom ausgesetzt ist, und folglich auch die ausgestoßene Farbmenge. Wie bei den konventionellen Spritzpistolen wird durch Herunterdrücken des Hebels das Luftventil betätigt. Es gibt jedoch noch zwei weitere Steuerungsmöglichkeiten. Im einen Fall läßt sich die Drehzahl der Turbine separat regeln, im anderen reguliert eine Punktiereinstellschraube an der Luftdüse die austretende Luftmenge und damit den Grad der Versprühung.

Das ›Turbo‹-Modell stellt wohl die am weitesten entwickelte Spritzpistole dar, die es gibt. Sie muß beim Kauf und gelegentlich auch später noch justiert werden. Nur der Profi, der mit dem freihändigen Zeichnen von feinen Linien befaßt ist, wird ein so empfindliches Instrument benötigen. Viele Spritzkünstler verwenden das Gerät, aber einige, wie Terry Pastor, ärgern sich über seine »launenhaften Änderungen der Justierung«. Die ›Turbo‹ ist teuer, verlangt sehr viel Geschick im Umgang, erfordert Aufwand, bevor sie betriebsfertig ist, und kann einige Medien wie Alkohol oder Lackfarben nicht bewältigen. Außerdem darf Farbe in ihr nicht antrocknen. Trotz allem gibt es jedoch für echte Feinarbeit nichts Gleichwertiges.

Der Spritzradierer

Hierbei handelt es sich im Grunde um ein steuerbares Sandstrahlgebläse (3.16). Die größte Schwierigkeit bei seiner Entwicklung bestand darin, ein Verklumpen des Pulvers beim Durchtritt durch die enge Düse zu verhindern. Die Lösung war raffiniert. Eine Spritzpistole mit Saugsystem und einfacher Hebelfunktion ist sozusagen umgedreht worden, so daß auf der Oberseite des Gehäuses ein großes Gefäß angebracht ist. Das sieht aus, als handelte es sich um ein Fließsystem,

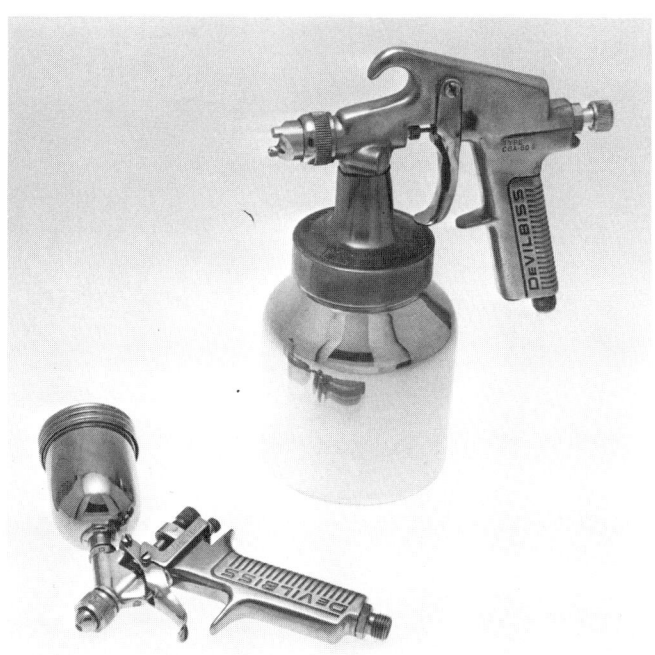

3.17

was aber nicht der Fall ist. In dem Behälter befindet sich ein Rohr, das über die Höhe des Pulvers hinausreicht. Das Pulver wird erst hochgesaugt und dann durch das Rohr hinunter zu der Düse geführt; es wird also nach dem Bernoullischen Prinzip durch die Druckluft in die Spritzpistole hineingesaugt. Dieses Saugen geht eigentlich von der Düse aus und nicht von dem unteren Teil des Behälters, denn die Luft strömt durch ein kleines zentrales Rohr und kommt daher dort nicht mit dem Pulver in Berührung. Eine Schraubnadel oben auf dem Behälter kann die in das Rohr eintretende Pulvermenge regulieren; der Bedienungshebel steuert nur die Luft, ist also einfachwirkend.

Für den Spritzradierer wird in der Regel Bimsstein- oder Aluminiumoxidpulver genommen, es läßt sich aber auch jedes andere leichte Pulver wie Pigmentpulver versprühen. Das Gerät besitzt vielseitige Verwendungsmöglichkeiten: Es dient zum Tilgen von Farbfehlern, für Glasätzungen und Gravuren, ja sogar zum Formen von Zahnprothesen.

Industrielle Spritzgeräte

Wie der Spritzradierer, der eigentlich keine normale Spritzpistole, sondern eher ein nützliches Zusatzgerät ist, sind auch die mit Abzug betätigten Spritzgeräte keine Spritzpistolen in unserem Sinne. Vielmehr handelt es sich um von den industriellen Modellen abgeleitete Niederdruckversionen mit Saug- oder auch Fließsystem, die mit geringer Luftmenge arbeiten. Geräte mit Fließsystem haben in der Regel Hebel mit gekoppelter Doppelfunktion, die mit Saugsystem können auch einfachwirkend sein.

Diese verkleinerten Industriemodelle haben zwar Nadel und Düse, sind aber eigentlich nicht für grafische Zwecke bestimmt (3.17). Man kann mit ihnen nicht zeichnen, da sie sich nicht ganz exakt steuern lassen. Sie werden jedoch vielfach verwendet, um große Hintergrundflächen zu spritzen, und Autobemaler können durch den besonders starken Sprühstrahl spezielle Effekte erzielen. Die meisten dieser Geräte werden mit einem großen Spritzpistolen-Kompressor angetrieben.

Feststellriegel oder Linieneinstellschraube

Dies ist ein erwähnenswertes Hilfsmittel, das bei einigen Spritzpistolen zur Ausstattung gehört. Es handelt sich hierbei um einen Nockenring, einen Rändelring oder eine Schraube, die den Bedienungshebel in einer beliebigen Position arretiert und es dadurch überflüssig macht, daß der Benutzer den Hebel die ganze Zeit genau steuert. Damit ist – wenigstens theoretisch – ein gleichmäßiges Spritzen gewährleistet.

Verschiedene Spritzpistolentypen haben unterschiedliche Funktionen, und wie wir sehen werden, ist es wichtig, das richtige Gerät auszuwählen. Einige Grafiker und Künstler benutzen für Arbeiten mit Schablonen oder Abdeckmasken ein einfaches Modell; nach den Erfahrungen der Autoren ist aber die Spritzpistole mit Fließsystem und unabhängiger zweifacher Hebelfunktion der beste Typ für Durchschnittszwecke, die vom Zeichnen feiner Linien bis zum flächigen Farbauftrag reichen. Für große Flächen ist eine Spritzpistole mit Saugsystem und unabhängiger Doppelfunktion empfehlenswert,

da die Modelle mit Fließsystem zu fein sind. Für sehr exakte Arbeiten, die langsame Steuerung erfordern, sollte man auf das Turbomodell zurückgreifen.

Farbmedien

Wenn man sich die geeignete Spritzpistole ausgesucht hat, muß man sich überlegen, welches Farbmedium man benutzen will (3.18) und welches die beste Art der Luftzufuhr ist. Allgemein läßt sich sagen, daß fast alles Flüssige mit einer Spritzpistole versprüht werden kann, von den ganz flüssigen Farbstoffen bis zu ungelösten festen Pigmenten in Öl- oder Alkydfarben. Das heißt nicht, daß man nur diese herkömmlichen Medien benutzen müßte: Lack und Lebensmittelfarbe oder sogar Latex lassen sich auch ganz problemlos spritzen.

Dünnflüssige Medien (Tuschen, flüssige Aquarellfarben, usw.)

Diese lassen sich ohne weiteres direkt in den Farbtank oder -behälter füllen, vorausgesetzt dieser enthält keinen Staub und keine Härchen, die sich in der Düse festsetzen und ein Klecksen verursachen können. Das wichtigste ist, daß der Farbtank und die Spritzpistole selbst nach Gebrauch gründlich mit Wasser oder Verdünner gereinigt werden; und wenn der Farbtank nicht austauschbar ist, müssen sie auch zwischendurch gereinigt werden, wenn eine neue Farbe oder ein anderes Medium eingefüllt wird. Dabei ist es besonders wichtig, die Düse so sauber wie möglich zu halten, da es dort zu Verstopfungen kommen kann.

Medien mit Pigmenten

Tonschlamm oder auch andere Medien, die ungelöste Schwebestoffe enthalten, können verwendet werden, sofern die festen Stoffe fein gemahlen sind. Falls das Pigment hart ist, wird es die Düse und die Nadel angreifen, auch wenn es noch so fein gemahlen ist. Man geht

3.18

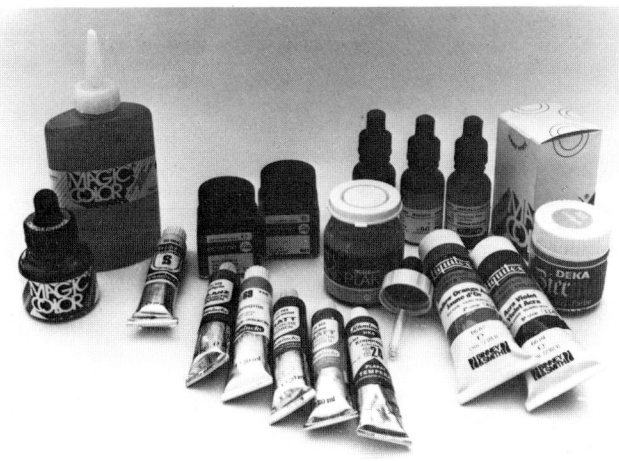

mit Pigmentfarben wie Tempera, Plaka und Acryl folgendermaßen vor: Die Farbe wird soweit verdünnt, daß sie durch ein feines Teesieb mehr fließt als tropft. Die durchgelaufene Farbe wird anschließend verwendet, jedoch sollte man die im Sieb verbliebenen Klümpchen nicht noch durchdrücken, da sie sich nicht völlig auflösen werden. Probleme können auftauchen, wenn die Pigmente anfangen, sich abzusetzen, wie es bei Metallfarben und Retuscheweiß vorkommen kann. Die Spritzpistole wird dann vollkommen verstopfen, so daß überhaupt keine Farbe versprüht. Man muß solche Farbarten entweder häufiger auswechseln oder mit einem Pinsel im Tank umrühren. Für Anfänger empfehlen sich diese Medien nicht; mit Tinten oder Tuschen läßt sich einfacher arbeiten.

Bei Pigmentfarben ist es unbedingt nötig, die Spritzpistole während des Gebrauchs häufig zu leeren und zu reinigen, um ein Verstopfen der Düse zu verhindern. Bei jeder Arbeitsunterbrechung kann die Farbe an der Düse trocknen. Wenn flüssige Medien wie Aquarellfarbe verwendet werden, braucht das Gerät bloß beim Farbwechsel und nach Gebrauch gereinigt zu werden. Mehr darüber findet sich in dem Kapitel über Pflege und Wartung (S. 140 ff.).

Antriebssysteme

Wenn man die Spritzpistole in Betrieb nehmen will, benötigt man einen flexiblen Schlauch, um das gewählte Antriebssystem an das Gehäuse des Geräts anzuschließen. Dieser sollte am besten ein Regelventil an der Anschlußstelle zum Antriebsaggregat aufweisen: entweder einen einfachen An/Aus-Mechanismus, der als zusätzliche Sicherung gegen zur falschen Zeit abgegebene Druckluft dient, oder aber – was in der Regel weitaus nützlicher ist – einen einstellbaren Druckregler, so daß sich der Luftdruck in der Spritzpistole unabhängig von dem Druck des Antriebs regulieren läßt. Es ist sogar oft besser, den Druck, den das Antriebssystem erzeugt, an dieser Stelle zu verringern, einerseits um eventuell auftretende Schwankungen auszugleichen und andererseits um eine feinere Steuerung mit dem Bedienungshebel der Spritzpistole zu ermöglichen. Wenn der Druck in der Spritzpistole geringer ist, dann bewirkt jeder Millimeter, den der Bedienungshebel bewegt wird, eine geringere Druckänderung in dem ausgestoßenen Luftstrahl – die Steuerung ist also feiner. Dies kann bei Detailarbeit daher von einigem Vorteil sein.

Es gibt vier Grundtypen bei den Antriebssystemen, vom ganz einfachen bis zum hochentwickelten und teuren Gerät.

Aufgepumpter Reifen

Dies ist eine alte, besonders von Modellbauern gern angewandte Methode, zeugt aber eigentlich mehr von Hingabe und Ausdauer angesichts widriger Umstände als von einer besonderen Effizienz des Systems. Das Grundprinzip dabei ist, daß ein Autoreifen aufgepumpt wird und der Druck der wieder austretenden Luft dann genutzt wird, um die Spritzpistole anzutreiben. Das ist wunderbar billig und einfach, hat aber doch derartig große Nachteile, daß diese Methode allenfalls für die gröbste Arbeit in Frage kommt. Die Hauptnachteile sind Feuchtigkeit, Schmutz und Ungleichmäßigkeit bei der Luftzufuhr.

Druckluftdose oder -flasche

Viele nehmen am Anfang eine Druckluftdose oder -flasche. Dabei gibt es zwei Möglichkeiten: eine große Flasche, erhältlich in verschiedenen Größen, zu mieten oder eine kleine Dose zu kaufen. Ersteres ist zunächst einmal teuer, wenn man die Pfandgebühr für die Gasflasche in Rechnung stellt, und auch etwas unhandlich; es handelt sich um die gleiche Art Flasche, die in Kneipen das Bier fließen läßt, und sie ist mit Kohlendioxid gefüllt. Die kleine Dose ist sicherlich für den Einstieg die bessere Möglichkeit.

Es ist nützlich, ungefähr zu kalkulieren, wieviel Treibmittel man für die Spritzarbeit benötigt. Wenn man nur hin und wieder mit der Spritzpistole arbeitet, werden die kleinen Dosen wohl zweckmäßig sein. Andernfalls könnte sich eine große Flasche langfristig gesehen als wirtschaftlicher erweisen. Außerdem ist inzwischen zum Preis von etwa zwanzig dieser Einwegdosen ein kleiner Kompressor erhältlich, der überhaupt die beste Alternative darstellt. Ein wenig Voraussicht wäre hierbei also nicht unangebracht und könnte letztendlich helfen, Geld zu sparen.

Entscheidet man sich für die kleine Druckluftdose, dann wird man feststellen, daß man wahrscheinlich noch weitere Teile benötigt, insbesondere ein Regelventil, daß zwischen die Dose und den Schlauch montiert wird. Dabei besteht die Wahl zwischen einem einfachen Ventil, das nur geöffnet oder geschlossen werden kann, und einem komplexen, das zugleich als einstellbares Regelventil und als Sicherheitsventil dient.

Die Dose liefert einen ausreichenden und ziemlich gleichmäßigen Druck, der allerdings gegen Ende etwas abfällt. Das läßt sich abstellen, indem man die Dose in lauwarmes Wasser legt. Wenn das Wasser zu warm ist, kann es zu einem übermäßigen Gasausstoß kommen; das kann auch passieren, wenn die Dose beim Kauf zu sehr gefüllt ist. Es braucht dann nur etwas Gas abgelassen bzw. die Dose aus dem Wasser genommen zu werden, und der Ausstoß wird nachlassen.

Fußpumpe und Speicher

Dieses System besteht aus einer Pumpe, wie sie auch zum Aufpumpen von Autoreifen benutzt wird, und einem großen Tank mit Druckmesser. Bevor mit der Arbeit begonnen wird, muß jedoch mit beträchtlichem Energieaufwand der Tank mit Luft gefüllt werden. Je nach Umfang der Spritzarbeit kann eine Füllung schon ausreichend sein.

Wenn man bereit ist, die Mühen beim Auffüllen des Tanks aus eigener Kraft auf sich zu nehmen, wird sich dieses System als recht vorteilhaft erweisen. Es ist billig, die laufenden Kosten sind gering, und es arbeitet leise. Da keine Energiequelle nötig ist, läßt es sich normalerweise gut transportieren. Ein Wort der Warnung aber sei erwähnt: Qualitativ hochentwickelte Fußpumpen und Speicher sind oft teurer als der billigste elektrische Kompressor.

Einfache Kompressoren

Die einfachen Typen des tragbaren Kompressors (3.19) sind sicher für Durchschnittsanforderungen geeignet, jedoch nicht für hochwertige Arbeit mit teuren Spritzpistolen. Außer einer gewissen Neigung

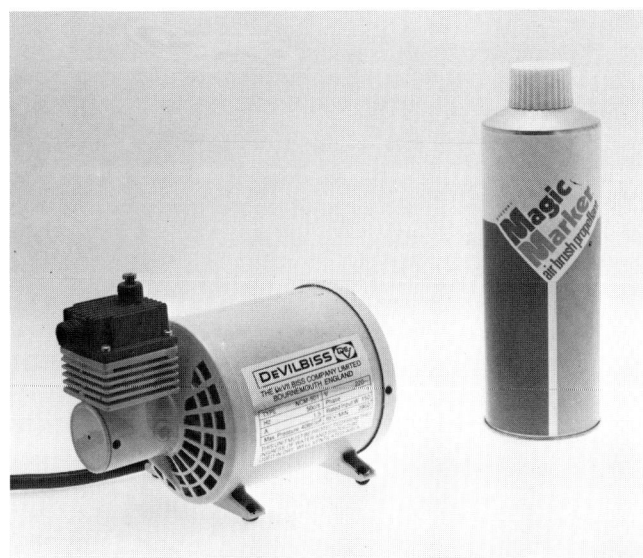

3.19
Ein einfacher Kompressor (links) und eine Einweg-Druckluftdose

normalen Arbeitsdruck von 1,5 bar betreiben will, dann stellt man das Rückschlagventil auf 3 bar ein. Dies reicht, um zu verhindern, daß der Druck zu gering wird, auch im Falle eines plötzlichen Abfalls; zugleich ist er auch nicht so hoch, daß der Bedienungshebel der Spritzpistole einen unverhältnismäßig starken Luftstrom steuern muß. Beim Beginn der Spritzarbeit wird der Kompressor dann ausgeschaltet, und der Speicher hat 3 bar, gibt aber nur 1,5 bar an die Spritzpistole ab. Mit fortschreitender Entleerung des Speichers nimmt der Druck ab. Wenn er auf etwa 2,25 bar gefallen ist, tritt das automatische Rückschlagventil in Aktion und stellt die Pumpe wieder an. Mit anderen Worten, es handelt sich um eine selbstregulierende Drucksteuerung, die dem Benutzer erlaubt, sich ganz auf die eigentliche Arbeit zu konzentrieren.

Eine Warnung muß allerdings beim Gebrauch dieser Kompressoren beachtet werden. Einige Geräte können einen so hohen Luftdruck erzeugen, daß der Strahl die Haut durchbohrt und unter Umständen mit ihm giftige Pigmente in die Kapillaren der Hand eindringen können. Das Pigment führt dann zu einer eventuellen Blutvergiftung, oder die Luft kann eine Embolie verursachen, d. h., es entsteht ein Blutgerinsel, das zur Todesgefahr wird, wenn es in den Kreislauf gerät. Halten Sie also Ihre Hände (und die übrigen Körperteile) von dem Sprühstrahl entfernt. Extrem hoher Druck kann auch die Spritzpistole beschädigen.

zum Durchbrennen und einer Anfälligkeit für Defekte haben die billigen Geräte auch noch andere Nachteile. Das Hauptproblem liegt darin, daß die Spritzpistole normalerweise direkt an den Kompressor angeschlossen wird, ohne Druckmesser und Feuchtigkeitsfilter. Das Fehlen eines Luftspeichers verursacht ein ›Pulsieren‹, das unerfreuliche Folgen hat: Eine feine Linie zum Beispiel kann als eine Reihe von Punkten erscheinen, die bei Detailarbeit sichtbar sind. Es ist möglich, einen Feuchtigkeitsfilter einzubauen und einen Speicher zwischen Kompressor und Spritzpistole zu installieren, wobei in der Regel so etwas wie ein sauberer Fahrradschlauch benutzt wird, der elastisch genug ist, um dieses Pulsieren auszugleichen. Man entfernt einfach das Ventil und klemmt ihn an beiden Enden fest. Mit diesem Schlauch als großem Luftspeicher und einem Feuchtigkeitsfilter an einem Ende des Schlauches werden Schwankungen auf ein Minimum reduziert. Billigere Kompressoren kann man daher für sehr feine Arbeit nur in dieser abgewandelten Form empfehlen. Ein weiterer Nachteil für den Benutzer stellen die ablenkenden und störenden Geräusche der billigen Kompressoren dar, da sie die ganze Zeit, während die Spritzpistole gebraucht wird, in Funktion sein müssen.

Technisch hochentwickelte Kompressoren

Größere und teurere Kompressoren (3.20) sind serienmäßig mit einem Speicher ausgerüstet. Die Luft tritt in den Speicher ein und staut sich zu dem erforderlichen Druck auf. Sobald dieser erreicht ist, kann man den Kompressor bei der Spritzarbeit ausschalten, falls man den Lärm des Geräts als störend empfindet. Andere Bauteile sind ein Druckregulierer, der gewöhnlich auch einen Feuchtigkeitsfilter enthält, und ein Sicherheitsventil, um Überdruck zu vermeiden. Bei diesen Kompressoren können keine Druckschwankungen auftreten.

Die meisten Modelle dieser Art haben ein automatisches Rückschlagventil, das so energiesparend (und angstreduzierend) sein kann wie ein Thermostat bei einer Zentralheizung und auch so ähnlich funktioniert. Wenn man zum Beispiel die Spritzpistole mit einem

Ein professioneller Kompressor und eine auffüllbare Gasflasche

3.20

75

Kompressoren für andere Verwendungszwecke

Es gibt auch Variationen des Standardkompressors für den Anschluß von mehreren Spritzpistolen auf dem Markt. Ein solcher Kompressor besitzt nicht mehr als einen großen Luftspeicher, der mehrere Geräte gleichzeitig versorgen kann. Verbindungen werden dann zu verschiedenen Arbeitsplätzen gelegt, und der Benutzer schließt seine Spritzpistole jeweils im Bedarfsfall an. Jeder Anschluß hat eine separat einstellbare Drucksteuerung, so daß der einzelne an seinem Gerät nicht durch den Druck des Luftspeichers gebunden ist. Um allen möglichen Schwankungen in der Luftzufuhr durch den zentralen Kompressor zu begegnen, können einzelne ›Druckregulierungstanks‹ (Minispeicher von etwa 22 × 15 cm Ausmaß) an den jeweiligen Anschlußstellen installiert werden.

Eine weniger aufwendige Lösung des Problems mit mehreren Benutzern stellt der fahrbare Kompressor dar. Er wird einfach immer gerade dorthin gebracht, wo er gebraucht wird. Es gibt auch benzinbetriebene Geräte für den Gebrauch im Freien, etwa beim Besprühen von Autos; für geschlossene Räume lassen sie sich wegen des Geruchs und der Abgase nicht empfehlen. Es sind sogar Kompressoren erhältlich, die sowohl mit Benzin als auch mit elektrischem Antrieb laufen können.

Masken

Als Maske läßt sich alles bezeichnen, was zwischen der Spritzpistole und der Malfläche liegt und verhindert, daß sich die gespritzte Farbe weiter als gewünscht verbreitet (3.21). Ein abgerissenes Stück Zeitung zum Beispiel, das in die Linie des Sprühstrahls gehalten wird, ist schon eine Maske. Dadurch entsteht eine weiche Begrenzung auf der Malfläche, da ein wenig Farbe doch unter die Kante der Maske gelangt. Um einen scharfen Rand zu erzielen, muß die Maske fest auf den Malgrund gedrückt werden; ansonsten wird der Rand mit zunehmendem Abstand der Maske vom Grund weicher (3.22). Grundsätzlich gibt es zwei Maskenarten, die scharfe Ränder ermöglichen: die flüssige Form und die Folie.

Flüssigmaske

Hierbei handelt es sich um eine Lösung auf Gummi- und Ammoniakbasis, die manchmal einen Farbstoff enthält, damit sie sichtbar ist. Wenn sie auf die Fläche aufgetragen wird, verdunstet das Ammoniak, und es bleibt eine Gummischicht zurück, die sich schneiden läßt und

3.22

3.21

3.23

entfernt werden kann. Man kann sie auch auf eine Resopalplatte abziehen und dann auf die Malfläche übertragen (siehe auch S. 76). Bis die eigentliche Abdeckfolie aufkam, war dies die gebräuchlichste Abdeckmethode. Heute wird sie nur noch selten benutzt.

Die Flüssigmaske eignet sich nur bei bestimmten Malflächen und Farbmedien. Manches Papier oder mancher Karton absorbiert den Farbstoff der Maskierflüssigkeit. Außerdem kann sich die Oberfläche des Malgrundes beim Entfernen der Maske mitabheben, und wenn beispielsweise Acrylfarbe verwendet wird, verbindet sich das Acryl mit der Oberfläche der Maske, die dann gar nicht abgehoben werden kann.

Am besten eignet sich diese Methode bei undurchlässigen Flächen wie Fotopapier oder Film, weshalb sie auch hauptsächlich für die Fotoretusche und den Modellbau verwendet wird. Beim Batiken wird Wachs als eine Art Flüssigmaske benutzt, die man hinterher wieder durch Abschmelzen entfernt.

Folienabdeckung

Für beinahe jeden anderen Anwendungsbereich ist die Abdeckfolie am besten geeignet. Es handelt sich dabei um eine einfache Folie, deren Haftvermögen gering genug ist, daß bei ihrer Entfernung, alles, was sich schon unter ihr befindet, nicht mitabgehoben wird. Bei einer strukturierten Oberfläche, wie etwa Leinwand, ist eine etwas stärkere Haftung erforderlich. Buchbinderfolie eignet sich dafür in der Regel am besten. Für eine glatte Fläche bevorzugt man eine nicht so stark haftende Maske, wie etwa die spezielle Spritzpistolenfolie. Diese Art der Abdeckung läßt sich auch selbst herstellen, indem man auf die oben beschriebene Weise mit flüssigem Abdeckmittel eine Folie anfertigt – aber das ist eine mühsame Angelegenheit. Man kann erfinderisch sein und Geld sparen, indem man etwa Maskierband und Zeitungspapier nimmt. Das hat allerdings einen großen Nachteil: Man kann nicht darunter sehen, um das, was man gerade spritzt, zu kontrollieren und mit dem zu vergleichen, was schon fertig ist. Folie ist wenigstens beim Schneiden durchsichtig, wenn sie auch durch das Spritzen getrübt oder undurchsichtig wird.

Um die gewünschte Form zu erhalten, schneidet man die Maske mit einem feinen Folienschneidemesser (eventuell mit drehbarer Klinge) aus, während die Abdeckfolie auf der Malfläche klebt. Dies ist eine schwierige Kunst und erfordert viel Geduld. Der Trick ist, nicht in den Malgrund einzuritzen und doch gleichzeitig tief genug zu schneiden, daß ein Einreißen der Klebefolie verhindert wird, wenn man versucht, sie von dem Untergrund abzuheben. Sobald man die gewünschten Flächen entfernt, bleibt eine saubere, glatte Umrandung zurück, und man kann anschließend frei spritzen (3.23).

Bei den meisten Arbeiten mit der Spritzpistole, jedenfalls wenn Zeit eine Rolle spielt, ist das Schneiden der Maske eine größere Kunst als das eigentliche Betätigen der Spritzpistole. Die Maske entscheidet und bestimmt die Form, die Spritzpistole dagegen bestimmt die Oberflächenbeschaffenheit und die Farbgebung.

Bei der Anwendung jeglicher Abdeckfolie, die die Oberfläche berührt, ist eine goldene Regel zu beachten: Die Farbe darunter muß völlig durchgetrocknet sein. (Manchmal reicht es nicht, wenn die Farbe nur berührungsfest ist.) Der Grund dafür ist einleuchtend: Wenn die Farbe feucht ist, kann sie sich mit der Folie lösen. Manche Papier- oder Kartonoberflächen können sich heben, wenn die Folie

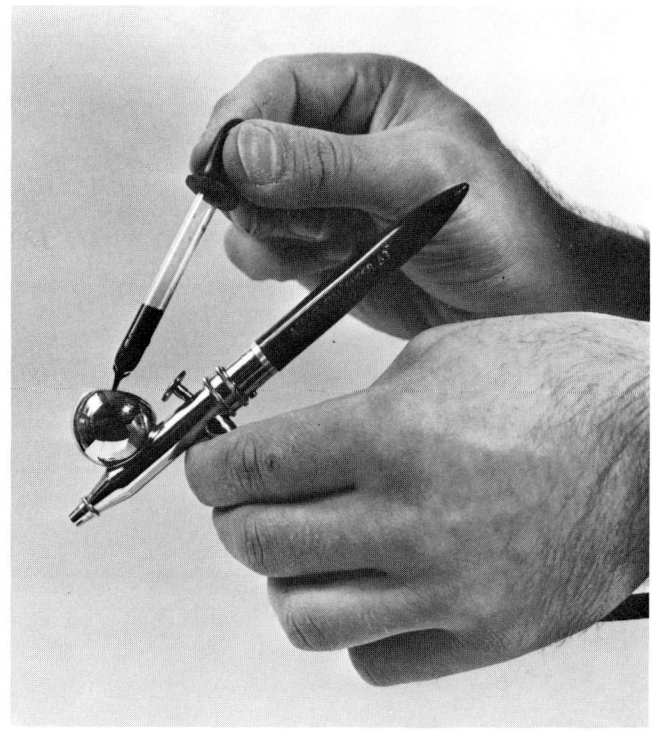

3.24

zu fest angedrückt wird oder zu lange darauf bleibt; es lohnt sich also, die Sache zuerst auszuprobieren.

Das Maskieren ist nicht die einzige Methode, um die Fläche kontrollieren zu können, die von dem Farbstrahl getroffen wird. Eine andere, insbesondere bei der Fotoretusche praktische Methode besteht darin, die Fläche aus freier Hand zu spritzen und hinterher den Überschuß zu beseitigen. Das läßt sich am besten mit einem (Baumwoll-)Wattetupfer bewerkstelligen, der mit dem entsprechenden Verdünner getränkt ist.

Vorbereitungen vor Beginn der Spritzarbeit

Die notwendigen Utensilien für die Ausführung der Spritzarbeit haben wir jetzt beisammen: Spritzpistole, Farbe, Antriebssystem und Abdeckmittel. Um die Spritzpistole aufzufüllen, nehme man eine Saugpipette (3.24); für jede zu spritzende Farbe ist wenigstens eine dieser Art erforderlich. In manchen Anleitungen wird ein Pinsel zum Einfüllen der Farbe empfohlen; wir raten aber davon ab, da der Pinsel Staub enthält und seine Borsten verlieren kann. Es ist sehr wichtig, daß keine Verunreinigungen oder unerwünschte Feststoffe in dem Farbtank sind. Eine Saugpipette gewährleistet das und verhindert außerdem, daß die Spritzpistole überfüllt wird.

Sie sollten die Spritzpistole an den Antrieb anschließen und die Luftzufuhr testen, bevor Sie die Farbe einfüllen. Dadurch wird nicht nur das System kontrolliert, sondern Sie haben auch die Gelegenheit, sich an das Gefühl des Luftdrucks zu gewöhnen. Probieren Sie dann die Farbe auf einem Stück Papier aus, bis Sie zufrieden mit dem Ergebnis sind. Jetzt sind Sie mit allen Vorbereitungen fertig, und die eigentliche Spritzarbeit kann beginnen.

4 Grundsätzliches zur Spritztechnik

Dieses Kapitel behandelt Übungen, die Sie mit den im vorigen Kapitel besprochenen Materialien ausführen können, auch wenn Sie noch keine Erfahrung im Gebrauch der Spritzpistole oder in der Maskenherstellung haben. Es ist also für den völligen Anfänger geschrieben – jeder, der schon einige Zeit mit der Spritzpistole umgeht, wird mit den entsprechenden Methoden und Gewohnheiten vertraut sein und die folgenden Lektionen nicht benötigen. Sie sollen als behutsame Einführung in die Eigentümlichkeiten der Spritzpistolentechnik dienen.

Einführende Übungen

Wir empfehlen, mit Rapidografentusche zu beginnen, die eine kräftige Farbe hat, etwa schwarz oder dunkelblau, und als Malgrund ziemlich dickes, glatt aufliegendes Linienpapier zu verwenden. Man rechne mit einem großen Papierbedarf. Lernen und Experimentieren erfordern viel Platz, was sogar Fortgeschrittene immer wieder feststellen müssen. Gespritzte Farbe schwebt in der Luft, Sie sollten also den Arbeitsbereich freiräumen. Wenn Sie einmal ein schweres

Medium verwenden, muß der ganze Arbeitsraum leergeräumt werden, da sich die zerstäubten Tröpfchen eine ganze Weile in der Luft halten und später absetzen.

Übung 1: Eine Linie

Bei dieser Übung muß die Linie nicht gerade sein, sie kann jede beliebige Form oder Länge haben. Halten Sie die Spritzpistole etwa 10 cm von der Malfläche entfernt, und machen Sie zwei oder drei ›Trockenversuche‹ mit der Linie, wobei Sie die Spritzpistole in möglichst gleichem Abstand über dem Papier bewegen. Das Gerät muß ziemlich waagerecht gehalten werden, wenn Sie eines mit Fließsystem oder seitlich angebrachtem Farbnapf benutzen, sonst schwappt die Tusche oben heraus. Wenn Sie ein Gefühl für die Linienbewegung bekommen haben, dann betätigen Sie die Spritzpistole richtig mit dem Bedienungshebel. Beginnen Sie, Ihre Hand über die Malfläche zu führen, wie vorher bei den ›Trockenversuchen‹, aber spritzen Sie dabei nur, solange Sie die Hand bewegen. Folgen Sie dem Weg, den Sie schon für die Linie bestimmt haben, und hören Sie auf zu spritzen, bevor Sie die Handbewegung beenden. Es ist entscheidend, mit dem Spritzen zu beginnen bzw. es abzubrechen, solange das Gerät bewegt wird, andernfalls erhält man einen dicken Tuscheklecks an Anfang und Ende der Linie. Das spielt keine Rolle, wenn man quer über eine teilweise abgedeckte Fläche arbeitet und der Strich auf der Maskierfolie beginnt und endet. Bei Beendigung des Spritzens gibt man langsam den Hebel frei, nicht plötzlich, da sonst

◁ Dick Ward, Illustration zur Eigenwerbung

Verschiedene Linien, die durch richtige und falsche Handhabung der Spritzpistole gezogen wurden

zu wenig Luft
ungleichmäßige Hebelbedienung
zu nah über der Malfläche
zu viel Farbe

richtig gezogene Linien, wobei die Spritzpistole schrittweise näher an die Malfläche herangebracht wurde

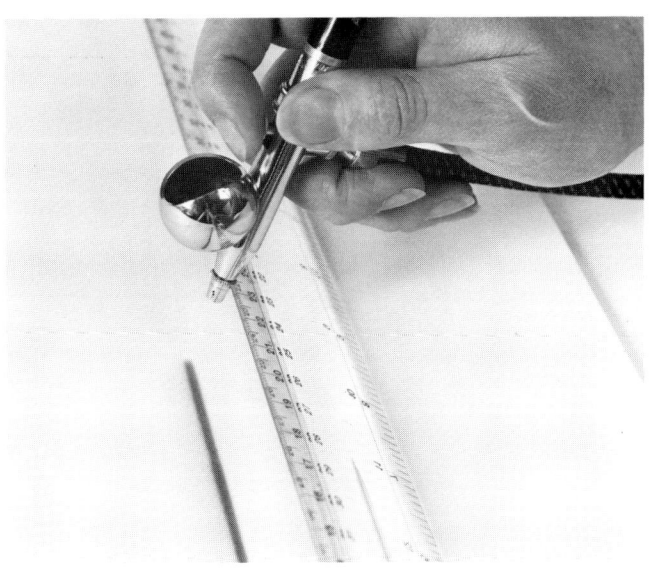

4.1

4.2

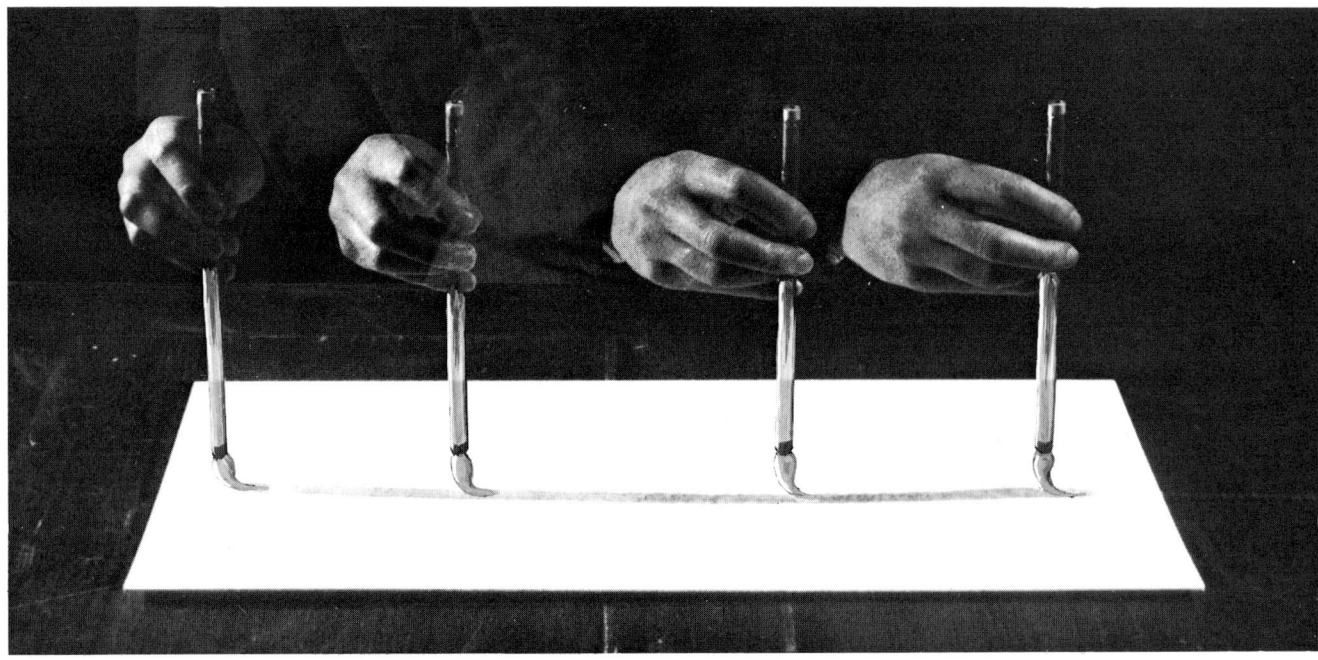

4.3

4.4

4.3–4 Jeder, der mit dem Gebrauch des chinesischen Pinsels vertraut ist, wird feststellen, daß die Handbewegung bei der Spritzpistole ähnlich ist

beim Abstellen der Luft etwas Tusche in der Düse zurückbleiben kann, die ein Spucken beim Beginn der nächsten Linie verursacht (4.1).

Führen Sie diese Übung drei- oder viermal aus, bis Sie herausgefunden haben, wie fest der Hebel zu drücken ist, um eine gleichmäßige Linie zu erzielen, die das Blatt nicht überschwemmt. Es kommt dabei ganz auf die Praxis an; verschiedene Spritzpistolen erfordern eine unterschiedliche Druckstärke. Wenn die Linie körnig aussieht, kommt zu wenig Luft durch; man muß dann entweder den Druck der Luftzufuhr erhöhen oder einfach den Hebel fester bedienen. Wenn die Linie zur Seite verläuft, kommt entweder zuviel Tusche durch – dann muß der Farbzufluß verringert werden – oder der Druck ist zu hoch; auch hierbei erfolgt die Regulierung wieder am Hebel oder an der Zufuhr.

Es ist in dieser Anfangsphase wichtig, mit dem Druck an beiden Stellen zu experimentieren, bis man ein gutes Gleichgewicht gefunden hat: Richtiger Druck ist unerläßlich für gute Spritzarbeit.

Um mit der Spritzpistole eine gerade Linie zu ziehen, können Sie genauso vorgehen wie mit einem Bleistift: Stellen Sie ein Lineal dahin,

4.5

4.6

wo die Linie gezeichnet werden soll, und sprühen Sie an seiner Kante entlang, wobei die Spritzpistole auf der Kante des Lineals ruht. Dies ist eine einfache Methode, auf die man aber nicht gleich kommt (4.2). Beachten Sie, daß das Lineal nicht flach auf dem Papier aufliegt.

Übung 2: Eine Tönung

Um eine Tönung zu erzielen, halten Sie die Spritzpistole etwa 15 cm vom Papier entfernt und wiederholen Übung 1. Sie werden feststellen, daß man mit zunehmendem Abstand von der Malfläche den Bedienungshebel stärker betätigen muß, d. h. sowohl der Luftdruck als auch der Farbfluß müssen erhöht werden. Bevor Sie die Spritzpistole wirklich betätigen, üben Sie erst wieder diese Bewegung solange, bis Sie zufrieden mit dem Ergebnis sind, und fahren Sie dann fort, bis sie eine ziemlich gleichmäßige Tönung nach Belieben hervorbringen können.

Anschließend bewegen Sie das Gerät weitere 5 bis 7 cm von der Oberfläche weg und wiederholen noch einmal Übung 1, bis das Resultat zufriedenstellt. Gehen Sie die gleiche Strecke wieder zurück, und spritzen Sie die Tönung; und dann noch einmal, bis Sie eine große Fläche besprühen, mit anderen Worten, bis Sie eine ›flächige Tönung‹ erreichen. Denken Sie immer daran, den Druck zu erhöhen, und wiederholen Sie die Tönung solange, bis sie jedesmal weich herauskommt (4.5).

Übung 3: Eine feine Linie

Dieses Mal bringen Sie die Spritzpistole näher an die Malfläche heran, erst in 7,5 cm und dann in 5 cm Abstand, wobei Sie jeweils Übung 1 wiederholen. Wie Sie vielleicht erwarten, darf der Druck von der Antriebsquelle nicht so hoch sein, wenn man nahe über der Papieroberfläche arbeitet, oder man muß die Hand schneller führen. Bei einer sehr feinen Linie sollte die Spritzpistole tatsächlich das Papier berühren. Falls man ein Modell mit Saugsystem verwendet, muß die Malfläche senkrecht stehen, da sonst der Farbbehälter verhindert, daß die Düse nahe genug an das Papier herangeführt werden kann. Um eine sehr feine Linie ohne Farbverlauf zu erzielen, muß unter Umständen der anstehende Druck verringert werden.

Wiederholen Sie nun die bisherigen Übungen, bis Sie eine Linie jeder Dicke zeichnen können. Wenn Sie glauben, dies alles gut gemeistert zu haben, versuchen Sie doch einmal, Ihren Namen zu spritzen. Nehmen Sie sich viel Platz! Wahrscheinlich werden Sie hilflos zusehen, wie Ihre Hand ihren eigenen Weg nimmt. Falls nicht, dann sind Sie schon recht perfekt. Ansonsten verzweifeln Sie noch nicht! Es ist eine Frage der Übung, den ganzen Arm bewegen zu können und nicht nur das Handgelenk (4.6).

Übung 4: Linienmuster

Wenn Ihr Namenszug nicht gut gelungen ist, versuchen Sie eine Reihe von fallenden Schleifen mit einer möglichst gleichmäßigen Liniendicke und Größe. Üben Sie weiter, abwechselnd mit dünnen und dicken Linien, bis Sie das ganze Muster gleichmäßig fertigbringen (4.7). Schreiben Sie dann noch einmal Ihren Namen. Es ist jetzt bestimmt einfacher.

Übung 5: Gleichmäßiger Farbauftrag

Nehmen Sie ein leeres Blatt Papier als Malgrund und füllen Sie den Farbtank mit Tusche. Halten Sie die Spritzpistole etwa 20 cm über der Papieroberfläche, und spritzen Sie in einem fort waagerecht hin und her, wobei Sie allmählich auf dem Blatt nach unten gehen; die Hand muß dabei ständig in Bewegung sein. Da die Sprühfarbe etwas herumfliegt, ist es besser, in einem Winkel zur Malfläche zu spritzen anstatt senkrecht; wenn die Fläche vertikal steht, sprüht man leicht nach unten. Denken Sie wieder daran, die Hand schon vor Betätigung

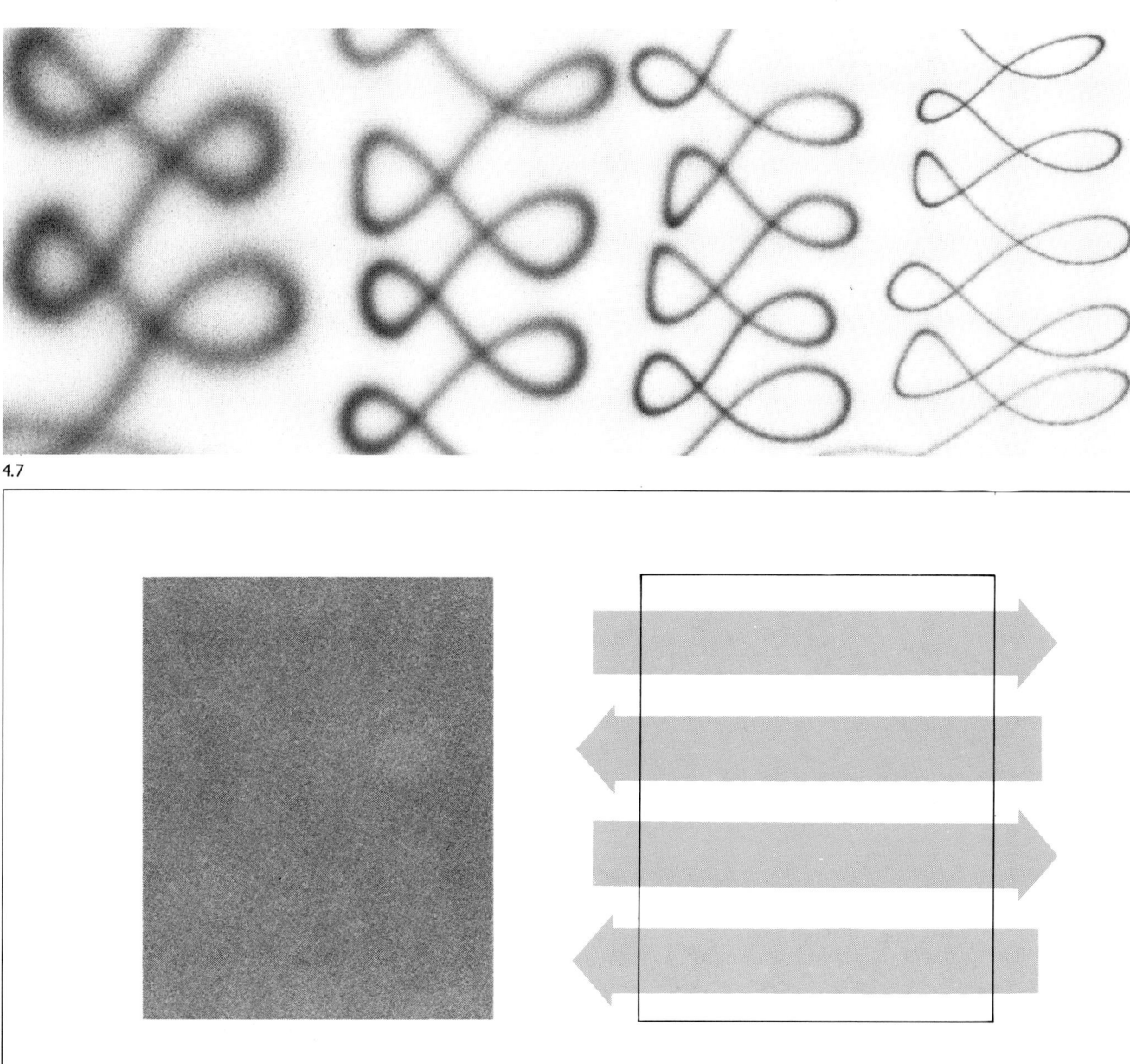

4.7

4.8

der Spritzpistole zu bewegen. Außerdem müssen Sie großzügig über die Ränder der Malfläche hinaus spritzen, da das Gerät beim Ändern der Richtung einen Augenblick stillsteht. Dieser Wendepunkt darf nicht auf der Malfläche liegen, sonst gibt es einen Klecks. Das Schema mit den Pfeilen zeigt die Bewegung der Spritzpistole bei einem gleichmäßigen Farbauftrag. Üben Sie wieder solange, bis Sie diese Lektion gut beherrschen (4.8).

Übung 6: Verlaufende Farbfläche
Wiederholen Sie Übung 5, verringern Sie dabei aber den Druck am Bedienungshebel, während Sie auf dem Blatt nach unten gehen. So ergibt sich eine Farbfläche, die sich allmählich in Nichts auflöst (4.9), ein reizvoller Effekt, aber es ist nicht so einfach, dies gut hinzubekommen.

Übung 7: Begrenzte Farbfläche
Diese Übung ist eine recht schwierige Abwandlung von Übung 5; das Ziel besteht darin, einen gleichmäßigen Farbauftrag in der Mitte des Papiers zu erreichen (4.10). Halten Sie die Spritzpistole etwa 20 cm über dem Malgrund, bewegen Sie aber diesmal das Gerät in *einzelnen* Zügen hin und her. Denken Sie daran, erst wenn Sie in Bewegung sind, den Spritzvorgang zu betätigen, und versuchen Sie, eine bestimmte Fläche des Papiers zu bedecken. Eine Schwierigkeit dabei ist, den Luftstrom exakt zu stoppen, wenn man den Rand der zu bedeckenden Fläche erreicht, ohne zugleich die Bewegung der Hand zu verlangsamen.

Übung 8: Begrenzte verlaufende Farbfläche
Wenn man mit Übung 7 vertraut ist, kann man sie mit Übung 6 verbinden und eine begrenzte Farbfläche erzielen, die außerdem

4.9

nach unten hin verläuft (4.11). Das Ergebnis ist ein verschwommener Farbauftrag in der Mitte des Papiers, der langsam ganz verläuft. Natürlich ist diese Übung entsprechend schwieriger als die vorhergehenden.

Übung 9: Linie am Rande einer Maske

Legen Sie über einen Teil der Malfläche ein dickes Stück Papier so, daß der obere Rand dieser Maske eine Horizontale bildet. (Dünnes Papier ist dabei nicht ratsam, da es nicht steif genug ist.)

(a) Ziehen Sie etwa 2,5 cm oberhalb des Randes der Maske eine waagerechte Linie. Dabei wird etwas Farbe auf die Maske spritzen (4.12).

(b) Bringen Sie die Maske auf dem Papier weiter nach unten, und ziehen Sie jetzt eine waagerechte Linie auf der Maske selbst, etwa 2,5 cm unterhalb deren oberer Kante. Etwas Sprühfarbe wird nach oben auf die Malfläche geraten (4.13).

(c) Setzen Sie die Maske noch weiter unten an, und ziehen Sie eine Linie genau entlang der Kante. Entfernen Sie danach die Abdeckung (4.14).

Vergleichen Sie die auf diese Weise erzielten verschiedenen Arten von Linien, und prägen Sie sich diese gut ein, denn es entstehen Effekte mit feinen Unterschieden, die man wahrscheinlich häufig brauchen wird (4.15).

Übung 10: Kleine Kreise

(a) Sternlicht-Effekt: Dieser wird freihändig ausgeführt und erfordert eine deckende Tusche, die eine hellere Farbe als der Hintergrund aufweist. Man spritzt einfach einen Punkt mit einer engen Drehbewegung und erweitert diese langsam nach außen, so daß der Kreis größer wird (4.16).

(b) ›Glanzlicht‹-Kreis aus freier Hand: Sie können einen hellen Kreis auch erzielen, indem Sie dunkle Farbe auf die ganze Fläche auftragen, *ausgenommen* einen Kreis in der Mitte. Dies ist eine schwierige Übung, deren Bewältigung einige Mühe erfordert (4.17). Es ist in der Regel am besten, die Farbe in kurzen, gebogenen Zügen aufzutragen. Beginnen Sie in der Mitte, und arbeiten Sie nach außen hin. Vergessen Sie aber nicht, daß der

4.10

4.11

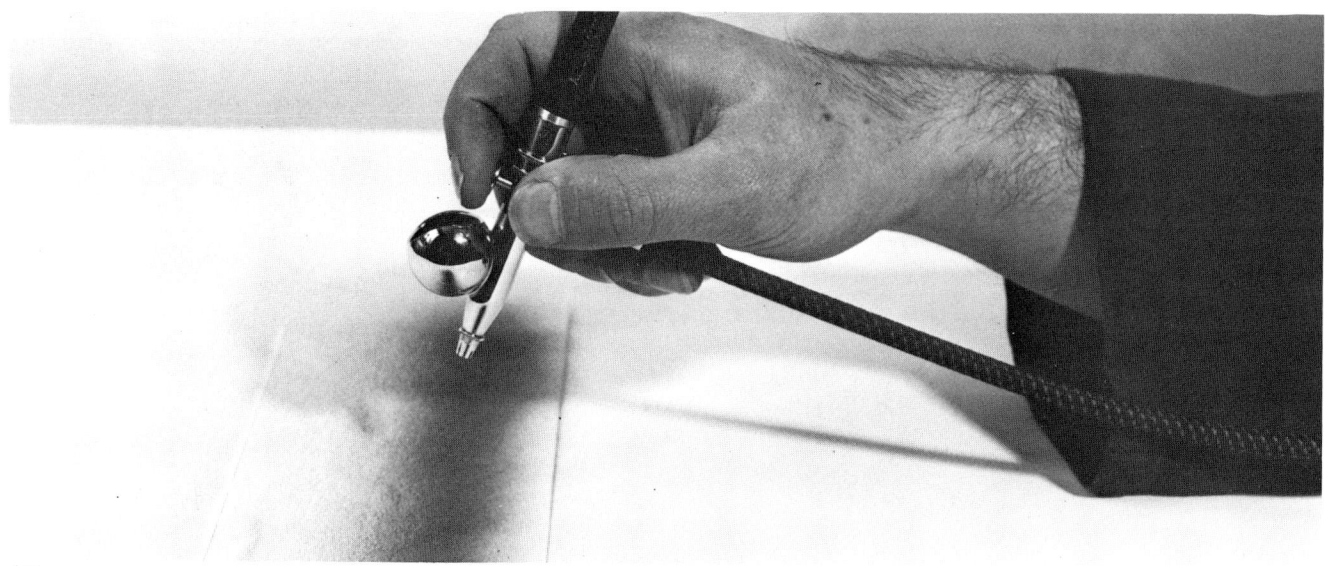

4.12

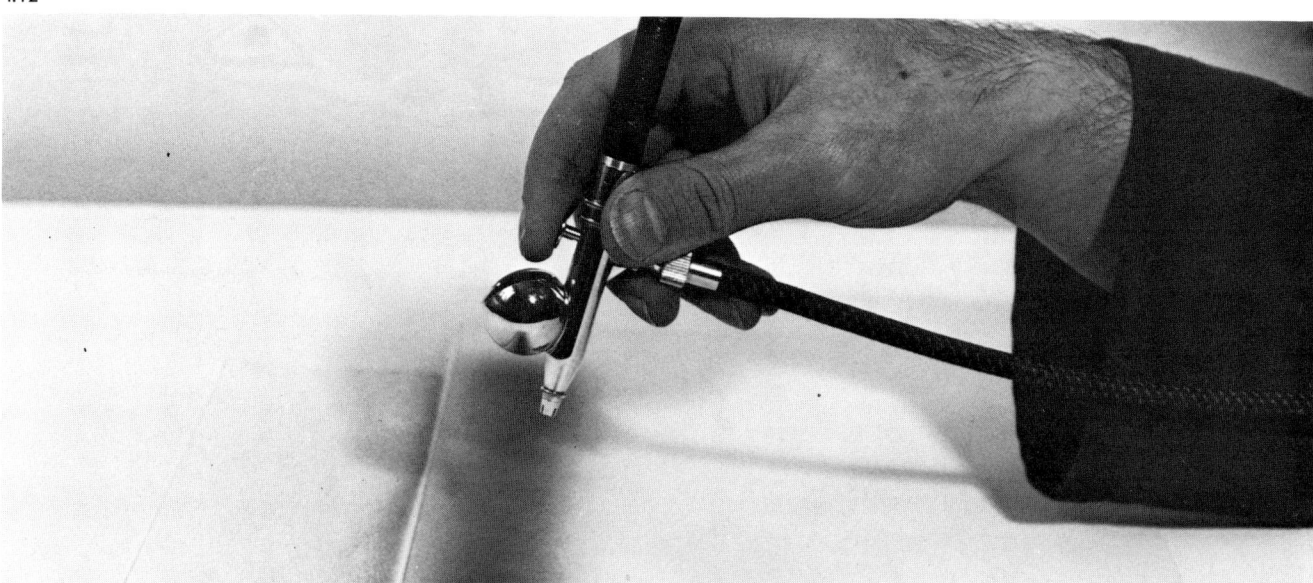

4.13

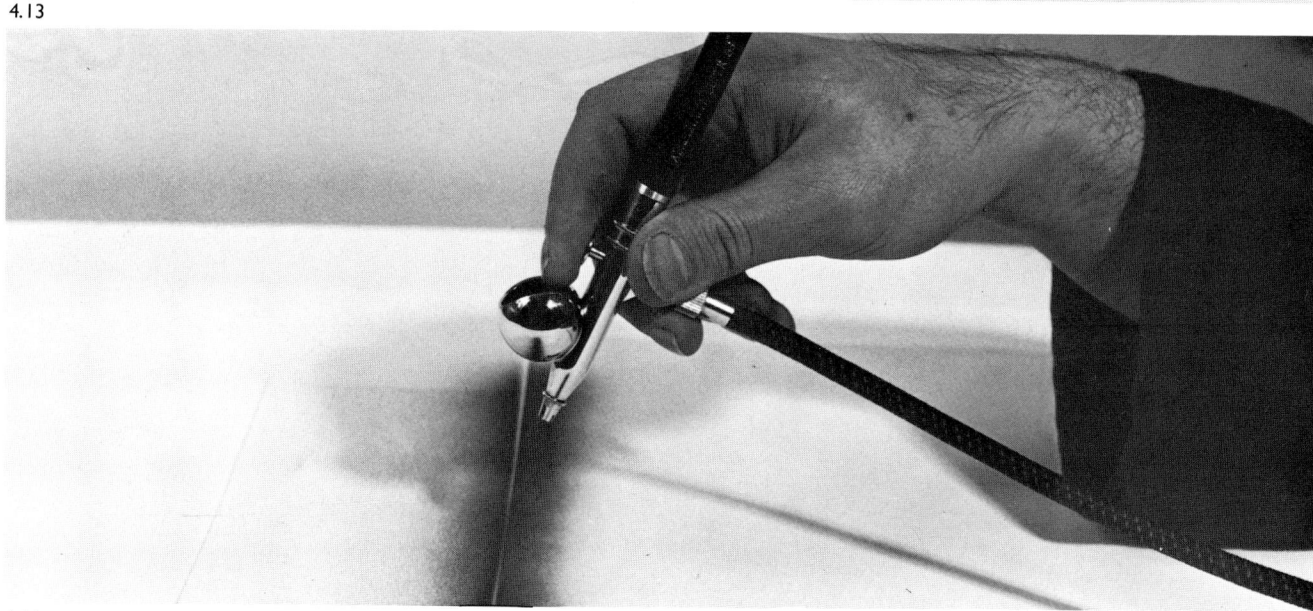

4.14

4.15

4.16

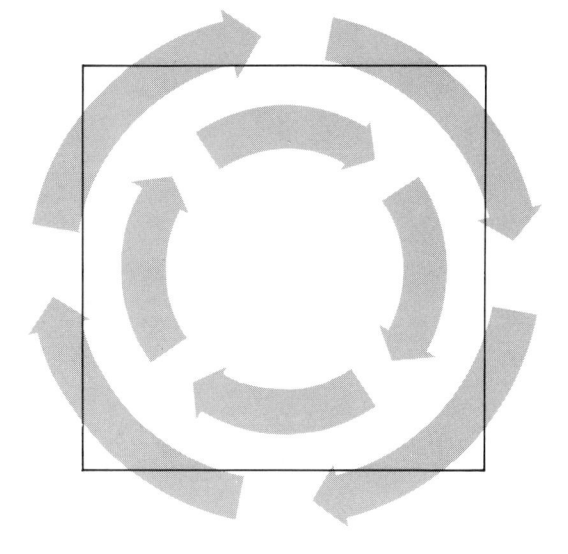

4.17

Farbstrahl sich ausbreitet, so daß die Farbe in der Mitte von einem etwa 2,5 cm weiter außen ausgeführten Spritzstrahl mit übersprüht wird. Vermeiden Sie, wiederholt über die Strichlagen zu gehen, um sie exakt zu machen – alles, was Sie erreichen werden, ist ein ungleichmäßiger Farbauftrag. Die schematischen Pfeile zeigen die Richtung der Handbewegung und damit der Strichlagen an.

Übung 11: Einfache farbige Kugel

Beginnen Sie mit einer Maske aus Karton, bei der in der Mitte ein rundes Loch herausgeschnitten ist. Spritzen Sie zuerst einen gleichmäßigen Farbauftrag von unten nach oben, und lassen Sie dabei einen ›Glanzlicht‹-Kreis nahe des oberen Randes frei stehen (siehe Übung 10b). Machen Sie dann das gleiche noch einmal mit einer anderen Farbe, lassen Sie aber diesmal einen sehr viel größeren ›Glanzlicht‹-Kreis im oberen Bereich, der den anderen Kreis umfaßt. Wenn Sie jetzt die Abdeckung wegnehmen, werden Sie eine einfache Kugel entdecken (4.18). Sie werden wahrscheinlich erstaunt sein, wie anders die Spritzfläche nach Entfernung der Maske aussieht; sie ist selten so, wie man sie sich vorgestellt hat.

Dies ist eine schwierige Übung, die langsam ausgeführt werden muß. Man sollte schrittweise vorgehen und braucht Zeit und Geduld. Besonders leicht passiert es, daß der Malgrund mit Tusche durchnäßt wird, wenn man nicht vorsichtig ist. Denken Sie auch daran, die Spritzpistole beim Farbwechsel zu reinigen. Das läßt sich am besten durch ein gründliches Durchspülen des Farbtanks und der Spritzpistole mit Wasser erreichen, da die Tusche wasserlöslich ist. Nach Gebrauch nimmt man zur gründlichen Reinigung Brennspiritus oder denaturierten Alkohol.

Übung 12: Komplexe farbige Kugel

Die Kugelform läßt sich auf verschiedene Weise erzielen; in diesem Kapitel werden einige mögliche Wege dargestellt, und durch ein wenig Experimentieren kann der Leser durchaus auch noch andere

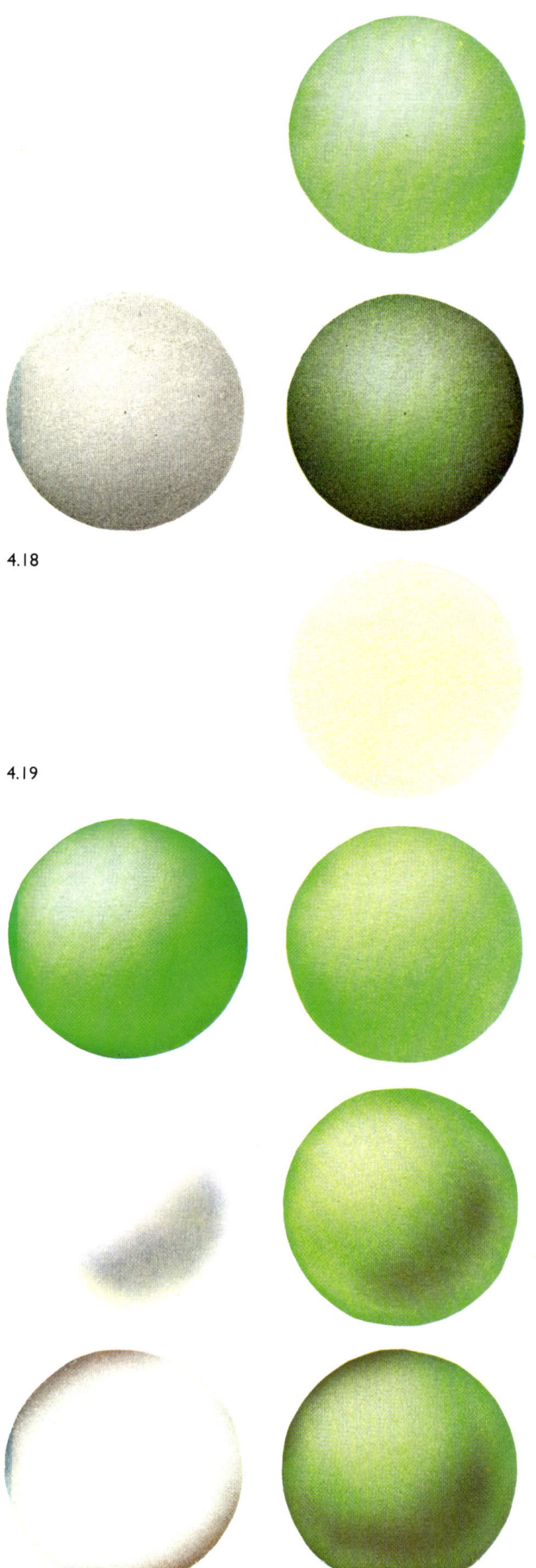

4.18

4.19

finden. Eine schwierigere Version von Übung 11 sieht folgendermaßen aus (4.19):

Nehmen Sie zunächst eine schwachfarbige Tusche, und bringen Sie einen leichten Farbauftrag über die ganze Fläche des von der Maske ausgesparten runden Loches (wie in Übung 5). Dann spritzen Sie eine Linie um den Rand der Maske, vorzugsweise in einer dunkleren Tönung derselben Farbe, so daß nur ein Teil der Linie innerhalb der ausgesparten Fläche erscheint (wie in Übung 9b). Fahren Sie fort mit einem gleichmäßigen Farbauftrag, und lassen Sie im oberen Bereich einen ›Glanzlicht‹-Kreis (wie Übung 11). Nun spritzen Sie in einer dritten Farbe aus freier Hand einen Halbmond, der in der unteren Hälfte des Kreises sitzt und dessen äußere Krümmung dem unteren Rand des Kreises folgt. Dies ist ein schwieriger Schritt, denn der Halbmond sollte nach der Methode des begrenzten Farbauftrages (Übung 7) freihändig ausgeführt werden. Zum Schluß spritzen Sie noch eine Kreislinie nahe dem inneren Rand der Maske, aber dieses Mal das obere und das untere Teilstück kräftig und die Teile dazwischen nur sehr leicht. Entfernen Sie dann die Abdeckung. Beim ersten Mal ist das Ergebnis vielleicht noch nicht perfekt, aber lassen Sie sich trotzdem nicht entmutigen.

Übung 13: Einfarbige Kugel

Eine einfarbige Kugel wird ganz ähnlich wie eine farbige ausgeführt, nur ist ihre Realisierung schwieriger (4.20). Füllen Sie die Spritzpistole mit schwarzer Tusche, und folgen Sie den Anweisungen von Übung 12. Am Anfang steht jedoch nicht der leichte flächige Farbauftrag, man beginnt viemehr direkt mit der Linie entlang des Schablonenrandes. Gehen Sie dann wie oben angegeben vor, aber bedenken Sie, daß diesmal mehrere Lagen Tusche so aufeinander gebracht werden, daß jede neue Lage die gesamte Tönung dunkler macht. Zum Schluß korrigieren Sie die Kugelgestalt nach Augenmaß, bis sie in der Form richtig aussieht. Vergessen Sie nicht, daß das, was man sieht, solange die Maske aufliegt, nicht ganz dem Aussehen entspricht, das sich einstellt, wenn die Abdeckung entfernt ist.

Abdecktechniken

Es ist zwar durchaus möglich, die Spritzpistole die meiste Zeit freihändig zu gebrauchen, aber oft ist es bequemer und genauer, mit einer Abdeckung zu arbeiten. Tatsächlich kommt wohl bei 90 Prozent aller Spritzarbeiten aus Gründen einer optimalen Wirkung und rationellen Zeitnutzung eine Maske zur Anwendung. Man wird eine ganze Menge des normalen Zeichengerätes, wie Reißschiene, Kurvenlineal usw., benötigen, um das Schneiden der Maske so leicht und so exakt wie möglich zu machen. Wir empfehlen auch ein chirurgisches Skalpell als sehr geeignetes Maskenschneidegerät, obgleich der Markt eine Reihe spezieller Werkzeuge einschließlich Kurvenschneider anbietet. Was das Abdecken selbst betrifft, so gibt es einige Arten, die im folgenden dargestellt und erklärt werden.

Flüssigmaske

Flüssiges Abdeckmittel wird in Kapitel 3 (S. 76) beschrieben. Es wird hauptsächlich bei der Fotoretusche und beim Modellbau verwendet und daher in den entsprechenden Abschnitten näher dargestellt. Es

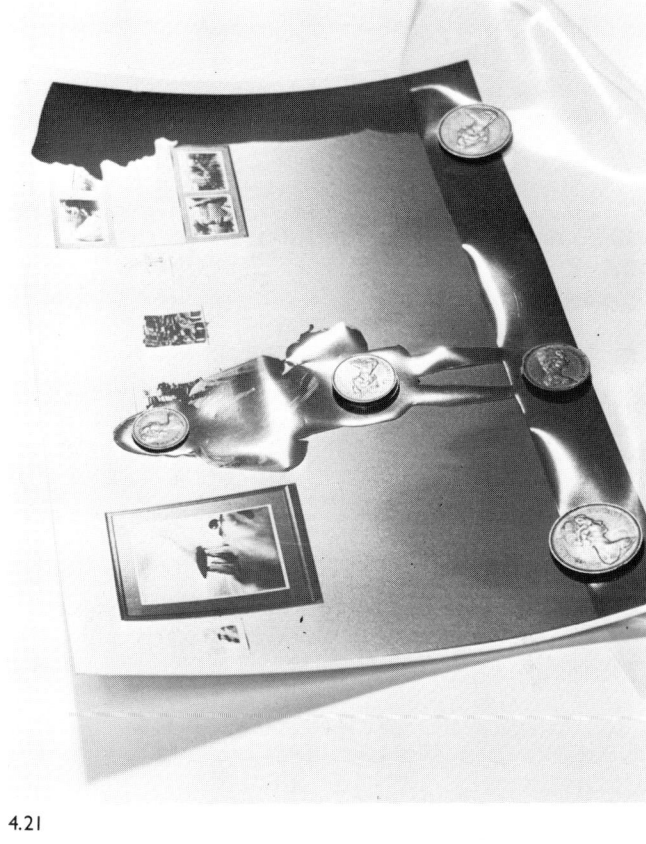

4.20

4.21

ist mühsam und manchmal schwierig in der Anwendung, da es sich oft nicht leicht wieder von der Fläche, auf die es aufgetragen wurde, ablösen läßt.

Folienabdeckung

Selbstgefertigte Folie

Die moderne spezielle Abdeckfolie ist brauchbar genug, um das Abdecken mit selbstgefertigter Folie überflüssig zu machen. Es gibt aber Leute, die darauf eingeschworen sind, und nahezu alle derzeit im Handel befindlichen Spritzpistolen-Anleitungen empfehlen diese Methode. Man streicht dabei eine Abdeckflüssigkeit, die ähnlich dem eben erwähnten Typ ist, auf eine glatte Unterlage, läßt sie trocknen und zieht sie dann als Folie ab. Abgesehen davon, daß diese Methode eine unsaubere und unbequeme Angelegenheit ist, hat sie deutliche Nachteile; insbesondere bleiben leicht vereinzelte Spuren der Folie auf dem Untergrund zurück, nachdem sie abgezogen wurde. Es ist daher nötig, vor dem Spritzen die Oberfläche zu überprüfen.

Eine andere Methode der Abdeckung besteht darin, nichtklebende Folie zu nehmen, die mit Bleiklötzchen oder Münzen beschwert wird und nicht am Untergrund haftet. Dies vermeidet zwar das obige Problem, schafft aber neue. So ist man auf eine waagerechte Oberfläche angewiesen und hat beim Spritzen die Metallbeschwerer als Hindernisse (4.21). Diese Methode empfiehlt sich nicht für den allgemeinen Gebrauch.

Die heutigen Abdeckfolien sind bequem, leicht und schnell zu gebrauchen. Wir werden uns daher auf diese konzentrieren. Es gibt

sie in zwei Sorten: für glatte und für rauhe oder strukturierte Oberflächen.

Abdeckfolie für glatte Oberflächen

Wenn man auf einer ebenen, glatten Fläche arbeitet, dann eignet sich zum Abdecken am besten spezielle Spritzpistolen-Abdeckfolie. Diese ist schwachklebend und wird größtenteils durch statische Anziehungskraft am Untergrund festgehalten. Wenn sie mit Klebstoff versehen ist, dann hinterläßt dieser auch auf den empfindlichsten Oberflächen keine Spuren. Sie ist transparent und wird mit weißem Schutzpapier geliefert.

Abdeckfolie für rauhe Oberflächen

Unter rauhen Oberflächen verstehen wir solche, die nicht glatt und ganz eben sind: etwa Leinwand, gewölbte oder strukturierte Oberflächen oder solche mit einem schützenden Glanzlacküberzug. Dafür empfehlen wir Bucheinbandfolie, wie sie von Büchereien verwendet wird und als transparente Folie mit weißem Schutzpapier erhältlich ist. Diese Art Abdeckfolie haftet stärker und ist mit Klebstoff versehen, der aber nicht auf dem Untergrund zurückbleibt. Sollte man jedoch in dieser Hinsicht Sorge tragen, kann man etwas Watte in Terpentinersatz tauchen und damit ganz leicht über die Malfläche wischen, wenn diese trocken ist, und etwaiger restlicher Klebstoff wird sich völlig lösen. Man muß dabei aber vorsichtig sein, denn Terpentinersatz entfernt auch Farbe recht gut!

Handhabung der Abdeckfolie

Alle Abdeckfolien sollten mit Sorgfalt behandelt werden, das gilt sowohl für ihre Lagerung wie auch für ihren Gebrauch. Man sollte sie nicht zu kräftig auf den Malgrund drücken und auf keinen Fall aufwalzen, da sie die Fläche darunter in Mitleidenschaft ziehen und beim Abnehmen wertvolle Farbschichten mitentfernen können. Das gleiche kann passieren, wenn man sich während der Spritzarbeit fest auf die aufgelegte Folie stützt. Abdeckfolien sollten auch vor direkter Sonneneinstrahlung oder Hitzeeinwirkung geschützt werden, da sie Blasen aufwerfen oder sich an den Rändern ablösen und dann nicht mehr verwendbar sind (4.22).

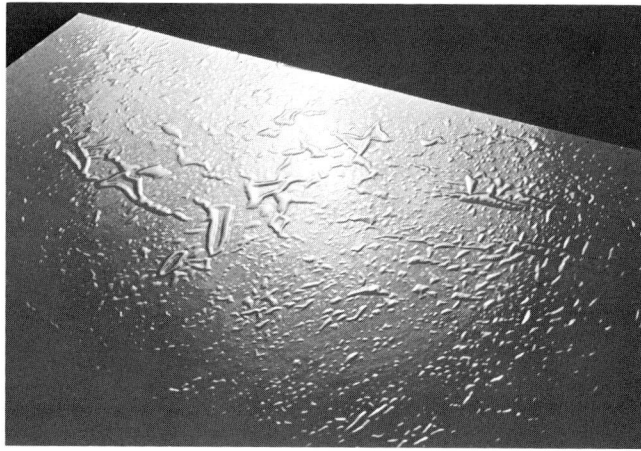

4.22

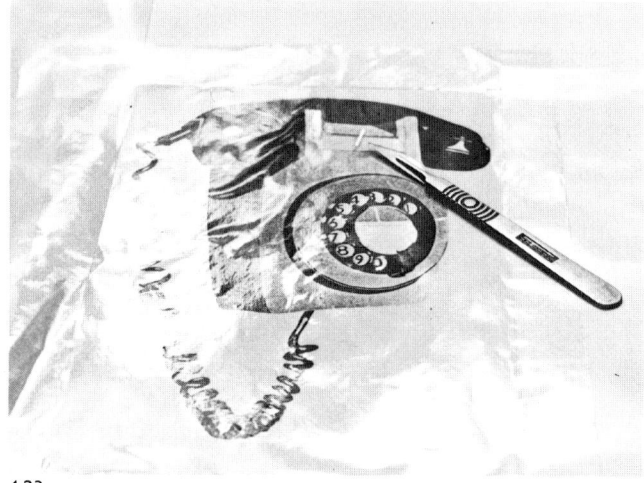

4.23

Das Auflegen der Folie

Ein oder zwei Aspekte müssen beim Auflegen der Folie auf die Malfläche berücksichtigt werden. Da der Sprühstrahl der Spritzpistole sich über den eigentlichen Hauptstrahl hinaus verbreitet, muß man darauf achten, daß die Farbe nicht über den äußeren Rand der Abdeckung gelangt und so Teile des Malgrundes ungewollt bedeckt. Das passiert eigentlich nur, wenn die Maske zu klein für die betreffende Aufgabe ist. Zwei Möglichkeiten der Abhilfe gibt es: Man nimmt entweder ein Stück Folie, das größer ist als das Bild – eine verschwenderische und teure Methode bei großflächigen Arbeiten –, oder man schneidet ein kleineres Stück zurecht und improvisiert dann folgendermaßen (4.23): Man heftet das Schutzpapier der Folie (oder Zeitungspapier) an die äußeren Ränder der Maske, so daß deren Fläche beträchtlich vergrößert wird. Das Papier wird dabei ein

wenig unter die Ränder der Folie geschoben. Die äußeren Ränder der ›Extra-Abdeckung‹ lassen sich dann einfach mit Klebeband außerhalb der Malfläche befestigen. Man darf auf keinen Fall Klebestreifen auf eine bemalte Fläche bringen, da ihr Haftvermögen stark genug sein kann, um bei ihrer Entfernung auch etwas von der Farboberfläche abzuheben.

Das Zurechtschneiden der Maske

Bei vielen Spritzarbeiten ist das Zurechtschneiden der Maske der kunstvollste Teil des ganzen Arbeitsablaufs. Es kommt nicht nur auf den Umgang mit dem Skalpell an; das Verwenden von Masken erfordert Vorausdenken. Es kann sehr teuer werden, eine eigene Maske für jede abzudeckende Fläche herzustellen, komplizierte Werke erfordern nämlich gewöhnlich eine Menge Abdeckung.

Es gibt eine Reihe besserer Möglichkeiten. Gelegentlich läßt sich eine Maske für zwei oder mehrere ›Löcher‹ benutzen; man legt die Folie in diesem Fall einfach auf die Malfläche und schneidet die entsprechenden Stellen aus. Während man eines der Löcher spritzt, müssen die anderen mit so etwas wie einem Bogen Papier abgedeckt werden. Es ist dabei wichtig, alle erforderlichen Stellen auszuschneiden, bevor zum ersten Mal über die Abdeckung gespritzt wird. Wenn man danach noch schneidet, ergeben sich zwei Probleme: Die von dem ersten Spritzen schon auf der Maske befindliche Farbe kann die Fläche, die als nächstes ausgeschnitten werden soll, ganz oder teilweise undurchsichtig gemacht haben. Wenn man aber nicht durch die Folie durchsehen kann, ist es sehr schwierig, die Maske exakt zu schneiden. Außerdem trocknen die meisten Medien nur sehr langsam auf der glatten und undurchlässigen Oberfläche der Folie, so daß es passieren kann, daß man bei späterem Schneiden an einer anderen Stelle der Folie die Hände voller Farbe bekommt. Diese gerät dann unter Umständen auf die Malfläche, wo sie verheerend wirken kann. Mit dem Skalpell vermag etwaige Farbe sogar auf den Malgrund zu gelangen, der dadurch fleckig wird.

Eine Möglichkeit ist die, daß man zwei nebeneinanderliegende Flächen ausschneidet. Wenn man eine entfernt und spritzt, dann die andere entfernt und wieder spritzt, bekommt man eine helle und eine dunkle Fläche mit derselben Maske. Wenn man zwei verschiedene Farben genommen hat, erhält man eine Farbmischung.

Separate Masken scheinen auf den ersten Blick zwar praktisch, sind aber zeitaufwendig und bringen manchmal eigene Probleme mit sich. Wenn man zum Beispiel eine Fläche in einer bestimmten Farbe gespritzt hat und eine separate Maske nimmt, um einen verwandten Ton daneben zu spritzen, kann es schwierig werden, beide zueinander passend zu bekommen. Der Grund dafür liegt darin, daß beim Spritzen der zweiten Fläche unweigerlich auch Farbe auf die Maske gerät und sehr wahrscheinlich die Fläche verdunkelt, auf die man sie gerade abstimmen will. Der Sprühnebel breitet sich erstaunlich weit über die Abdeckung aus. Hier zählt die Erfahrung; genaue Farbabstimmungen müssen oft instinktiv vorgenommen werden. Man kann sich die Sache jedoch erleichtern, indem man jede Farbe auf ein anderes Blatt spritzt, so daß die Abstimmung statt mit der abgedeckten Fläche mit dem anderen Blatt vorgenommen werden kann. Seien Sie aber nicht entmutigt, wenn Sie zunächst noch kein Meister beim Arbeiten mit Masken sind. Dies ist eine schwierige Kunst, die man sich nur durch Übung aneignet. Ihre Logik zu durchschauen ist oft nicht einfach, lohnt aber die Mühe sowohl in zeitlicher als auch in finanzieller Hinsicht.

Das Schneiden der Folie

Der Wert eines sehr scharfen Messers ist nicht hoch genug einzuschätzen. Wir haben ein chirurgisches Skalpell mit austauschbarer Klinge empfohlen, weil es flexibel und vielseitig ist. Zudem ist es stets ausreichend scharf, solange die Klingen regelmäßig ersetzt werden. Man merkt, ob die Klingen ausgewechselt werden müssen, daran, daß die Folie beim vorsichtigen Einschneiden reißt, statt sich sauber abtrennen zu lassen (4.24). Klingen können mit einem Schleifstein wieder geschärft werden, aber auch neue sind leicht erhältlich.

Das Kunststück bei der Sache liegt darin, die Maske sauber zu schneiden, wenn sie auf dem Malgrund liegt, ohne diesen selbst zu

4.24

beschädigen. Da viele Folien dicker als Papier sind, erfordert dies eine geschickte Hand. Der Schnitt muß sauber durchgehen. Es ist nicht gut, das letzte Stück durchzureißen; dadurch kann die Folie in Mitleidenschaft gezogen oder der Untergrund beschädigt werden, und die Schnittkante ist vielleicht doch nicht sauber. Es ist möglich, mehrere Schichten Folie auf einer Fläche übereinander zu kleben; dabei muß beim Schneiden natürlich stärker aufgedrückt werden.

Die Technik des Folienschneidens kommt dem freihändigen Ziehen einer Linie mit einem Bleistift am nächsten. Die Schnitte müssen fest, sicher und genau ausgeführt werden. Wenn sie nicht fest genug ausgeführt werden und man sie nachziehen muß, kann der Rand möglicherweise nicht exakt sein. Wenn man eine Kurve schneidet, sollte man den Kurvenschneider benutzen, ein Werkzeug mit schwenkbarer Klinge. Die Klinge bewegt sich mit der Kurve und erspart es dem Benutzer, das Gleichgewicht der Klinge nach einem Teil der Strecke zu verlagern. Man braucht nicht besorgt zu sein, wenn man am Anfang über die Ränder der Linie hinaus schneidet oder eine Kurve mit Zacken erhält. Mit der Zeit kann man wie von selbst einen festen, leichten Schnitt über die Folie ziehen.

Es muß gesagt werden, daß man eine gelungene Spritzarbeit schaffen kann, wenn man es versteht, Masken gut zu schneiden; das

gilt auch, wenn man nur mittelmäßige Übung im Umgang mit der Spritzpistole besitzt. Dagegen ist es nahezu unmöglich, mit Masken ein gutes Bild zu schaffen, wenn man zwar gut spritzen, aber nur schlecht Folien zurechtschneiden kann.

Abdeckung mit Abstand

Wir haben uns bisher nur mit solchen Masken befaßt, die direkt auf der Malfläche aufliegen. Damit wird man bei der Arbeit gute, scharfe Ränder erzielen. Wenn man aber einen weicheren Rand haben möchte, hält man die Abdeckung am besten mit etwas Abstand über der Malfläche. Fertig geschnittener Karton ist recht gut geeignet. Tatsächlich kann alles Mögliche – Karton, Papiere usw. – als lose Abdeckung dienen, es muß nur die Farbe abhalten (4.25). Die

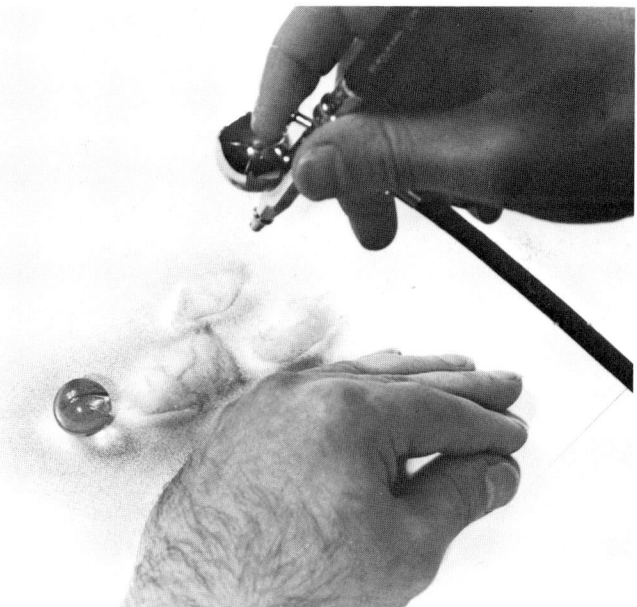

4.25

4.26

4.25–26 Die Abdeckmittel oben wurden benutzt, um diese einfache Bergszenerie (unten) zu schaffen

Technik ist einfach: Man hält die Maske in angemessener Entfernung von der Malfläche und spritzt wie gewöhnlich. Sie sollten damit experimentieren, um zu sehen, wie vielseitig diese Methode ist, und um festzustellen, wie weit die Abdeckung für bestimmte Effekte vom Untergrund entfernt sein muß.

5 Einfache Techniken

Dieses Kapitel enthält einfache Übungen, die schrittweise an Schwierigkeit zunehmen, sowohl was das Spritzen selbst als auch was das Abdecken betrifft. Es wird jeweils mit relativ unkomplizierten Methoden ein Bild aufgebaut, das am Ende ein eindrucksvolles und anscheinend vielschichtiges Ganzes ergibt. Die hier gezeigten Techniken sind das gängige Ausdrucksrepertoire der Spritzarbeit und somit die normalen Mittel, um ein Projekt anzugehen. Wir sind jedoch in keinem Fall der Ansicht, daß der jeweils vorgeschlagene Weg der einzige oder unbedingt der ›richtige‹ ist. Oft gibt es mehr als nur einen richtigen Weg. Es ist immer Sache des Künstlers, sich sein Thema genau anzusehen – insbesondere bei figurativen Darstellungen – und für sich selbst den gangbarsten Weg zu finden. Unser Ziel ist es in erster Linie, dem Künstler das Rüstzeug dafür zu geben, die entsprechenden Entscheidungen treffen zu können, und nicht, ihm bestimmte festgelegte Wege anzulernen.

Techniken für ebene Flächen

Nachfolgendes gilt für alle Arbeiten auf einer ebenen Fläche und wird hauptsächlich bei der Illustration für strukturierte und schattierte Hintergründe gebraucht, die interessant, aber unauffällig sein können und die oft mit Zelluloidstreifen überdeckt (wie bei Zeichentrickfilmen) oder übermalt werden. Sie werden gewöhnlich als verlaufende Farbflächen gespritzt, ohne den oft unerwünschten Effekt einer Pinselstrichstruktur, und sind ideal zum Beispiel bei der Reklamegestaltung, wo das Produkt ins Auge fallen und sich von seinem Hintergrund abheben soll.

Einfache Hintergrundgestaltung

Die Illusion, daß etwas sich räumlich an einer Stelle befindet, läßt sich leicht erzeugen. Decken Sie die untere Hälfte der Malfläche ab (mit einem darübergehaltenen Stück Pappe – Folie lohnt hier nicht), und spritzen Sie die übrige Fläche gleichmäßig blau. Dann decken Sie den oberen Bereich ab und spritzen den Rest gelb, auch gleichmäßig die ganze Fläche (5.1). Jetzt haben Sie einen Strand. Wenn Sie einen kleinen Schatten aufsprühen und eine Zeichnung auf einer Folie – zum Beispiel eine Ananas – darüberlegen, erhalten Sie deutlich das Bild einer Ananas auf einem Sandstrand (5.2). Dies ist eine herrlich

einfache Technik, die oft für eindrucksvolle Ergebnisse benutzt wird. Zudem erfordert sie sehr wenig Geschick und ist äußerst wirkungsvoll.

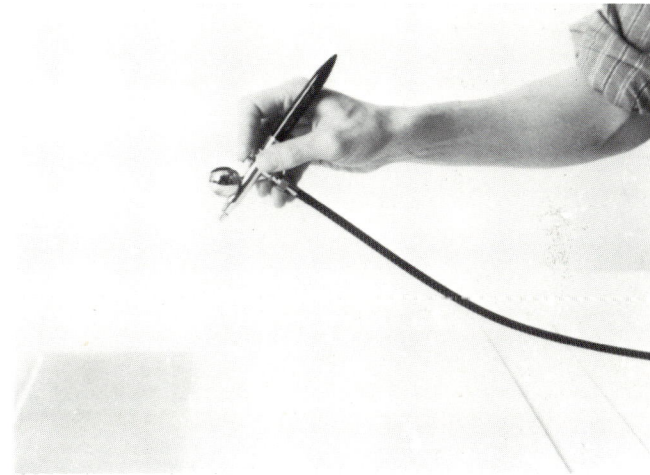

5.1

5.2

Überspritzen (und Unterspritzen) für besondere Effekte

Verschiedene Strukturen lassen sich durch die Techniken des Unter- und Übermalens erzielen. Um einen Schatten oder einen hellen Schimmer anzubringen (z. B. auf einer rechteckigen Packung), deckt man die Flächen, die nicht davon betroffen werden sollen, ab und spritzt dann freihändig die gewünschten Zusätze.

Diese Methode funktioniert gut bei Fenstern und Glas, wo die Spritzpistole oft benutzt wird, um Spiegelungen hinzuzufügen oder abzuändern (5.3). Malen Sie zuerst die durch das Fenster sichtbare Szenerie mit einem Pinsel, und spritzen Sie dann mit einer Deckfarbe darüber, um den Effekt von Glas zu erzielen. Wenn Sie in Farbe arbeiten, ist normalerweise eine zarte Pastellfarbe am besten, um Glanzlichter zu erzeugen; bei Schwarzweiß ist Weiß oder ein ziemlich helles Grün am besten. Auf entsprechende Weise lassen sich andere Sorten von Glas, wie etwa ein Goldfischglas, darstellen. Man malt die gespiegelte Szene mit dem Pinsel und spritzt mit einer blassen Farbe darüber. Spiegelungen im Wasser können ebenfalls gut mit dieser Methode erzielt werden.

Einfacher Trompe-l'Œil-Effekt

Die folgende Technik wurde angewandt, um den Umschlag eines Werbeprospektes zu beleben, der sonst eintönig und wenig ansprechend geblieben wäre. Würde man die Mittelseite des Prospektes aufschlagen, sähe man das Foto der Titelseite ganz. Mit der Spritzpistole wurde eine ›rückgeschlagene Seite‹ auf den Umschlag gebracht, um den Eindruck entstehen zu lassen, daß die Seite schon umgeschlagen ist (5.4).

Zunächst wird die gewünschte Ecke der Abbildung aus der Mitte des Prospektes als Fotoabzug auf die rechte untere Ecke des Umschlags gelegt; dann deckt man einen Bogen Abdeckfolie über das ganze Bild. Die Umrißlinie des Fotos und die vorgezeichnete zurückgeschlagene Seite werden ausgeschnitten, aber zunächst wird nur die kleine Ecke, die durch den Schatten der zurückgeschlagenen Seite auf dieser selbst gebildet wird, entfernt und gespritzt. Dann wird die übrige Abdeckung abgenommen und freihändig eine Linie entlang der Faltung gespritzt, wo die umgeschlagene Seite das Foto diagonal begrenzt. Dabei sprüht etwas Farbe darüber hinaus, wodurch ungefähr der Eindruck eines Schattens entsteht.

5.3 Buckminster Fuller, Beispiel für die Technik des Überspritzens, angewandt bei einem Foto von New York

5.3

Ein Steinblock

Dies ist eine kompliziertere Art von Hintergrund, der sich gut zum Übermalen mit Figuren eignet, um eine Art Hieroglypheneffekt zu erzielen. Der Stein wird zunächst im Umriß gezeichnet und ganz mit Folie abgedeckt. Diese wird in zwei Teile geschnitten: eine große Fläche, die alles außer einem dünnen Streifen an der linken Seite und oben bedeckt, und eben den restlichen Streifen. Das große Stück wird entfernt und die Fläche in zwei Farben, grau und braun, gespritzt. Dann wird das restliche Stück Folie abgenommen und das Ganze in zwei anderen Farben, blau und gelb, gespritzt, bis sich eine genügend feine Farb- und Oberflächenstruktur ergibt. Wenn man die äußere Abdeckung entfernt und mit dem Pinsel in Tempera Figuren darübermalt, ist das Ergebnis ein farbiger, strukturierter Stein mit hervortretenden Figuren (5.9).

Eine Treppenfolge

Die Methode, diese Stufen zu spritzen, ist einfach; der Arbeitsgang wiederholt sich dabei. Hier wird der Umriß gezeichnet und die ganze Fläche abgedeckt. Jede Stufe wird dann einzeln ausgeschnitten und die Abdeckung der untersten Stufe entfernt. Eine Linie wird entlang der untersten Stufenkante so gespritzt (5.6), daß etwas Farbe auf die übrige Maskierung sprüht (siehe Kapitel 4, Übung 9a); dann wird die Maske der zweiten Stufe abgenommen (5.7), ein Stück Pappe so gehalten, daß keine Farbe auf die untere Stufe gerät, und eine Linie entlang der unteren Kante der zweiten Stufe gezogen (5.8). Dieser Vorgang, daß man die Unterkante jeder Stufe einzeln spritzt und diese dann beim Spritzen der nächsten gegen zusätzliche Farbe schützt, wird bis zur obersten Stufe fortgeführt (5.5). Abschließend mag es nötig sein, die ganze Fläche noch einmal zu übersprühen, um eine gleichmäßige Farbtiefe zu erhalten.

5.4

5.5

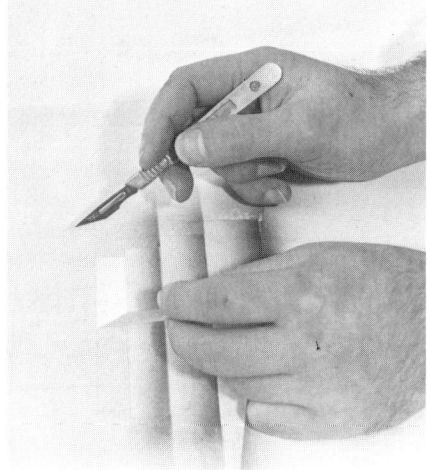

5.6

5.7

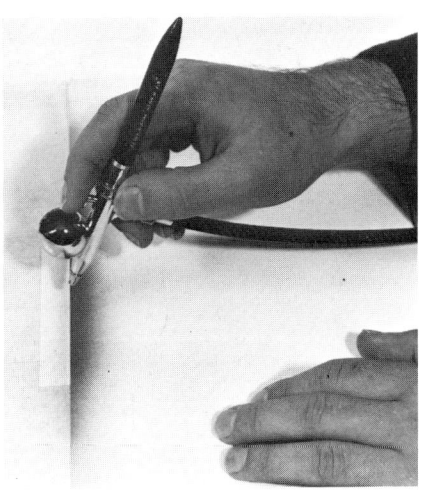

5.8

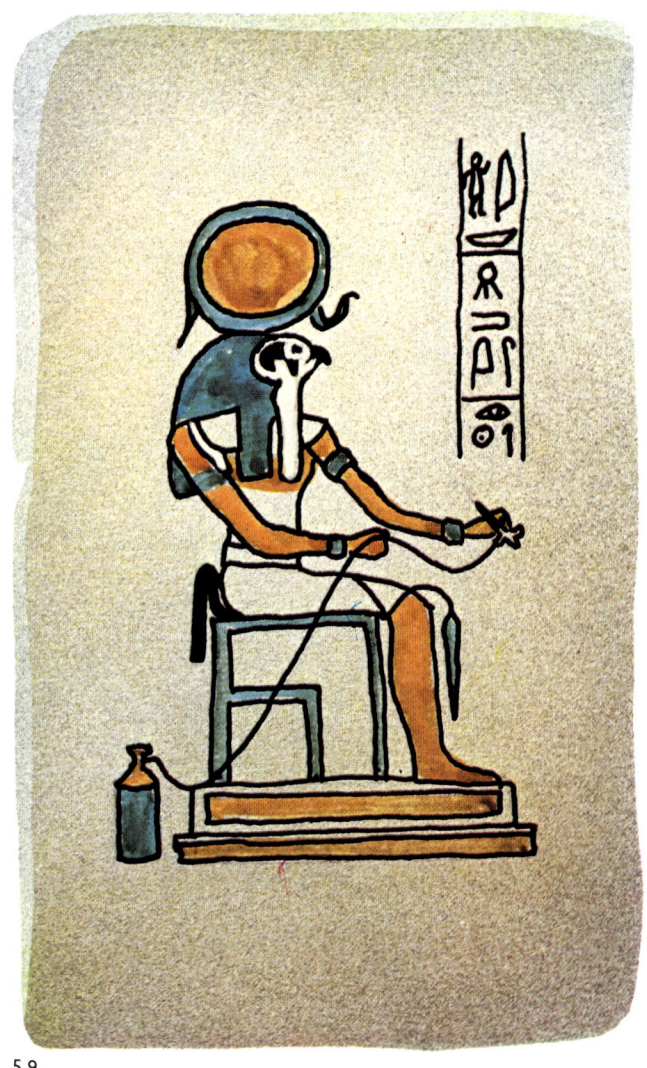

5.9

5.10

5.11

5.12

Beschriftungen

Stencil (Schablone) (5.10). Dies ist ein einfacher Effekt; die ganze Malfläche wird abgedeckt und die Form der Buchstaben ausgeschnitten – es wird also eine richtige Schablone angefertigt. Dann wird großzügig aus 10 bis 20 cm Entfernung in schrägem Winkel gespritzt; dadurch entsteht ein raffinierter Effekt, der gern bei Zeitschriftenreklame Anwendung findet.

Fade (Verlauf) (5.11). Die Buchstaben werden aus einer Folie wie oben bei 5.10 ausgeschnitten. Dann wird über die ganze Fläche ein nach rechts verlaufender Farbauftrag gespritzt, was einen neuen Effekt ergibt.

Fast (Schnelligkeit) (5.12). Der Einfachheit halber werden die Buchstaben diesmal mit einem Pinsel gemalt. Die ganze Fläche wird dann abgedeckt und ein großes Parallelogramm links vom ersten Buchstaben ausgeschnitten und abgenommen. Dann wird ein von rechts nach links verlaufender Farbüberzug gespritzt, so daß sich der Eindruck einer schnellen Bewegung einstellt. Techniken wie diese mögen einfach sein, sind aber wertvolle Hilfen bei grafischen Arbeiten etwa im Bereich der Werbung und der Verpackungsgestaltung.

Graffiti (5.13). Dies ist ein Beispiel, bei dem der Spritzauftrag als Vordergrund über einen gezeichneten Hintergrund gelegt wird, eine Umkehrung früherer Beispiele. Auch dies ist wieder einfach: Die Ziegelsteine werden zunächst mit einem Stift gezeichnet, und das Wort ›Graffiti‹ wird hinterher freihändig darübergespritzt.

Eine etwas interessantere Variante besteht darin, die ganze Fläche abzudecken. Die Form der Steine wird dann ausgeschnitten und entfernt, so daß eine sehr geringe Abdeckung übrigbleibt. Eine verlaufende Farbfläche wird darübergespritzt, die den Steinen ihre Form gibt. Zuletzt wird wie oben die Schrift freihändig aufgetragen (5.14).

5.13

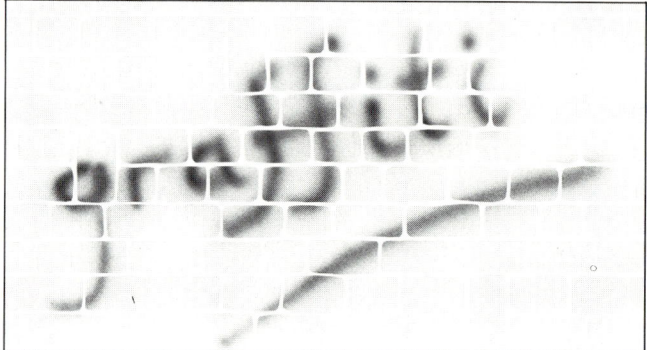

5.14

5.15

Integrierte Hinter- und Vordergründe

Landschaft (5.15). Diese Technik ist eine Erweiterung jener Methode, die bei dem Beispiel mit der Ananas angewandt wurde (5.2). Als erstes zeichnet man die Flußmündung auf, und danach spritzt man die Fläche oberhalb des Horizonts mit einer Farbe für den Himmel, wobei mit einer Kartonmaske ein Übersprühen des unteren Bereichs verhindert wird. Danach deckt man den Himmel mit dem Karton ab und spritzt die Wasserfläche. Jeder Farbauftrag wird ein wenig stärker gemacht, als er im Endeffekt sein soll, da alle Farblagen ja noch einmal übersprüht werden. Zum Schluß wird mit dem Pinsel die Landzunge gemalt und das ganze Bild behutsam weiß übersprüht, so daß es ein einheitliches Aussehen erhält.

Stadtansicht (5.16). Zuerst werden wieder die Umrisse gezeichnet, diesmal jedoch werden die Wolken mit dem Pinsel gemalt und überspritzt, bis die Pinselstriche nicht mehr zu sehen sind und sich eine weiche Oberflächenstruktur ergibt. Das sich am weitesten im Hintergrund befindende Objekt wird dann mit dem Pinsel gemalt und das Ganze vorsichtig weiß übersprüht, um einen einheitlichen Effekt zu erzielen. Anschließend malt man das nächstweit entfernte Objekt mit dem Pinsel und überspritzt wieder das Ganze weiß; dieser Prozeß wiederholt sich, wobei man schrittweise in den Vordergrund gelangt, bis das ganze Bild gemalt ist. Abschließend wird noch einmal alles weiß überspritzt, um eine einheitliche Tönung zu erhalten, und die Stadtansicht ist fertig. Beim Überspritzen kann man je nach eigener Vorstellung einige Farbaufträge verlaufen lassen, um darunterliegende Farbtöne zu variieren oder zu bewahren.

Gespritzter Vordergrund (5.27). In diesem Falle wird der Hintergrund – der Tisch, der Aschenbecher, die Wand, der Boden und die Zigarette – zuerst mit dem Pinsel gemalt; der Zigarettenrauch wird dann freihändig mit der Spritzpistole hinzugefügt. Man muß von der Zigarette aus nach oben arbeiten und dabei das Gerät mehr und mehr von der Malfläche entfernen, um das Verwehen des Rauches zu erzielen. Dies hat leicht und vorsichtig zu geschehen,

5.15 Seng-gye, Schwarzer Felsen und goldene Klippe, Severnmündung, später Maiabend, 1976. Acryl auf Pappe, 35 × 76 cm

5.16

5.17

5.18–26 Die dunklen Töne auf diesen Bildern zeigen die gerade aufgedeckten Bereiche. Die helleren Töne zeigen die Bereiche, die schon gespritzt sind

mit einem normalen Pinsel gemalt; feine Linien werden dann an den Rändern der einzelnen Flächen gespritzt, um dem Ganzen das Aussehen einer Zeichnung, eines Cartoons, zu geben. Die Übungen auf den Seiten 79–81 (4.1–4.6) sollten Ihnen die Grundkenntnisse vermittelt haben, um mit einer Spritzpistole feine Linien ziehen zu können.

Einfache zweidimensionale Wiedergabe eines Objekts

Das Telefon (5.17). Nach sorgfältiger Zeichnung der Umrisse wird die ganze Fläche abgedeckt. Jede zu spritzende Fläche wird dann ausgeschnitten und der erste Teil aufgedeckt und gespritzt (5.18). Dieser Bereich wird hinterher am dunkelsten sein, da man ihn am häufigsten übersprüht. Dann wird der zweite Teil aufgedeckt und gespritzt, wobei etwas Farbe auch auf den ersten gerät (5.19); dann

damit der Hintergrund nicht übermäßig verdunkelt wird. Zum Schluß wird die Beschriftung, die die Botschaft des Plakats verkündet, hinzugefügt.

Das Ziehen von Linien zur Erzielung eines Cartoon-Effekts (5.28). Die Cartoon-Vergrößerungen im Stile der Pop Art sind eindrucksvoll und recht einfach. Die Farbflächen werden zunächst

5.18

5.19

5.20

5.21

5.22

5.23

5.24

5.25

5.26

5.27

5.28

5.28 Seng-gye, ›OUF!‹, 1972. Acryl und Blattgold auf Leinwand, 51 × 76 cm

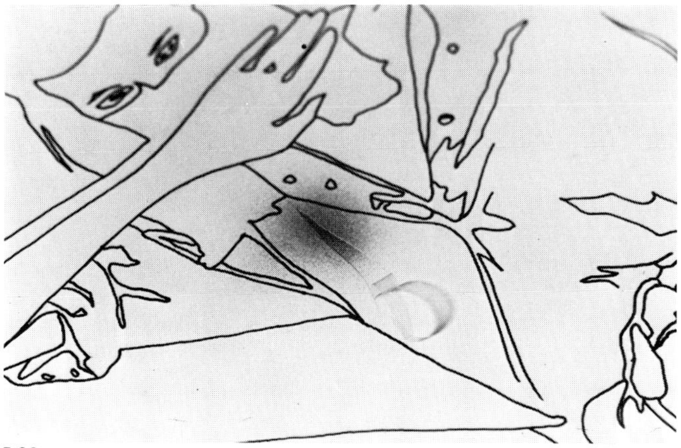

5.29

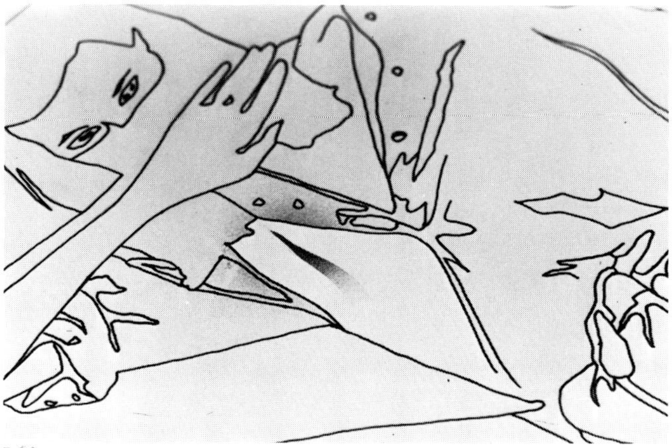

5.30

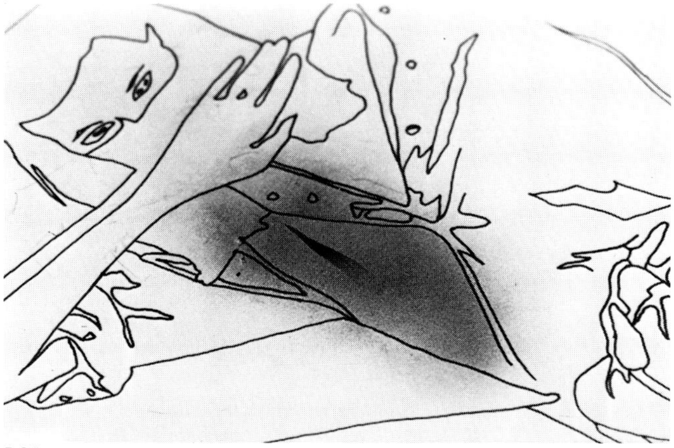

5.31

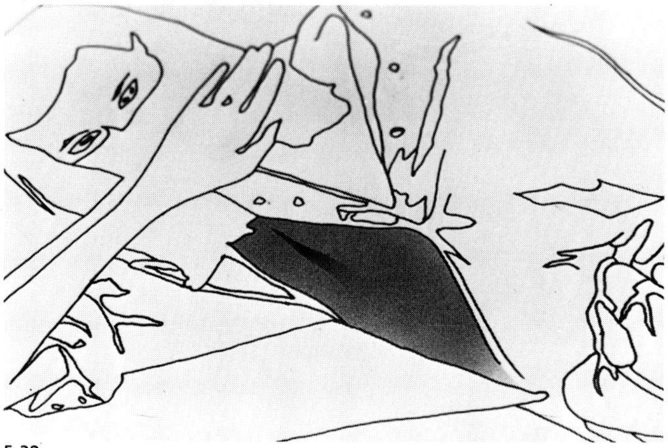

5.32

der dritte und so weiter, bis die ganze zu besprühende Fläche aufgedeckt ist (5.26). Das hier abgebildete Telefon erforderte neun Arbeitsgänge; es hat also insgesamt neun verschiedene Farbtöne. Dieses Ergebnis wurde jedoch mit nur einer einzigen Maske erzielt.

Eine Figur (5.33). Diese Spritzarbeit wird auf die gleiche Art wie die Telefon-Darstellung ausgeführt, allerdings gibt es hier eine zusätzliche Technik. Eine Lasche wird innerhalb eines Stückes der Maske, das als nächstes abgenommen werden soll, ausgeschnitten und zurückgeschoben. Die Spitze der auf diese Weise freigelegten Fläche wird

5.33

leicht übersprüht (5.29), und dann wird das ganze Stück zum Spritzen der Fläche entfernt (5.30–31). Auf diese Weise erzielt man eine dunklere Falte, die sich weich in die sie umgebende Fläche einfügt, ohne daß unerwünschte harte Ränder entstehen (5.32). An manchen Stellen, etwa am Fuß, wird zum Teil auch innerhalb der von der Maske umgrenzten Fläche freihändig gespritzt, um die Formen deutlicher hervorzuheben.

Eine weitere Figur (5.34). Die Ausführung dieser Figur ist ähnlich, nur daß die Spritzpistole in weit größerem Umfang innerhalb einer aufgedeckten Fläche freihändig verwendet wird, wofür wir einen neuen Trick einführen: Die Fläche, die gespritzt werden soll, bekommt eine geteilte Maske; eine Hälfte wird abgenommen und eine kurze Linie entlang der Kante zu der anderen Hälfte der Maske gespritzt (5.35). Der zweite Teil wird dann entfernt (5.36) und die ganze Fläche normal gespritzt (5.37); das Ergebnis ist eine harte Linie innerhalb einer gleichmäßig getönten Fläche (5.38).

Andere schon bekannte Abdecktechniken werden ebenfalls angewandt. In der Achselhöhle und an der Außenkante des Kleides wurde mit Karton abgedeckt, und eine weiche Abdeckung (in diesem Fall ein Daumen) läßt die Hochlichter an der linken Seite des Gewandes entstehen. Mit einem feuchten Wattetupfer kann man bei einer letzten Korrektur des Kleides noch Tusche entfernen.

Wenn eine dieser Techniken bei einem zur Reproduktion bestimmten Werk angewandt werden soll, müssen besondere Gesichtspunkte berücksichtigt werden. Soll auf einem groben Raster, wie beim Zeitungsdruck, reproduziert werden, dann ist es wenig vorteilhaft, die Spritzpistole über einem Pinselauftrag zu gebrauchen; wenn das Raster fein ist, wird ein Unterschied zu bemerken sein.

Wie schon gesagt wurde, gewährleisten grobe Reproduktionsverfahren keine Feinheit der Farben. Das meiste geht dabei verloren, und das Endergebnis wird schäbig aussehen. Die Spritzpistole ist ein sehr subtiles Instrument und kann Farben feiner zerstäuben, als es die meisten Druckmethoden zu reproduzieren vermögen. Generell gilt also die Regel, bei Reproduktionen mit der Spritzpistole einfach und großzügig zu arbeiten, großzügiger als das Resultat am Ende sein soll, denn durch das Drucken wird die Wirkung gemildert.

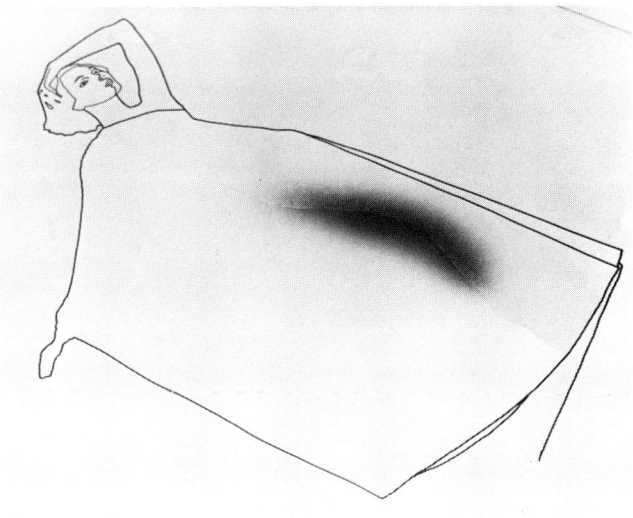

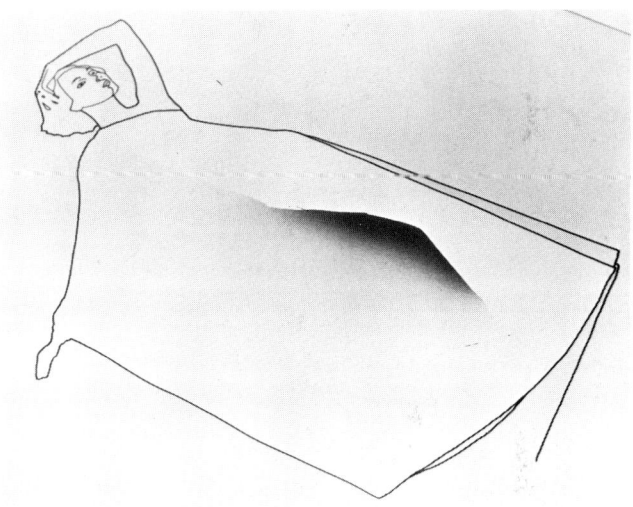

5.35

5.36

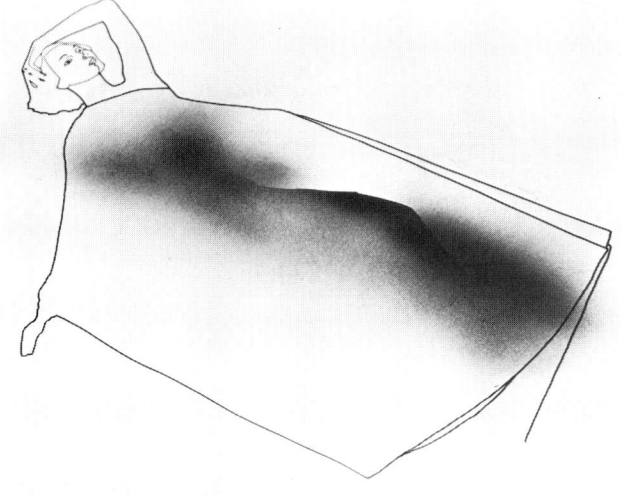

5.37

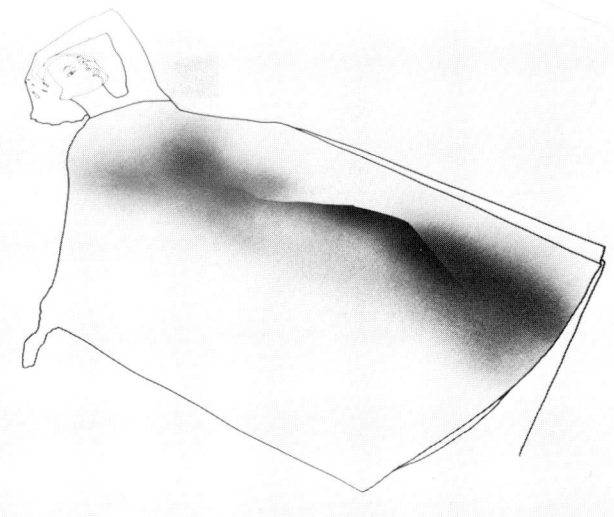

5.38

5.39

Layouts

Wenn Sie nicht viel Zeit haben und direkt ein Ergebnis vor Augen haben wollen, dann können Sie die meisten der oben beschriebenen Methoden anwenden; es ist lediglich ein wenig Abdeckung erforderlich, die aber größtenteils einfach sein sollte. Wenn Sie die Spritzpistole nur sparsam und sauber gebrauchen, können gute Resultate rasch erzielt werden.

Das Spritzen von dreidimensionalen Objekten

Im allgemeinen ist das Malen in drei Dimensionen mit der Spritzpistole weniger kompliziert als die flächige Arbeitsweise. Es gibt zwar größere Probleme mit den Masken, aber es muß nicht so viel abgedeckt werden. In den meisten Fällen ist nicht der gleiche Grad an Farbfeinheit erforderlich; zum Beispiel sind gewöhnlich keine Schatten nötig. Es müssen jedoch einige Gesichtspunkte beachtet werden, und das beginnt schon beim Einrichten des Studios. Das erste Problem besteht darin, daß man nicht unbedingt wie vorher auf eine flache, genau begrenzte Fläche sprühen wird; in der Regel wird die Oberfläche gekrümmt und unregelmäßig sein, beim Spritzen wird also viel mehr danebengehen. Der Arbeitsbereich sollte daher von unerwünschtem Material geräumt werden. Zum zweiten können Haare oder Fusseln, zum Beispiel auf der Oberfläche eines Modellflugzeugs oder einer Modelleisenbahn, die Wirkung völlig ruinieren. Auf einer senkrechten Fläche wie Leinwand setzt sich weniger Staub ab als auf einer dreidimensionalen Oberfläche. Es ist daher von erhöhter Bedeutung, daß man unter staubfreien Bedingungen arbeitet, besonders bei Kunstharz- oder Emailfarben, die Staubpartikel leichter festhalten.

Dreidimensionale Objekte zu besprühen ist zumeist gar nicht so kompliziert. Solange man nicht einen besonderen illusionistischen Effekt erzielen will, braucht man sich über Schatten keine Gedanken zu machen. Die gemalten Formen werden durch das reale Objekt bestimmt; um der Klarheit willen sollte man den gestalterischen Effekt einfach halten. Wird ein Glanzlicht gewünscht, erzielt man diesen Effekt nicht wie beim ebenen Bild durch Malen, sondern man kann bei einem Objekt direkt mit Beleuchtungsmodulation arbeiten. Dies gilt insbesondere, wenn das Objekt fotografiert und reproduziert werden soll: Mit Beleuchtung läßt sich experimentieren, und sie ist außerdem vielseitiger als ein gemaltes Glanzlicht.

Wenn das dreidimensionale Objekt selbst gezeigt wird und nicht bloß seine fotografische Ansicht, dann kann durch subtile Schattierung die Form abgeändert oder weniger gut modellierte Partien können ausgeglichen werden. Wenn man allerdings zu weit geht, wirkt das Ergebnis lächerlich. Normalerweise ist die Sache relativ einfach. In technischer Hinsicht ist der einzige kritische Punkt, der beachtet werden muß, der, daß man genug Farbe mischt oder genug fertige Farbe zur Hand hat, um alle Seiten des Objektes ohne Farbwechsel spritzen zu können.

Mit Ausnahme von Autooberflächen, die eigentlich als gekrümmte zweidimensionale Flächen angesehen werden können, ist es meist nicht möglich, eine direkt aufliegende Maske zu verwenden. Das beste, was man machen kann, ist, ein Hindernis für die Farbe – eine Hand oder einen Karton – so nah wie möglich an die Oberfläche heranzubringen; dadurch ergeben sich weiche Ränder. Gegenstände, wie eine Rose, die mit Zuckerguß überzogen wird, lassen sich gar nicht abdecken.

Wo immer es beim Spritzen von gekrümmten Flächen möglich ist, sollte man der Rundung mit der Hand folgen, die Spritzpistole also im gleichen Abstand von der Oberfläche halten. Es lohnt sich immer, mit der Spritzpistole zu experimentieren, denn das kann zu einigen interessanten Effekten führen. Glanzlichter und Schatten können hinzugefügt werden, nicht nur, um größere Realitätsnähe zu erreichen, sondern um die Gestalt des Objektes selbst etwas abzuändern, wenn man ihm etwa ein klareres oder weicheres Aussehen geben möchte. Diese groben Effekte können gute Täuschungen bewirken, sind aber gewöhnlich nur aus einem Blickwinkel wirkungsvoll; von verschiedenen Punkten aus betrachtet wird der Trick offensichtlich. Wenn solche Objekte zweidimensional wiedergegeben werden sollen, gibt es kein Problem.

Äußerste Feinheit kann jedoch bei manchen Objekten angebracht sein, zum Beispiel, um Schattierungen so zu plazieren, daß sie wie natürliche Dellen wirken. Der Betrachter durchschaut den Kunstgriff nicht und deutet die Schattierung als Vertiefung.

Arbeiten, die zur Reproduktion bestimmt sind, wurden bereits erwähnt; es muß auch hier, wie bei zweidimensionalen Spritzarbeiten, bedacht werden, daß die Farben übertrieben werden müssen, um den Farbverlust durch das Drucken auszugleichen, aber auch um der Vorkenntnis, die der Betrachter von den Objekten und ihrer Beschaffenheit hat, entgegenzutreten. Letzteres gilt besonders für das abgebildete Beispiel des Kastens mit Früchten, die so aufgemacht sind, als seien sie Konfekt (5.39). Um den Betrachter nicht unmittelbar erkennen zu lassen, daß es sich um echtes Obst handelt, sind die Früchte kräftiger gespritzt als eigentlich nötig. Die Methode ist ganz einfach: Als erstes werden die Äpfel besprüht, dann die Birnen, die Trauben usw., in klaren hellen Acrylfarben. Als nächstes werden sie mit irisierendem Weiß übersprüht, um ihnen ihr Zuckerwaren-Aussehen zu geben. Dann werden sie in einen Kasten gelegt und fotografiert. Der ganze Prozeß ist unkompliziert, was aber nicht heißt, daß er auch schnell durchgeführt ist. Die Gestaltung dieses Kastens mit Obst erforderte immerhin einen achtstündigen Zeitaufwand.

6 Techniken für Fortgeschrittene

Dieses Kapitel beschreibt Abdecktechniken, die über die einfachen, schon dargestellten Stufen hinausgehen, sowie die logischen Schrittfolgen des Abdeckens. Im folgenden geht es fast ausschließlich um Folienabdeckung; über das Abdecken mit einer Flüssigmaske werden nur eingangs einige Worte gesagt. Ein Abschnitt enthält auch eine Reihe recht schwieriger Übungen, die das Schneiden der Maske und das Arbeiten mit und ohne Abdeckung betreffen.

Flüssigmaske

Es gibt nicht viele zeitsparende Kniffe bei dieser Art der Abdeckung, da man nur jeweils eine bestimmte Fläche auf einmal abdecken kann. Bei diesem Verfahren lassen sich Farbflächen daher nur einzeln nacheinander anlegen. Im übrigen ist die einzige zu beachtende Regel die, so wenig wie möglich von dem Abdeckmittel auf fertige Flächen aufzutragen.

◁ David Jackson, Zeitungsanzeige

Folienabdeckung

Verwischen von Rändern

Um einen scharfen Rand zu erzielen, richtet man normalerweise den Strahl in einem spitzen Winkel auf die Maske und daher also in einem stumpfen auf die Malfläche. Der Luftdruck hat dabei den Nebeneffekt, daß er die Maske fester andrückt. Wenn man jedoch den Sprühwinkel umkehrt, so daß er zur Abdeckung stumpf und zu der Malfläche spitz wird, richtet sich der Druck der Luft gegen die Kante der Folie, hebt diese dabei ein wenig an und läßt sie etwas flattern. Ein verwischter, unscharfer Rand (6.1) läßt sich daher erzielen, indem man erhöhten Luftdruck mit verringertem Farbfluß kombiniert und in einem stumpfen Winkel unter den Rand der Maske spritzt (6.2). Unter der Abdeckung kommt es dann zu einem schwachen Verlauf. Wenn zuviel Farbe gespritzt wird, besteht die Gefahr, daß sich darunter ein Klecks bildet. Es kann unter Umständen nötig sein, den Rand der Maske leicht mit einem Daumennagel anzuheben. Man sollte das Ganze erst nur mit Luft ausprobieren, um sicher zu gehen, daß diese den Rand flattern läßt, bevor man mit Farbe spritzt.

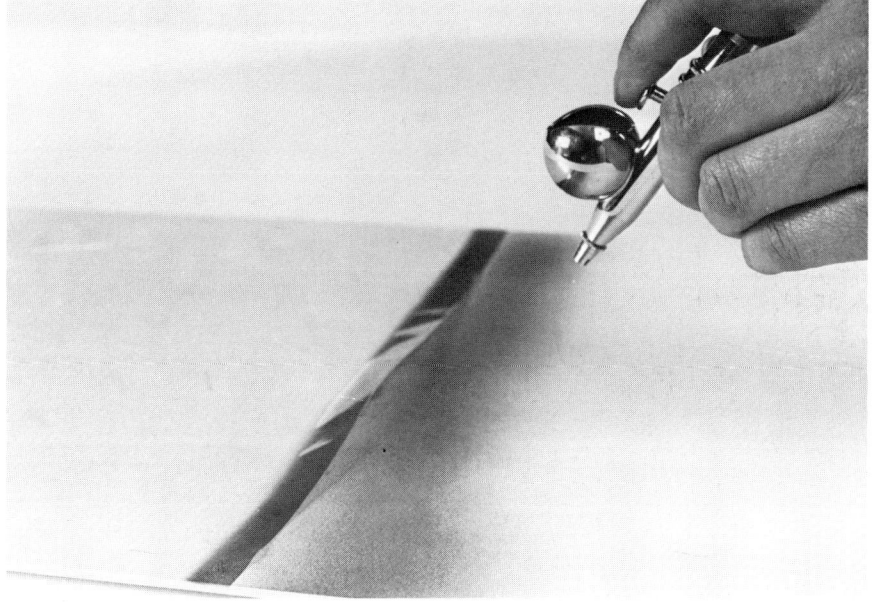

6.1

6.2

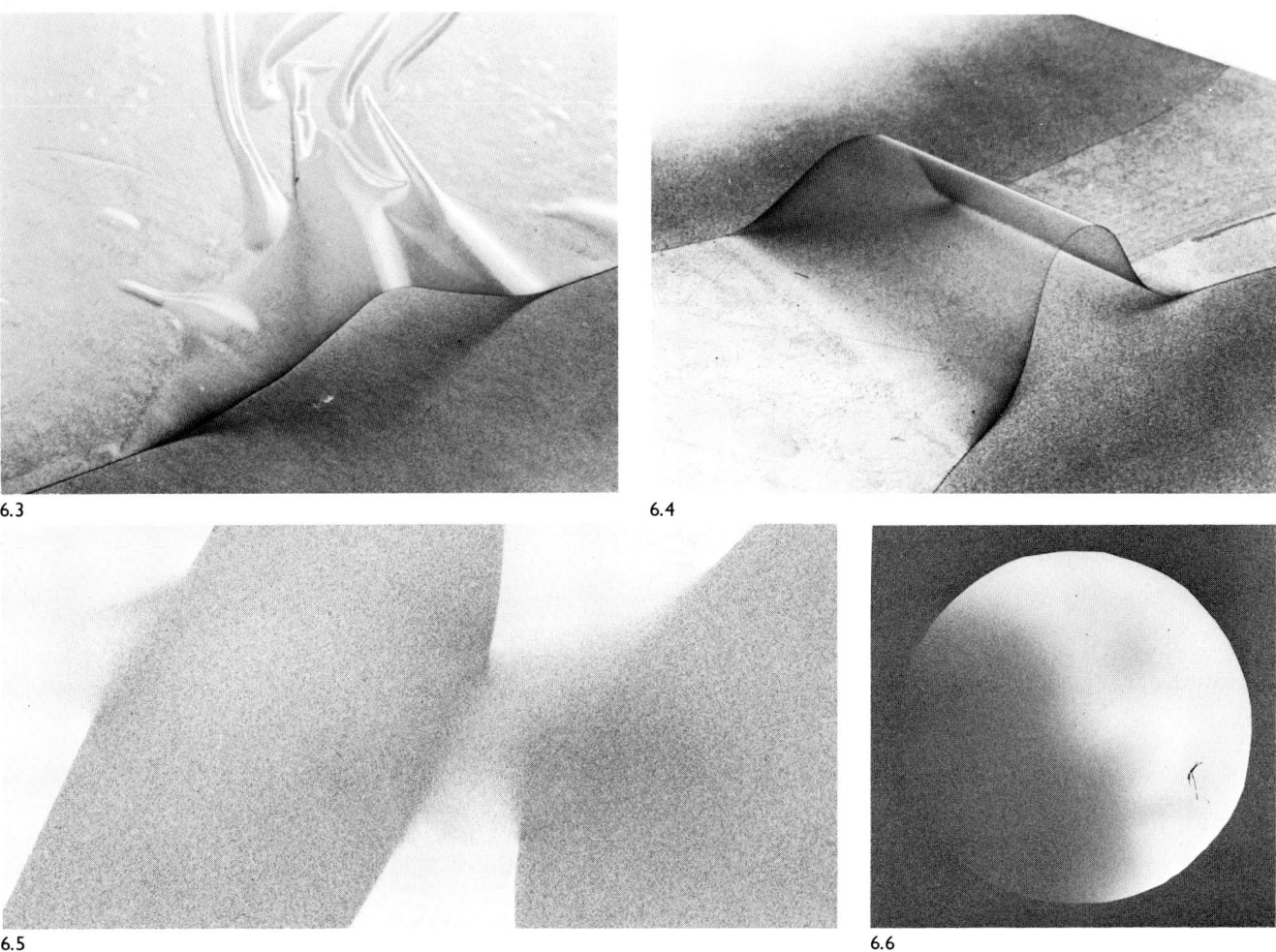

6.3

6.4

6.5

6.6

Ungleichmäßiger Verlauf einer Linie

Es ist möglich, eine scharfkantige Linie an einer Stelle weich zu machen und sie dann wieder hart werden zu lassen. Man braucht bloß eine Luftblase am Rand der Folie zu bilden, was sich dadurch erreichen läßt, daß man die Folie beim Auflegen ein wenig in Falten legt (6.3). Wo sich die Blase befindet, wird der Rand weich, da die Maske an dieser Stelle etwas von der Malfläche absteht, also nicht fest aufliegt.

Wenn man zwei fast aneinandergrenzende Farbflächen hat, die sich an einer Stelle berühren und ineinander verlaufen sollen, kann dieselbe Technik angewandt werden. Zwischen die beiden entsprechenden Flächen wird ein schmaler Streifen Folie gelegt und wieder eine Blase aufgeworfen, die diesmal aber durch den Streifen von einem Rand zum anderen hindurchgeht (6.4). Die Abdeckung sieht dann aus wie eine Höckerbrücke. Beim Spritzen wird von jeder Seite Farbe unter diese ›Brücke‹ verlaufen, so daß die beiden Flächen an dieser Stelle ineinander übergehen. An den anderen Stellen wird sich die fest aufliegende Abdeckfolie mit scharfen Rändern abzeichnen (6.5). Es ist dabei am besten, in einem etwas spitzen Winkel zu der Blase zu spritzen; dadurch wird sich die Farbe so verteilen, daß es zu dem gewünschten Verlauf kommt.

Sparsame Nutzung der Abdeckfolie

Es hat wenig Zweck, kleine Stücke der Maske von einem Malgrund abzulösen, um sie noch einmal zu benutzen, ob in der gleichen Form oder neu zurechtgeschnitten. Folien dehnen und verzerren sich und kleben aneinander, wenn sie abgenommen werden. Es lohnt in der Regel auch nicht, ein Stück Folie, das vor dem Spritzen ausgeschnitten und entfernt wurde, noch zu benutzen. Wenn man zum Beispiel einen Bogen Abdeckfolie auf eine Fläche legt und einen Kreis daraus ausschneidet und abnimmt (so daß die Kreisfläche besprüht werden kann), dann sollte man hinterher, wenn man die ganze übrige Fläche spritzen will, nicht das runde Stück Folie wieder auflegen. Oft muß die zweite Maske (in diesem Fall der Kreis) ein bißchen kleiner sein als das ursprünglich ausgeschnittene Stück, damit beim Aufspritzen der Farbe der Rand der schon farbigen Kreisfläche ausreichend bedeckt oder sogar etwas übersprüht wird. Wenn man Pech hat, kann es ansonsten passieren, daß eine winzige Fläche ohne Farbe bleibt. Auch andere Risiken bestehen: Beim Zurechtschneiden kann sich die Folie leicht verziehen; die zweite (runde) Maske wird nicht mehr so gut haften, da sie schon einmal, bevor sie ausgeschnitten wurde, auf der Malfläche geklebt hatte. Wenn die zweite Maske gar kompliziert oder schwierig ist, wird sie wahrscheinlich in einzelnen Abschnitten

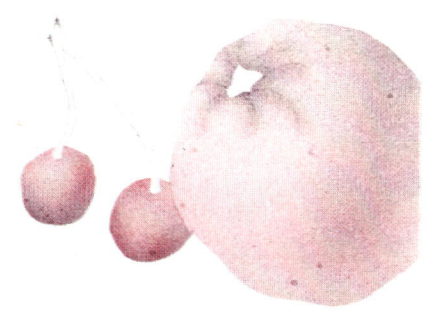

6.7

6.8

6.9

6.10

6.10 Überdeckungen: oben transparent; unten deckend

Rationelles Abdecken

Folie ist teuer, und mehrere Bögen zu nehmen, um große Flächen abzudecken, bei denen nur winzige Stellen zum Spritzen ausgespart bleiben, kann eine abschreckende und unerschwingliche Methode sein. Außerdem ist wiederholtes Abdecken und Zurechtschneiden zeitraubend; jede Einsparung, die hierbei gemacht werden kann, ist willkommen. Zu bedenken ist auch, daß etwa beim dritten Schnitt an derselben Kante der Untergrund schon beträchtlich in Mitleidenschaft gezogen ist; auch ein Grund, so wenig wie möglich zu schneiden. Die Schildkröte (unten, 6.11) ist ganz mit der Spritzpistole gemalt und hat doch nur insgesamt acht Masken erfordert.

Der erste, entscheidende Unterschied, den man begreifen muß – und der auch der springende Punkt bei der hier folgenden Darstellung des Abdeckens ist –, ist der zwischen dem, was wir positives und negatives Abdecken nennen können. Wird ein bestimmter Bereich der Malfläche abgedeckt, um die übrige Fläche zu spritzen, so ist das ein positiver Schritt bei der Farbgestaltung eines Bildes. Beim negativen Abdecken wird dagegen eine Fläche abgedeckt, damit sie nicht besprüht wird; Abdeckung also, um *nicht* zu spritzen.

Praktisch gesehen hat man in beiden Fällen wohl genau das gleiche gemacht, nämlich einen Teilbereich abgedeckt und den Rest gespritzt. Der Unterschied zwischen beidem ist aber von großer Bedeutung, wenn man bei der Gestaltung eines Werkes frühzeitig entscheidet, wieviele Masken man benötigt und welche Bereiche gleichzeitig abgedeckt werden.

abgenommen worden und somit ganz unbrauchbar sein. Wenn hier in unserem Beispiel der Künstler die ganze Fläche, außer dem schon gemalten Kreis und einer weiteren kleinen Fläche, spritzen wollte, wäre ein neues Stück Folie erforderlich.

In der Regel sollte man also Abdeckfolie nicht mehrmals benutzen, allenfalls dann, wenn ein großes, nicht benutztes Stück als Ganzes entfernt wurde; daraus kann man ein kleines Stück ausschneiden, wenn man es direkt wieder auf das Schutzpapier zurückgelegt hat.

Man braucht natürlich nicht die ganze von einem Stück Abdeckfolie ausgesparte Fläche zu nutzen. Wenn ein Kreis zum Malen frei bleibt, kann man darin aus freier Hand einen Halbkreis oder ein kleineres Design spritzen. Nicht immer wird durch Abdeckung die ganze zu besprühende Fläche bestimmt (6.6).

6.11 Seng-gye, Ohne Titel, 1976. Acryl auf Leinwand, 61 × 168 cm

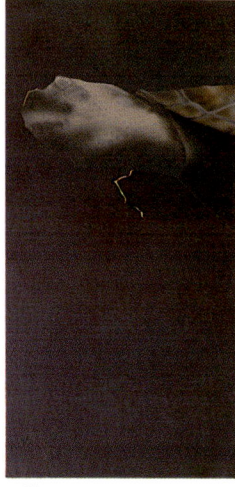

6.11

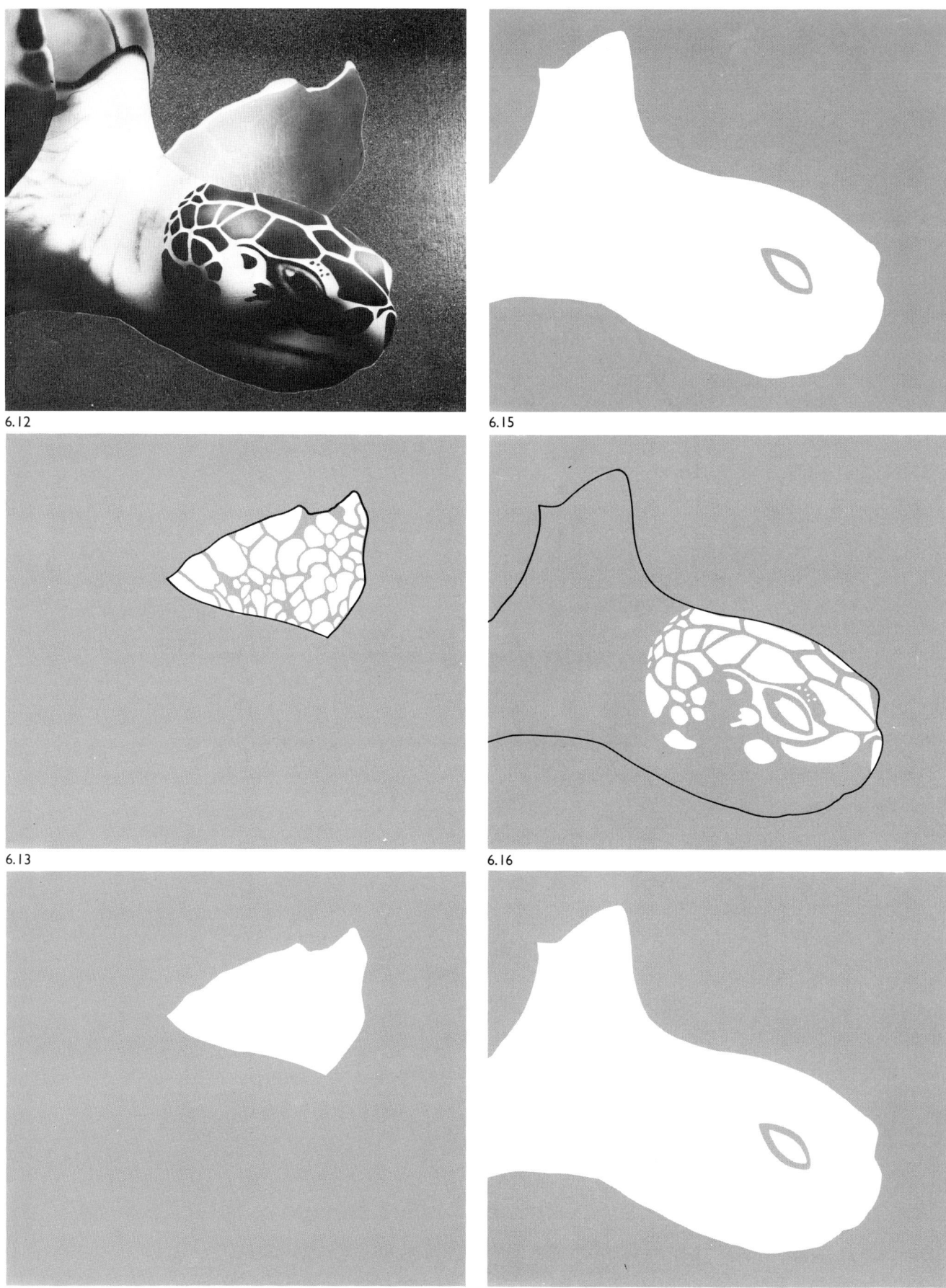

6.12

6.15

6.13

6.16

6.14

6.17

Einen Teil eines Bildes während der meisten Stufen des Farbauftrags leer zu lassen, kann eine nützliche Methode sein. Oft wurde direkt auf die Malfläche ein Entwurf gezeichnet, und es kann manchmal angebracht sein, ihn zu erhalten, insbesondere wenn er kompliziert und genau ist. In einer frühen Phase, bevor er richtig ausgeführt ist, über ihn hinweg zu spritzen, kann sehr frustrierend sein. Außerdem lassen sich mit Tuschen nicht genauso unbedenklich Farbschichten aufeinanderbringen wie mit deckenden Farben. Wenn man eine magentarote Fläche hat und türkis darüberspritzt, werden sich die Farben mischen, und keine wird überwiegen (6.10).

Über diesen einen grundsätzlichen Unterschied hinaus sind drei weitere, konkretere Faktoren zu beachten.

Einsparen des Farbenmischens
Das läßt sich gerade deshalb erreichen, weil die Farben sich auf der Malfläche mischen, wie eben schon erwähnt. Eine Fläche, die einen roten Bereich neben einem orangefarbenen umfaßt, der selbst an einen gelben grenzt, kann mit Hilfe von zwei Masken und zwei Farben anstelle von dreien gespritzt werden. Man deckt einfach den roten Bereich ab und spritzt die anderen beiden Flächen gelb (6.7). Dann entfernt man die Maske, deckt dafür den gelben Bereich ab und spritzt die beiden anderen Flächen rot (6.8). Die Fläche in der Mitte wird orange sein (6.9).

Berücksichtigung des Vordergrundes
Wenn man zum Beispiel einen Berg mit Weiden davor malen will, sollte der Berg zuerst gespritzt werden. Der Hintergrund ist normalerweise vor dem Vordergrund anzulegen, vor allem wenn das Objekt des Vordergrundes auf den Hintergrund aufgespritzt werden soll. Andernfalls würden die Weiden von dem Berg etwas verdunkelt werden, und das Entfernungsverhältnis ließe sich nicht mehr richtig feststellen.

Es kann natürlich auch sein, daß man auf einem Bild zusätzlich zu dem Berg mit Weiden noch einen Vogel am Himmel haben möchte. In diesem Fall würde zuerst der Himmel gespritzt, aber der Berg und der Vogel könnten zusammen gespritzt werden, wenn man es wollte, da sie beide vor dem Himmel sind. Die gleiche Maske könnte für beide verwendet werden, auch die gleichen Farben, ganz wie man will.

Das Entfernungsverhältnis
Der Grund dafür, daß in dem eben beschriebenen Bild mit dem Vogel und dem Berg die gleiche Maske für beide Teile verwendet werden kann, liegt darin, daß sie auf der Malfläche einigen Abstand voneinander haben; und daher besteht nicht so das Risiko, daß Farbe herübersprüht, wie bei nebeneinanderliegenden Flächen. Würden

der Berg und der Vogel nahe beieinander sein, wäre der einzige Weg, beide mit nur einer Maske zu spritzen, der, die eine Fläche zu bedecken, während die andere gespritzt wird, oder aber beide in der gleichen Farbe zu spritzen, so daß herübergesprühte Farbe nicht zu sehen wäre.

Anwendungsmöglichkeiten

Es gibt einige einfache Anwendungsmöglichkeiten für diese Regeln. Die partielle Verdunkelung eines Details kann, wie oben angedeutet, erreicht werden. Beim Betrachten des Bildes mit der Schildkröte (6.11) fallen die Flecken auf einer der Flossen des Tieres auf (6.12). Diese werden folgendermaßen hervorgebracht: Die Flosse wird abgedeckt, wobei für die Flecken Aussparungen bleiben, und kräftig überspritzt (6.13). Dann wird die Maske entfernt und die ganze Flosse gespritzt (6.14); die Flecken treten etwas zurück und werden teilweise verdunkelt. Das Übersprühen der Flecken ändert deren Farbe, was also im voraus eingeplant werden muß. Man muß bedenken, daß das, was ursprünglich kräftig gemalt wurde, nach dem endgültigen Übersprühen weniger farbstark aussieht.

Das führt uns zu einer weiteren Technik, die brauchbar ist für solche Arbeiten, die nicht zur Reproduktion bestimmt sind. Wenn man ein dickflüssiges Medium wie Öl oder Acryl verwendet, läßt sich eine ›faltige‹ Oberflächenstruktur erzielen. Die Flecken auf der Flosse der Schildkröte zum Beispiel könnten leicht so gestaltet werden, daß sie reliefartig vorstehen, ohne daß sie eine eigene Farbe haben. In dem Fall spritzt man wie vorher die Flecken kräftig und läßt die Farbe etwas antrocknen, übersprüht dann aber die ganze Flosse so stark, daß die Farbe der Flecken nicht mehr durchscheint. Die Flosse ist dann einfarbig, und die Flecken stehen hervor.

Das Aufsetzen von Lichtern auf eine etwas komplexere Fläche zeigt die Logik guten Abdeckens. Man betrachte einmal den Kopf der Schildkröte, seine Zeichnung und das ihn umgebende Wasser. Um die Zeichnung zu spritzen, ohne sie ganz zu verdunkeln wie bei der Flosse, geht man wie folgt vor. Das Wasser wird abgedeckt und der Kopf in seiner Grundfarbe gespritzt (6.15). Dann wird die Maske entfernt und eine neue über die ganze Fläche gelegt; diesmal werden die Flecken und der Umriß des Kopfes ausgeschnitten, aber zuerst nur die Flecken entfernt (6.16). Sie werden dann dunkel gespritzt; der Rest der ausgeschnittenen Maske wird entfernt und der Hauptschatten freihändig gespritzt (6.17); die restliche Abdeckung, die jetzt nur noch das Wasser bedeckt, wird schließlich entfernt. Dieser Vorgang vollzieht sich natürlich nicht isoliert; die übrigen Teile des Bildes werden auch gleichzeitig angelegt.

Man wird dabei vielleicht feststellen, daß die den Kopf bedeckende Folie direkt nach dem Spritzen der Musterung entfernt werden kann, solange die Farbe noch naß ist. Insbesondere bei Ölfarben ist es in der Regel besser, ein Stück Abdeckfolie zu entfernen, solange die darauf gesprühte Farbe noch nicht angetrocknet ist. Man bekommt dabei vielleicht schmutzige Hände, aber wenn man die Farbe trocknen ließe, könnte die Folie etwas trockene Farbe von der Malfläche selbst mit abziehen, und die Ränder könnten abblättern. Man sollte natürlich alle an einer Maske erforderliche Schneidearbeit erledigen, bevor eine bestimmte Stelle abgenommen und gespritzt wird. Ein Stück Folie mit Farbspritzern darauf zurechtzuschneiden ist eine schmutzige und gewagte Angelegenheit, wenn die zu schneidenden

6.12–17 Die Abbildungen zeigen das Vorgehen beim Zurechtschneiden der Masken, um die Effekte auf der Flosse und dem Kopf der Schildkröte zu erzielen. Die Maske für die Flosse wurde zurechtgeschnitten (6.13), und nachdem die Umrißlinien entfernt worden waren, wurde in einer zweiten Stufe (6.14) erneut gespritzt, um Schattierung und Struktur zu erzielen (6.12). Nachdem zunächst die erste Maske für den Kopf zurechtgeschnitten worden war (6.15), wurde mit der zweiten Maske beim Kopf ebenso verfahren (6.16–17)

6.18

6.19

6.20

6.21

6.22

6.23

6.18–24 Die Abbildungen zeigen die Stufen des Prozedere bei der Herstellung eines komplexen Spritzbildes. Die Grundlage des Bildes wird grob mit dem Pinsel angelegt (6.18). Die Abbildungen 6.19–24 demonstrieren die Ergebnisse der einzelnen Abdeckphasen. Jedesmal wird ein Teil des Ausgangsbildes fertig gespritzt, bis das ganze Bild vollendet ist (6.24)

6.24

Linien ganz verdunkelt sind. Beim Abnehmen eines unregelmäßigen Stückes Folie muß man darauf achten, daß keine Ecken der Folie in feuchte Farbe auf der Malfläche geraten.

Noch ein Punkt: Wenn man Farbe mischt, dann am besten im Überfluß. Die Logik des Abdeckens macht es manchmal nötig, daß einige Tage vergehen, bevor man eine Farbnuance wiederverwendet, die mit der einer anderen Fläche übereinstimmen soll. Man mische also am Anfang genug und filtriere auch direkt alles. Was man nicht benötigt, kommt sofort mit etwas Verdünner oder Wasser in ein Gefäß und wird mit Klebefolie zugedeckt. Am besten ist es, wenn das Gefäß fast voll ist. Acrylfarben halten sich drei bis vier Tage, Ölfarben erheblich länger. Wenn man daran geht, die Farbe wiederzuverwenden, muß unter Umständen erneut verdünnt werden, da die Farbe zu dickflüssig geworden sein kann.

Farbflächen

Einige Benutzer von Spritzpistolen verwenden das Gerät lediglich, um Farbflächen anzulegen, entweder weil sie sich nicht eingehender damit befassen wollen, oder weil sie die Effekte, die eine Spritzpistole hervorrufen kann, nicht mögen. In der Grafik und Illustration wird die Spritzpistole oft nur für gleichmäßige Farbflächen herangezogen.

6.24 Seng-gye, Ohne Titel. Acryl auf Leinwand, 91 × 122 cm

Das Anlegen von Farbflächen hat eine Reihe verschiedener Funktionen. So gibt es die auf Seite 95 (5.15) durch das Beispiel der einfachen Landschaft dargestellte Methode, bei der mehrere Farbaufträge übereinander gespritzt werden. Statt eine Fläche mit Wasserfarben zu pinseln, kann man einen satten Strahl einer dünnen Farbmischung aufspritzen. So läßt sich eine glatte Farbschicht erzielen, die dann mit einem dicken Medium wie Öl ergänzt werden kann; diese Art Farbauftrag kann am Ende ganz durch gepinselte oder gespritzte Zusätze verdunkelt sein.

Für einen großzügig gespritzten Farbuntergrund, dessen Übermalung erst die Details des Werkes enthält, ist es aus Zeit- und Bequemlichkeitsgründen ratsam, ein billigeres Spritzgerät wie etwa den Mundzerstäuber mit Antrieb anstelle der richtigen Spritzpistole zur Hand zu nehmen.

Großflächige Farbaufträge, wie sie in Übung 5, Seite 81 (4.8), beschrieben werden, erfordern erstaunlich viel Steuerung. Sie mögen nichts Besonderes sein, sehen halt aber unregelmäßig aus, wenn sie nicht richtig ausgeführt sind. Kaum etwas anderes verrät so deutlich schlechte Technik wie unregelmäßige großflächige Farbaufträge. Dies ist besonders ungünstig, weil gespritzte Hintergrundflä-

111

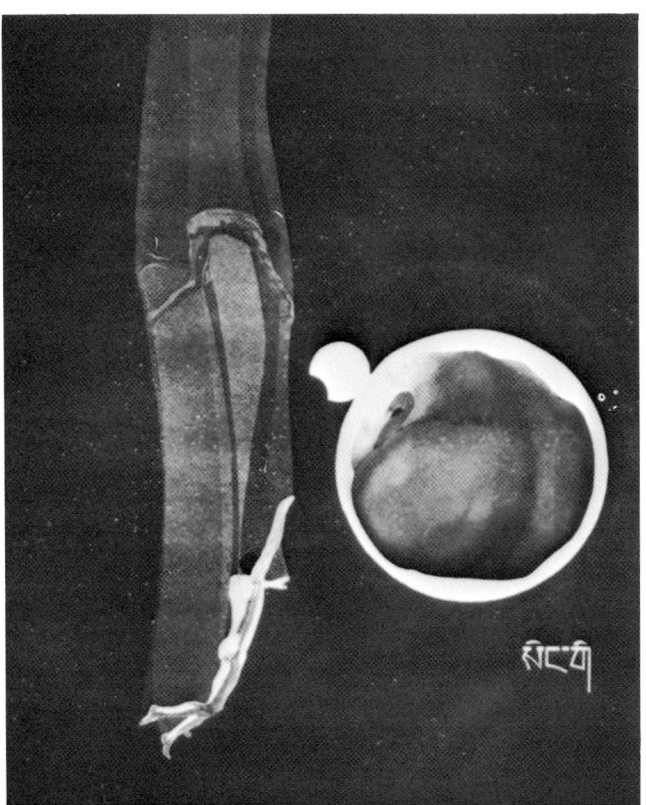

6.25

6.26

chen, verbunden mit gepinselten Details im Vordergrund, eine der überzeugendsten Kombinationen der beiden Instrumente Spritzpistole und Pinsel ergeben. Oft gelingt die Verbindung so gut, daß es dem flüchtigen Betrachter nicht auffällt, daß beide verwendet wurden, so natürlich erscheint das Ergebnis.

Hervorhebung einer Strichzeichnung (6.25). Eine einfache Farbfläche kann eine wirksame Art sein, um eine Strichzeichnung hervorzuheben. Die gezeichneten Formen werden dabei abgedeckt. Mit einem leicht gespritzten Hintergrund – etwa in einer Farbe wie Grau – kann man die Zeichnung hervortreten lassen.

Abstrakte Bilder

Ein gespritzter Verlauf wird oft eine weichere Farbfläche ergeben als einer, der mit dem Pinsel angelegt wurde, und kann bei einem abstrakten Werk dem Betrachter die Farbe selbst deutlicher ins Bewußtsein heben. Aber bei einem Bild mit geradlinig begrenzten Flächen, für das eine deckende, matte Farbe verwendet wird, ist es angebrachter, mit dem Pinsel zu arbeiten. Der Endeffekt wird ähnlich sein, aber weniger Arbeit ist erforderlich, um das gleiche Ergebnis wie mit der Spritzpistole zu erzielen.

Ungemischte Farben

Es ist durchaus möglich, Farben auf dem Malgrund zu mischen, sie also ungemischt aufzutragen; man kann sie dort dann ineinanderlaufen lassen oder auch nicht (6.27). Die verwendeten Farben sollten schwächer aufgetragen werden, als sie im Endeffekt sein sollen, da sie sich gegenseitig verstärken. (Das ist anders bei Modular-Farben, wie z. B. Liquitex Modular Color, deren Tonwerte feststehen.) Das Mischen der Farben auf der Malfläche führt zu einem zarten Leuchten.

Abgestufter Verlauf

Wenn man eine Farbfläche anlegen will, die in einzelnen Stufen verläuft und nicht allmählich wie normalerweise, dann muß man mit Abdeckung arbeiten (6.26). Man legt auf die betreffende Fläche einen Bogen Folie und schneidet ihn entsprechend den Stufen des Verlaufs zurecht. Ein Streifen Folie wird entfernt und die Fläche gespritzt. Dann wird ein weiterer Streifen entfernt und wieder gespritzt usw., bis die gesamte Fläche aufgedeckt ist. So bekommt man einen stufenweisen Verlauf, wobei die zuerst aufgedeckte Fläche am dunkelsten ist und diejenige, bei der die Folie zuletzt abgenommen wurde, die hellste. Wenn man die Stufen nicht so scharf abgegrenzt haben will, braucht man anstelle von Folie bloß eine lose Abdeckung zu nehmen.

Tönungen, Übermalungen und Glasuren

Hierbei werden ähnliche Techniken angewandt; man sollte hier so wenig wie möglich mit Abdeckung arbeiten. Schließlich handelt es sich um ›Zugaben‹, um Extras, die nicht so stark auffallen sollen. Der Gebrauch von Masken läßt sie weitaus stärker hervortreten als eine freihändige Ausführung.

Tönungen. Bei dieser Art Spritzarbeit wird die Begrenzung durch die ursprüngliche Strichzeichnung erreicht. Das Kolorieren ist einfach, keine Schattierungen sind nötig. Der entscheidende Teil der Arbeit ist die Zeichnung; sie kann durch einen schwachen Verlauf gestützt werden, dessen lediglich andeutende Formung zu zart ist, um in der Originalzeichnung herauszukommen.

Glasuren. Der Zweck des Glasierens ist nicht das Kolorieren, sondern das Anlegen einer Schutzschicht. Transparente Farbe sollte dafür verwendet werden, aber es ist auch möglich, bestimmte Merkmale der gemalten Darstellung unter der Glasur zu beeinflussen.

Übermalungen (6.30). Die Spritzpistole kann den Möglichkeiten des Aquarellierens eine ganz neue Dimension hinzufügen; das war ja eben auch Burdicks Hauptziel bei der Erfindung der Spritzpistole. Jetzt kann man Farbe auftragen und dann mit einer Spritzpistole darübermalen. Eine der traditionellen Einschränkungen beim Aquarellieren stellte stets die Unmöglichkeit des Übermalens dar, weil dadurch die darunterliegende Farbe wieder angelöst werden konnte. Die Spritzpistole eröffnet hier in der Tat eine ganz neue Perspektive.

Freihändiges Spritzen

Ein unmittelbarer Vorteil, den das Spritzen aus freier Hand gegenüber dem Abdecken hat, ist der, daß die herkömmlichen Methoden des ›Naß-in-Naß‹- oder ›Naß-auf-Trocken‹-Malens nach Belieben angewandt werden können und man somit ein breites Spektrum von Möglichkeiten hat. Schwierigkeiten gibt es nur beim Ziehen von scharfen Linien; sehr feine Details lassen sich ausführen, aber für Linien ist ein Pinsel oder eine Maske erforderlich. Das kann besonders bei der Malerei von Nachteil sein, da eine derartige Kombination, bei der nur kleinste Details mit dem Pinsel gemalt sind, leicht unausgewogen erscheint.

Große Flächen, die freihändig gespritzt werden, haben wohl immer unregelmäßige Ränder; die traditionelle Methode, ein Bild Schicht für Schicht aufzubauen, es immer mehr zu verfeinern bis hin zu den letzten Details und Lasuren, ist daher bei der Spritzpistole genauso angezeigt. Beim Anlegen der wesentlichen Flächen empfehlen wir zum Beispiel eine grobe Untermalung in Acryl mit dem Pinsel oder einem einfachen Spritzgerät (6.31). Da die Untermalung am Ende in dem fertigen Bild nicht sichtbar sein wird, kann man alles nehmen, sogar einen 10 cm breiten Anstreichpinsel! Das Bild kann dann Schritt für Schritt gespritzt werden, wobei immer die ganze Bildfläche mit einbezogen wird, da man nicht einen kleinen Teilbereich für sich vollenden kann (6.32). Mit jeder neuen Lage gewinnt das gesamte Bild eine klarere Struktur (6.33), ein Prozeß, der dem ganzen Werk Spontaneität zu geben vermag (6.34).

Viele Autobemaler sind sich zwar der Notwendigkeit eines schichtweisen Vorgehens bewußt, führen den Prozeß aber nicht bis zum Ende durch. Durch mehrmaliges Spritzen wird ein Grundüberzug angelegt und das Design darübergespritzt. Scheinbare Tiefe wird dann durch reichliche Lagen Lack erzeugt, aber diese Tiefe ist unecht; das Werk sieht unpräzise und schlecht gestaltet aus. Wenn Fehler gemacht und korrigiert wurden, sind diese Stellen härter als das übrige Bild. Der Eindruck von Tiefe sollte mit der Farbe geschaffen werden, und zwar mit einer ausreichenden Anzahl von Farblagen, um das erforderliche Ergebnis zu erzielen. Lack schützt, und nur dafür sollte er verwendet werden.

Wir haben bereits das ›zarte Leuchten‹ mancher Spritzarbeiten erwähnt. Dieses kommt leicht zustande, wenn man mit Farbe arbeitet, besonders freihändig. Die Zerstäubung der Farbe führt zu einem raffinierteren und vielseitiger anwendbaren Resultat als zum Beispiel die Versuche Seurats und der Pointillisten; diese waren unweigerlich auf eine ziemlich steife Komposition beschränkt, als sie Licht durch das Auftragen einzelner Punkte mit einem Pinsel zerlegten. Wenn man verschiedene Farben mit der Spritzpistole aufträgt und sie sich auf der Leinwand mischen läßt, kann man ›direkt aus der Tube‹ arbeiten (nur vorher verdünnen!) und hat daher die Möglichkeit, weiche und lockere Formen zu schaffen, wobei die ganze Farbe eben durch die Eigenart der Spritztechnik in Punkte zerteilt ist. Effekte lassen sich dadurch erzielen, daß man ganz feine Farbpartikel aufeinanderbringt und so das Licht auf eine für das Auge unsichtbare Weise zerlegt.

Diese Technik hat unerwartete Nebeneffekte, so zum Beispiel die Neigung, Formen zu verschleiern. Durch wiederholtes Überarbeiten eines Bildes läuft man unweigerlich Gefahr, eine – bei ganz genauem Hinsehen – unklare Oberfläche zu erzeugen, auf der jeglicher strenge, formale Ansatz des Künstlers verwischt wird. Dies führt zu

6.27

6.31

einem entscheidenden Grundsatz bei der Benutzung der Spritzpistole in der Malerei: Eine eigene Sprache von Spritzpistolenstrichen ist erforderlich. Es mag selbstverständlich klingen, aber es muß eine andere Art von Pinselstrichen gelernt werden. Wenn man mit dem Pinsel arbeitet, neigt man dazu, die Details, aus denen sich das Ganze zusammensetzt, in irgendeinem bestimmten Aspekt des Werkes zu suchen. Auf einer bestimmten Fläche sind sehr viel mehr Pinsel- als Spritzpistolenstriche. Bei der Spritzarbeit steht der Gesamteindruck im Vordergrund, die Gestaltung des Werkes durch ausdrucksvolle Formen tritt an die Stelle der minuziösen Darstellungsart des Pinsels. Das verlangt vom Künstler, bei der Arbeit allgemeiner und paradoxerweise gleichzeitig auch spezifischer und genauer vorzugehen. Der Künstler kann freier und spontaner arbeiten, muß aber auch exakter und disziplinierter sein. Der Maler muß ein neues Repertoire von Strichen, die der Spritzpistole gemäß sind, entwickeln – direkte Striche, individuell wie es Pinselstriche sind, aber eben anders in ihrer Art (6.35).

Diese neuen Überlegungen unterscheiden sich von denen, die für den Pinsel gelten, und lassen sich kaum verallgemeinern. Der Künstler muß sich aber des Lichtes genauso bewußt sein wie der Farbe und

6.28

6.30 Anders als beim Auftrag mit dem Pinsel beeinträchtigt gespritzte Wasserfarbe nicht die bereits aufgetragenen Farbschichten

6.29

6.30

6.32

6.33

6.34

6.34 Seng-gye, Ohne Titel, 1980. Acryl auf Leinwand, 91 × 122 cm

6.31–34 Stufenfolge bei der Schaffung eines freihändig ausgeführten Spritzbildes. Bestimmte Details wurden der Klarheit halber mit dem Pinsel auf die ursprüngliche Zeichnung aufgetragen (6.31), und das Bild wurde dann nach und nach vollständig ausgeführt, wie bei der herkömmlichen Pinselmaltechnik

der unterschiedlichen Effekte, die sich ergeben, wenn man Licht über Schatten und Schatten über Licht aufträgt. Außerdem kommt es auf die Entfernung des Betrachters vom Bild an: Aus einer Entfernung von etwa einem Meter lassen sich Hell und Dunkel klar unterscheiden, bei näherer Betrachtung ergibt sich gleichzeitig ein unvermeidlicher Helldunkeleffekt von sich mit dem Dunkel vermischendem Licht. Der Eindruck und die Erscheinung des Werkes hängen davon ab, ob erst Licht oder erst Schatten gespritzt wird. Und wenn das entschieden ist, läßt sich das Helldunkel verringern, indem man den Rand einer Fläche so scharf wie möglich begrenzt und schrittweise von diesem Rand weg in größeren Strichen arbeitet.

Abgesehen von der Kenntnis unterschiedlicher Bedingungen für Hell und Dunkel muß der Künstler auch die Anwendungsmöglichkeiten von deckenden und transparenten Farben in Medien wie Öl, Alkyd oder Acryl kennen. Die Spritzpistole bietet hier viele Möglichkeiten; deckende Farben, die sehr dünn verspritzt werden, können fast halbtransparent wirken.

Je mehr Schichten mit der Spritzpistole aufgetragen werden, um so dünner werden sie in der Regel. Untermalung kann normalerweise mit einem einfachen Spritzgerät erfolgen, wobei man großzügig dicke Farbschichten anlegt; je dicker der Farbauftrag, um so stärker ausgeprägt ist das Design auf der Malfläche. Bei der Spritzpistole muß mehr Verdünner in der Relation zur Farbe genommen werden als zum Beispiel bei einem Mundzerstäuber mit Antrieb; wenn man also nach und nach größere Details angeht und ein Gerät mit dem anderen austauscht, nimmt man auch dünnere Farbe.

Übungen für Fortgeschrittene

Schneiden der Maske

Übung 1

Zeichnen Sie eine komplexe Form, und fotokopieren Sie sie zweifach. Legen Sie auf beide Kopien Abdeckfolie, und schneiden Sie die Form aus der Folie aus; dann werden die ausgeschnittenen Stücke abgenommen. Legen Sie diese Stücke auf die jeweils andere Kopie, und vergleichen Sie, wie gut – oder schlecht – sie passen. Spritzen Sie über beide Flächen, während die Masken noch darauf liegen, und entfernen Sie diese danach. Alle Farbe, die auf der einen oder anderen Kopie verbleibt, zeigt Ihre Ungenauigkeit beim Schneiden und Auflegen der Maske.

Übung 2

Legen Sie Abdeckfolie auf eine Fläche, und schneiden Sie eine Form aus; sie kann beliebig einfach oder komplex sein. Entfernen Sie die Folie so, daß nur das ausgeschnittene Stück selbst noch aufliegt, und sprühen Sie eine helle Farbe über die ganze Fläche; gehen Sie dabei unbedingt bis an die Ränder der Maske heran, so daß sie gut und klar umgrenzt ist. Sobald die Farbe trocken ist, legen Sie einen neuen Bogen Folie über die gesamte Fläche; an der Stelle, wo der neue Folienbogen das schon aufliegende Folienstück bedeckt, wird eine Kante vorhanden sein. Versuchen Sie, genau die gleiche Form auszuschneiden, indem Sie das Messer exakt an der Kante entlang führen. Entfernen Sie wieder alles bis auf das Stück, das die Form bedeckt, und spritzen Sie das Ganze erneut, aber in einer anderen Farbe. Wenn Sie perfekt geschnitten haben, dann haben beide Farbaufträge genau die gleiche Fläche bedeckt. Entfernen Sie die Abdeckung, und sehen Sie, ob irgendein Stück der Fläche nur in einer Farbe gespritzt ist; das ist dann das Ausmaß Ihrer Ungenauigkeit beim Schneiden.

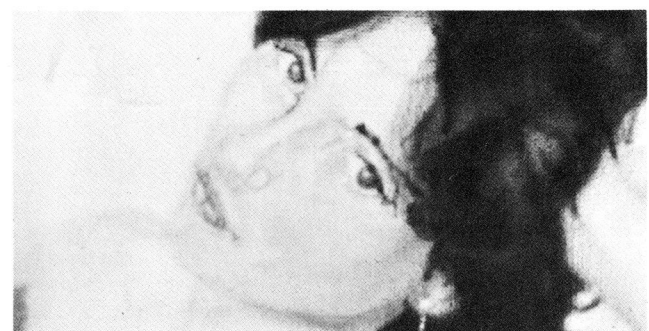

6.35 Dieses Detail aus 6.34 ist hier in seiner tatsächlichen Größe reproduziert

Übung 3

Nehmen Sie einen Bogen sehr dünnes Papier, und zeichnen Sie ein Muster. Dann legen Sie einen Bogen Abdeckfolie über das ganze Blatt und darüber einen kleineren Bogen Folie, der die gezeichnete Form teilweise abdeckt. Legen Sie einen dritten Bogen Folie über den zweiten, und zwar so, daß er teilweise die Fläche der Zeichnung, die der zweite Bogen abdeckt, ebenfalls abdeckt. Nun legen Sie noch einen vierten Bogen darüber, der wiederum teilweise die von dem dritten bedeckte Fläche der Zeichnung abdeckt. Die Dicke der Abdeckung nimmt auf der Zeichnung stufenweise zu. Schneiden Sie deren Form aus, und entfernen Sie die negative Maske von der ganzen Fläche unter Aussparung der gezeichneten Form. Sie wird reißen, wenn Sie nicht tief genug geschnitten haben. Nehmen Sie auch den Rest der Maske ab, und halten Sie das Papier gegen das Licht, um zu sehen, ob Sie an irgendwelchen Stellen zu tief und damit durch das Papier geschnitten haben.

Übung 4

Diese Übung ist für den Künstler, der sich mit dreidimensionalen Objekten beschäftigt. Kleben Sie eine Streichholzschachtel auf ein Blatt Papier, und legen Sie über beides einen Bogen Abdeckfolie (6.36). Dann schneiden Sie die Folie so, daß sie genau bis zur unteren Kante der Streichholzschachtel reicht, aber nicht an den Seiten überlappt. Das bedeutet, daß ein Teil der Folie, der zwischen dem Papier und der Schachtel in der Luft ist, geschnitten wird, was ein ausgezeichnetes Augenmaß erfordert. Erwarten Sie nicht direkt Genauigkeit; alle diese Übungen sind schwierig, aber diese ganz besonders.

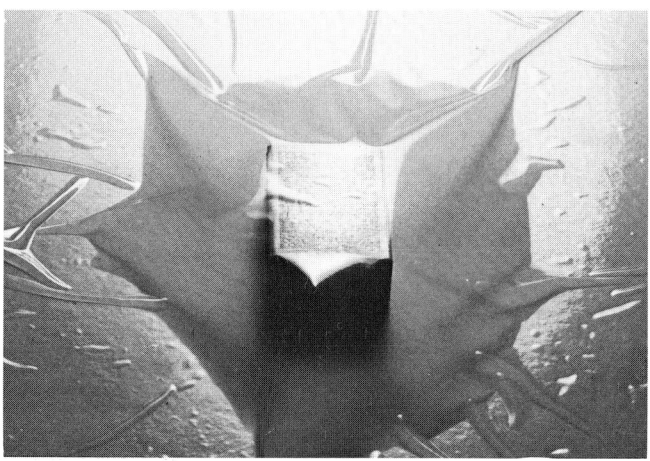

6.36

Malen mit Abdeckung

Übung 5

Zeichnen Sie ein Rechteck, und unterteilen Sie es in eine Reihe nebeneinanderliegender Quadrate. Decken Sie die ganze Fläche ab, und schneiden Sie die Folie so, daß jedes Quadrat abgenommen werden kann. Dann schneiden Sie auf einem Bogen Folie, der noch auf dem Schutzpapier ist, eine exakte Kopie. Nehmen Sie das erste Quadrat von der Malfläche ab, und spritzen Sie es mit schwarzer Tusche, bis es eine gleichmäßige graue Tönung hat. Wenn die Farbe trocken ist, nehmen Sie ein Quadrat der Abdeckfolie von dem Schutzpapier und bedecken die gespritzte Fläche. Heben Sie das zweite Stück Folie von der Malfläche ab, und versuchen Sie, diese Fläche in dem gleichen Grauton zu spritzen. Wenn sie trocken ist, decken Sie sie wieder mit einem Stück Schutzpapier ab und spritzen das dritte Quadrat – und so weiter bis zum Ende des Rechtecks. Entfernen Sie die ganze Maske, und vergleichen Sie, wie gleichmäßig das Grau im Endeffekt ist. Sogar erfahrene Spritzpistolenkünstler, die darin geübt sind, Töne durch Abdeckfolie hindurch aufeinander abzustimmen, werden wohl über den Grad der Ungleichmäßigkeit erstaunt sein.

Übung 6

Wiederholen Sie Übung 5, aber statt eine gleichmäßige Tönung quer über das ganze Rechteck anzustreben, versuchen Sie eine gleichmäßig abgestufte Grauskala zu erzielen. Fangen Sie zuerst dunkel an, und lassen Sie jedes Quadrat heller unregelmäßiger Abstufung in sich noch heller werden. Fangen Sie danach hell an, und lassen Sie die Quadrate zunehmend dunkler werden.

Übung 7

Zeichnen Sie einen Kreis, und unterteilen Sie ihn in mehrere Sektoren, die vom Mittelpunkt ausgehen. Bedecken Sie ihn mit Abdeckfolie, und schneiden Sie die Sektoren aus, aber lassen Sie sie noch aufliegen. Schneiden Sie einen identischen Kreis mit genau den gleichen Sektoren auf einem anderen Bogen Abdeckfolie, der noch auf dem Schutzpapier ist. Nun entfernen Sie einen Sektor und spritzen ihn so, daß er nahe dem Mittelpunkt des Kreises dunkel ist, in seinem mittleren Abschnitt hell verläuft und zum Kreisumfang hin eine Zwischentönung annimmt. Wenn die Farbe trocken ist, bedecken Sie diesen Sektor mit einem Stück Folie des Duplikats und nehmen die Abdeckung von dem nächsten Sektor ab. Spritzen Sie diesen in einer anderen Farbe, aber wiederum so, daß er in der Kreismitte dunkel ist, dann heller verläuft und nach außen wieder dunkler wird. Decken Sie ihn ab, wenn er trocken ist, und wiederholen Sie diesen Vorgang mit jedem Sektor, jeweils in einer anderen Farbe. Dann entfernen Sie die ganze Maske; das Ergebnis sollte ein Kreis mit vielen Farben sein, dunkel in der Mitte und nach außen hin hell und wieder dunkel verlaufend – wobei die einzelnen Sektoren jeweils gleich intensiv getönt sind (6.28). Die Intensität der Farben, die unter der Abdeckung sind, miteinander in Übereinstimmung zu bringen, ist wohl die schwierigste Farbabstimmung beim Spritzen überhaupt.

Freihändiges Spritzen

Übung 8

Zeichnen Sie ein einfaches Gitternetz, und spritzen Sie einen kleinen Tuschepunkt an jeden Schnittpunkt; variieren Sie die Größe der Punkte, indem Sie den Abstand der Spritzpistole von der Malfläche ändern. Als nächstes nehmen Sie ein leeres Blatt Papier und spritzen ohne die Hilfe des Gitters Tuschepunkte in der gerade umrissenen Gitteranordnung. Wenn Sie das gut können, rekonstruieren Sie das Gitter, indem Sie gerade, dünne Linien möglichst gleichmäßig durch die Reihen zeichnen.

Übung 9

Kaufen Sie sich ein einfaches Kindermalbuch, bei dem die Umrisse durch Verbinden einzelner Punkte selbst gezeichnet werden müssen, und führen Sie die Übungen aus, indem Sie die Linien mit der Spritzpistole ziehen.

Übung 10

Zeichnen Sie eine Reihe von konzentrischen Halbkreisen mit einem Bleistift und Zirkel. Nun spritzen Sie freihändig jede Linie so genau wie möglich in einer anderen Farbe. Es mag zum Beispiel interessant sein, ein Regenbogenmuster zu schaffen. Alternativ dazu spritzen Sie die Flächen zwischen den Linien, jede Fläche in einem Zug mit möglichst geringer Überlappung. Auch hierbei kann man vielleicht wieder einen Regenbogen herstellen (6.29).

Übung 11

Zeichnen Sie eine dünne Tuschelinie auf ein leeres Blatt Papier. Dann spritzen Sie einen gleichmäßigen mittleren Ton auf einer Seite der Linie und halten dabei die andere Seite so frei von Tusche wie möglich. Freihändig ist das schwierig. Die beste Methode ist, in der Nähe der Linie die Spritzpistole dicht über dem Papier zu halten, und je weiter man von ihr wegkommt, allmählich großzügiger zu spritzen. Dadurch wird weitgehend verhindert, daß Farbe auf die andere Seite der Linie sprüht, wenn es auch Sorgfalt erfordert, den Ton gleichmäßig zu treffen.

Übung 12

Nehmen Sie eine einfache Schablone, etwa eine Ellipse. Legen Sie sie auf ein Blatt Papier, und zeichnen Sie mit Bleistift ihre Umrisse. Dann spritzen Sie diese Fläche freihändig, wobei möglichst wenig Farbe daneben gehen soll. Nun spritzen Sie die ganze Malfläche mit Ausnahme der Ellipse und achten wieder darauf, daß so wenig wie möglich auf die Ellipse sprüht. Dieser letzte Schritt kann auch in einer anderen Farbe ausgeführt werden, wenn die erste Farbe trocken ist, oder auf einem anderen Blatt. Die Bleistiftlinie bleibt zur Kontrolle Ihrer Genauigkeit.

Übung 13

Spritzen Sie freihändig einfach die Umrißlinie eines Quadrates mit etwa 10 cm Seitenlänge. Dann spritzen Sie ein anderes, etwas kleineres Quadrat im Umriß innerhalb des ersten. Spritzen Sie ein weiteres innerhalb diesem und noch eines darin, bis die Umrisse schließlich so klein werden, daß Sie den Vorgang nicht weiterführen können; das letzte Quadrat werden Sie ausfüllen, anstatt es nur im Umriß zu zeichnen. Wiederholen Sie die Übung, diesmal mit immer kleineren konzentrischen Kreisen.

Übung 14

Nehmen Sie einen großen Bogen Papier, und spritzen Sie einen großen Kreis, ohne vorher den Umriß zu zeichnen. Machen Sie einfach eine sichere Bewegung mit der Spritzpistole, und spritzen Sie schnell und gleichmäßig.

Keine dieser Übungen ist leicht, seien Sie also nicht entmutigt, wenn es Ihnen schwer fällt, perfekt zu werden. Vergleichen Sie einfach Ihre Leistungen über mehrere Versuche hin, und sehen Sie, wie Ihre Fähigkeiten sich entwickeln und verbessern.

7 Spezielle Anwendungsbereiche

Die Retusche

Das Retuschieren von Fotos erfordert ein anderes Vorgehen als die meisten übrigen Spritzarbeiten: In der Regel geht man von einer freien Malfläche aus und baut ein Bild auf; beim Retuschieren hat man dagegen schon ein Bild und ändert es dann ab. Dieses Kapitel befaßt sich daher mit Abänderungen, und die erläuterten Methoden gelten nicht unbedingt nur für die Arbeit mit Fotografien, wenn auch ihr weitaus größter Anwendungsbereich auf diesem Gebiet liegt. Die Fotoretusche ist wahrscheinlich die wichtigste Funktion der Spritzpistole; am Anfang ihrer Entwicklung spielte sie bei der Fotomontage, beim Kolorieren und der Porträtfotografie eine wichtige Rolle. Die Spritzpistole bietet in Verbindung mit der Fotografie eine Reihe von eindrucksvollen Effekten, und es lohnt sich sehr, sich einige alte Abzüge zum Experimentieren zu besorgen, nur um zu sehen, was man alles machen kann.

An dieser Stelle ist eine Warnung angebracht: Die Spritzpistole wird ein gutes Foto nicht verbessern, sondern lediglich verändern. Unnötiges Spritzen kann die ursprüngliche Arbeit des Fotografen nur ruinieren, wenn die Fotografie schon akzeptabel ist. Erfahrung ist notwendig, da die Retusche unangenehm auffällt, wenn sie zu grob ausgeführt worden ist. Man braucht bloß einmal eine Zeitung mit Anzeigen durchzublättern, die auch in exklusiven Zeitschriften erscheinen. Häufig wurde dasselbe Foto verwendet und dabei das Original in Farbe wiedergegeben und eine retuschierte Version schwarzweiß in der Zeitung. Sehr oft fällt die gespritzte Retusche im Vergleich zum Original als übertrieben auf. Der Zweck bei der Retusche eines durchschnittlichen Pressefotos besteht aber nicht darin, die Details der Szene mit größter Klarheit zu zeigen, auch nicht darin, das Retuschieren zum Nachteil des Fotos selbst zu demonstrieren.

Unsere Warnungen sollen dazu dienen, daß Sorgfalt und Umsicht bei der Anwendung der Retusche walten. Es soll hier deutlich werden, daß Vertrautheit mit den grundlegenden Spritztechniken beim Retuschieren wenigstens so nötig ist wie bei jeder anderen Anwendung der Spritzpistole, vielleicht sogar noch nötiger, denn bei einem Foto muß sehr viel leichthändiger gespritzt werden als bei einem grafischen Werk. Abänderungen erfolgen gewöhnlich in ganz geringer und subtiler Weise und erfordern Präzision und Sorgfalt, im Gegensatz zu den großen Zügen und Strichen, wie sie in anderen Bereichen angewandt werden. Ein retuschiertes Foto für grafische Zwecke zu nehmen ist in der Tat nicht unbedingt leichter, als das ganze Bild mit der Spritzpistole zu erstellen. Eine Form oder ein Gesicht auf einem Foto umzugestalten erfordert genauso große Kenntnis von Schatten und Komposition wie das eigenständige Malen des ganzen Bildes. Warum ist die Fotoretusche dann so weit verbreitet? Welches sind in der Gebrauchsgrafik ihre spezifischen Anwendungsbereiche?

Presse

Wir haben gesehen, daß der Zweck der Retusche eines Pressefotos darin liegt, die wichtigen Details klar herauszubringen; das erfordert in der Regel, irrelevante Aspekte in den Hintergrund zu rücken, damit sich die zentralen Details abheben. Es können auch bestimmte Merkmale besonders betont werden, entweder um der Klarheit willen oder um dem Foto größere Wirkungskraft zu verleihen. Die Kamera lügt also nie? Die Retusche kann dazu benutzt werden – und wurde auch schon dazu benutzt –, die Bedeutung eines Pressefotos ganz und gar zu ändern.

Modellaufnahmen

Die Entfernung von Schönheitsfehlern bei Porträtaufnahmen war schon immer eine der Hauptanwendungsbereiche für die Retusche. Zu Anfang dieses Jahrhunderts ging man sehr behutsam mit ihr um, indem man die Gesichtsfarbe des Dargestellten ein wenig auffrischte und Fleckchen und Unvollkommenheiten beseitigte. Aber heute gehen die Herausgeber von Männer- und Modemagazinen – von dem Bereich der Werbung ganz zu schweigen – soweit, die ganze Form einer Figur umzumodellieren, indem sie z. B. Brüste vergrößern oder Fett von den Hüften wegnehmen. Bei einer Zeitschriftenreklame ist es leichter, einen ansprechenden Eindruck eines Augenmake-ups zu vermitteln, wenn das Modell erst fotografiert und das Make-up dann aufgespritzt wird. Die Gründe dafür sind nicht unbedingt unehrenhaft. Bei der Reproduktion in einer Zeitschrift wird ein aufgespritztes Make-up die tatsächliche Farbe der Kosmetik möglicherweise genauer wiedergeben. Es kann auch sein, daß das gleiche Foto erneut Verwendung findet, um andersfarbige Make-ups zu demonstrieren. Häufig dient ein derartiges Vorgehen natürlich dazu, der fertigen Anzeige den entscheidenden Pfiff zu geben, damit sie direkt ins Auge fällt. Die gleiche Methode wird auch bei anderen Produkten angewandt, etwa bei Sonnenbrillen. Das Modell wird mit einem leeren Brillengestell fotografiert, und die Tönung der Gläser fügt man erst hinterher hinzu.

Produktpräsentationen

Ähnliche Prinzipien liegen dem Aufpolieren von Fotografien bestimmter Produkte zugrunde (7.1–2). Industrieerzeugnisse werden für Broschüren oder Handbücher fotografiert und dann retuschiert. Dabei wird gewöhnlich der Hintergrund ausgeblendet (vor allem wenn das Objekt an Ort und Stelle in der Fabrik inmitten anderer Geräte aufgenommen wurde), und unter Umständen werden bestimmte wesentliche Details hervorgehoben, um die wichtigen Komponenten aufzuzeigen. Rost und Farbe werden überdeckt, und alle Metallflächen bekommen bei der Retusche einen extra Glanz. Für Zeitschriften- oder Plakatanzeigen muß das Produkt natürlich makellos aussehen. Glasflaschen zum Beispiel oder selbst Zigarettenpackungen lassen sich nur sehr schwer ohne Reflexe oder Unebenheiten fotografieren. Wenn eine Zigarettenpackung in Plakatgröße wiedergegeben wird, muß ihre Darstellung unbedingt perfekt sein, und die Retusche ist oft die einzige Möglichkeit, das zu erreichen.

Mode

Mit die häufigste Anwendung im Bereich des Retuschierens erfährt die Spritzpistole bei der Entfernung unerwünschter Farbreflexe in Modeanzeigen. Wenn ein Modell zum Beispiel ein weißes Oberteil und einen roten Rock trägt, ruft die Rockfarbe beim Fotografieren im Oberteil rote Reflexe hervor, die nachher weggespritzt werden.

Architektur

Die Retusche wird verwendet, um in Entwürfen für Baustellen ein Stück Architektur hinzuzufügen oder wegzunehmen (S. 92; 5.3). Das kann entweder auf dem Originalfoto selbst oder auf einem Stück Deckfolie gemacht werden.

Allgemeine Verwendungsmöglichkeiten für Reproduktionszwecke

Abgesehen von diesen speziellen Anwendungen gibt es einige Retuschiermethoden, die für die meisten Formen der Reproduktion brauchbar sind: das direkte Entfernen unwesentlicher oder störender Elemente; die Erweiterung eines Fotos, um ein vorgegebenes Format auszufüllen; die Restaurierung alter oder beschädigter Fotografien, entweder zum Abfotografieren oder zum Reproduzieren; das Retuschieren von Fotos, die von gerasterten Vorlagen reproduziert werden sollen, um Moiréeffekte zu vermeiden; oder das Umkehren von Beschriftung auf einem Foto, das seinerseits hinterher umgekehrt wird, so daß die Schrift richtig lesbar ist. Mit Hilfe der Spritzpistole kann eine Fotografie fast alles aussagen, was man will.

Kreative Anwendungen

All diese Techniken können Anwendung finden, und mit etwas Experimentierlust stößt man auf zahllose weitere. Fotomontage ist eine verbreitete Anwendung (das folgende gilt für jegliche Art von Collage): Man sammelt die Elemente zusammen und übersprüht die Ränder der einzelnen Stücke, nachdem man sie aufgeklebt hat. Dadurch werden die Ränder verschleiert, und man kann nur schwer erkennen, wo ein Element endet und ein anderes anfängt, die unterschiedlichen Teile werden also zu einem Ganzen zusammengefügt.

Retuschiertechniken

Man sollte ein oder zwei Punkte beachten, bevor man sich ans Retuschieren begibt: Soweit möglich, ist es ratsam, einen zusätzlichen Abzug der zu retuschierenden Fotografie zum Vergleich zu haben. Wenn man mitten in der Arbeit steckt und gerade ein Maschinenteil retuschiert und dabei Abdeckfolie und Farbe Teile des Fotos verdecken, ist das nicht der rechte Zeitpunkt für die Feststellung, daß man eigentlich gar nicht weiß, welches Stück Stahlrohr wichtig ist und welches nicht. Das muß vor Arbeitsbeginn geklärt sein. Außerdem ist beim Retuschieren Sauberkeit besonders wichtig. Das Auge mag Flusen und Staub bei einem gemalten Bild übersehen, aber bei einer Fotografie erwartet der Betrachter eine völlig ebene Fläche und entdeckt daher jeglichen unbeabsichtigten Staub. Staub muß deshalb von den Retuschefarben ferngehalten werden, und Deckfolien müssen sauber und ohne Fingerabdrücke sein (die sie leicht bekommen). Wenn man dabei nicht sehr sorgfältig ist, hat es wenig Zweck, die Retusche auszuführen.

Vollständiges Abdecken

Dieses Verfahren ist einfach: Das Foto wird wie ein halbfertiges Bild behandelt, die Fläche, auf die es ankommt, wird mit einer Maske überdeckt und der Rest gespritzt – eine normale Anwendung des negativen Maskierens. Es sollten deckende Farben verwendet werden, oder aber Deckweiß und Deckschwarz. Die meisten Grafiker machen die Erfahrung, daß man die Grautöne, die für die Schwarzweiß-Retusche hergestellt werden, eigentlich nicht alle braucht. Tempera- oder Acrylfarben sind für Farbretuschen genauso gut geeignet wie spezielle Retuschefarben.

Manches Abdecken oder Wegretuschieren ist auf fotografischen Negativen genauso möglich wie auf Abzügen; allerdings wird die Negativretusche gewöhnlich nur auf großformatigen Negativen vorgenommen, und die einzige Art der Retusche ist dabei eigentlich das Abdecken. Es spielt keine Rolle, ob man Deckweiß oder Schwarz dafür verwendet, die Abdeckung läßt jedenfalls kein Licht mehr durch. Aber es gibt auch Probleme, sowohl mit dem Maskieren als auch mit dem Bearbeiten kleiner Flächen. Die Negativretusche lohnt sich im Grunde nur, wenn mehrere Abzüge hoher Qualität vom retuschierten Negativ gemacht werden sollen. Ansonsten ist es besser, einen vergrößerten Abzug zu nehmen, ihn zu retuschieren und abzufotografieren.

Für jemanden, der kreativ experimentieren will, gibt es eine Alternative: Wenn man mit einem Spritzradierer ein Negativ retuschiert, ist es dadurch möglich, mehr Licht an den bearbeiteten Stellen durchzulassen. Dieses Gebiet ist noch nahezu unerforscht, es lassen sich aber einige interessante Resultate erzielen.

Beim Arbeiten auf dem Negativ, dem Positiv oder einer Deckfolie, ob für Reproduktionszwecke oder nicht, muß man immer darauf achten, nicht tiefer zu schneiden, als die Maske dick ist, das heißt, nicht in die Bildoberfläche zu schneiden, denn bei Fotografien kann man den Einschnitt sehen. Sie bekommen an solcher Stelle einen scharfen weißen Rand, der sich sehr von dem Bild selbst abhebt. Folien als Maske lassen ohnehin einen harten Rand entstehen, was bei einer Flüssigmaske nicht so sehr der Fall ist, weshalb man ihr meistens den Vorzug gibt.

Anlegen eines Verlaufs mit einem Wattetupfer

Beim Wegretuschieren gibt es eine Alternative für das Maskieren, die auch verwendet werden kann, um eine Fläche schwarz verlaufen zu lassen. Man präpariert ein entsprechend großes Wattestäbchen und tupft es je nachdem in Wasser oder einen geeigneten Verdünner. Dann wird die auszublendende Fläche freihändig gespritzt und die überschüssige Farbe mit dem Wattestäbchen verwischt; das mag in den meisten Fällen ausreichen. Für exakte Detailarbeit ist es allerdings ratsam, einen Pinsel zu nehmen, ihn in den entsprechenden Verdünner zu tauchen und überschüssige Farbe von schwierigen Rändern wegzuwischen. Danach kann man die restliche Farbe mit einem Wattestäbchen verwischen. Um auf diese Weise ein Detail ganz abzudecken, sprüht man wiederholt und wischt den Farbüberschuß jedes Mal weg, damit sich nicht zuviel Farbe ansammelt, bis die gewünschte Fläche vollständig verdunkelt ist. Durch einmaliges Anwenden dieser Methode ergibt sich auf einer Fläche ein schwarzer Verlauf, ohne daß sie ganz abgedeckt ist (7.3).

7.1 vorher

7.2 nachher

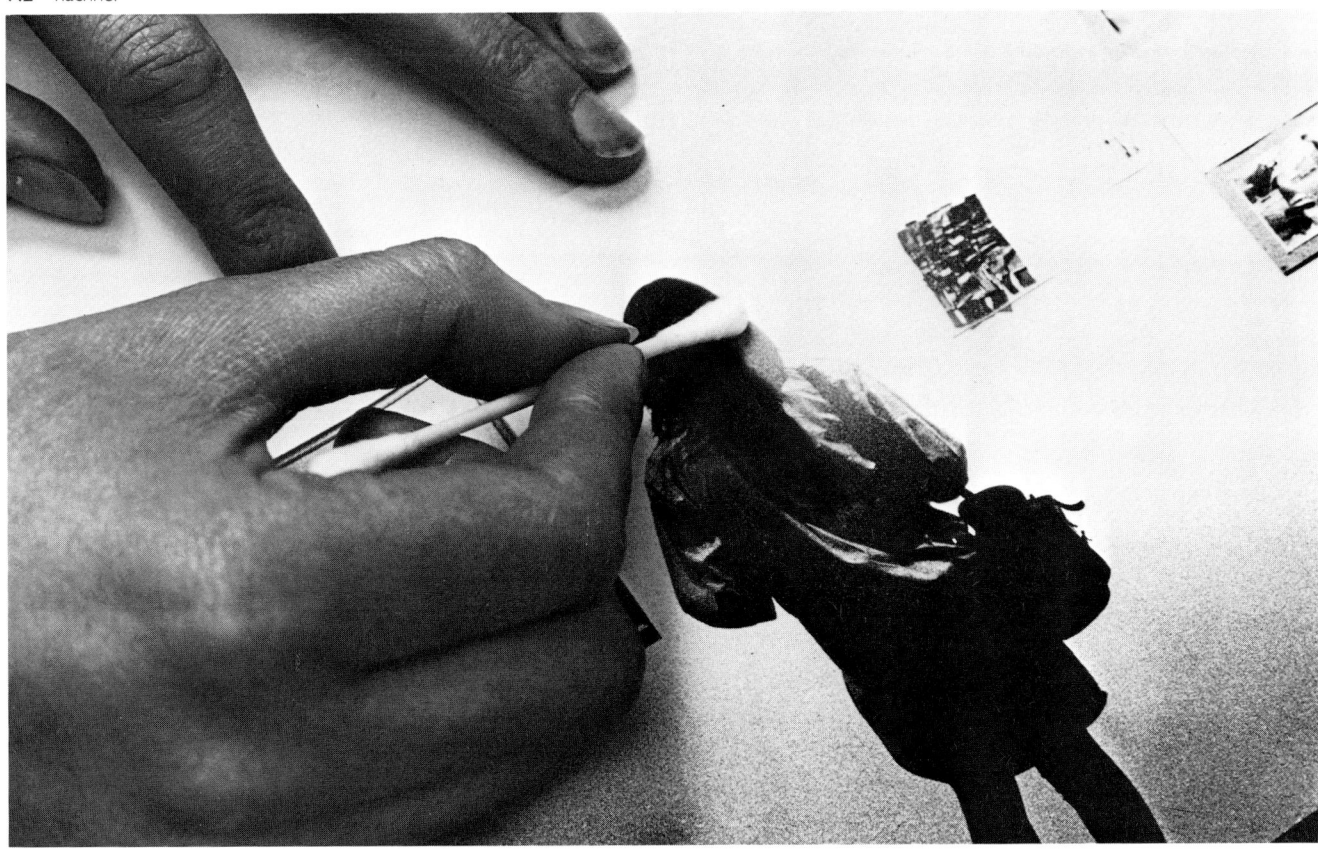

7.3

7.4

Kombination eines Fotos mit einem gemalten Bild

Es ist ziemlich einfach, den Hintergrund eines Fotos wegzuretuschie-
ren und ihn durch einen neuen, mit der Spritzpistole angelegten zu
ersetzen (7.4): Man retuschiert die Fläche wie oben beschrieben und
nimmt sie dann als Malfläche für die Spritzarbeit. Diese Art der
Kombination ist natürlich nicht auf Hintergründe beschränkt.

Restaurierung alter Fotografien

Dies ist ein Beispiel, bei dem freihändiges Arbeiten eine sehr große
Rolle spielt, es ist jedenfalls der Verwendung von Masken soweit wie

7.4 Peter Barry, Schallplattencover

möglich vorzuziehen. Man kann fehlerhafte Stellen und Risse auf
einem Original nicht einfach überspritzen. Bei einem alten Foto ist das
schon aus moralischen Gründen unerwünscht, zumal diese Behand-
lung auch seinen Wert mindern würde. Man fotografiert das Foto
also erst ab und spritzt dann über die unbefriedigenden Stellen.
Dabei spritzt man so, als ob man das Bild erst neu schaffen würde.
Um die Spritzarbeit mit der spezifischen Beschaffenheit des Fotos –
Körnung oder Oberflächenstruktur – in Einklang zu bringen, braucht
man sehr viel Erfahrung. Dies ist keine Aufgabe für den Amateur; da
man jedoch nicht auf der Originalfotografie arbeitet, kann man, wenn

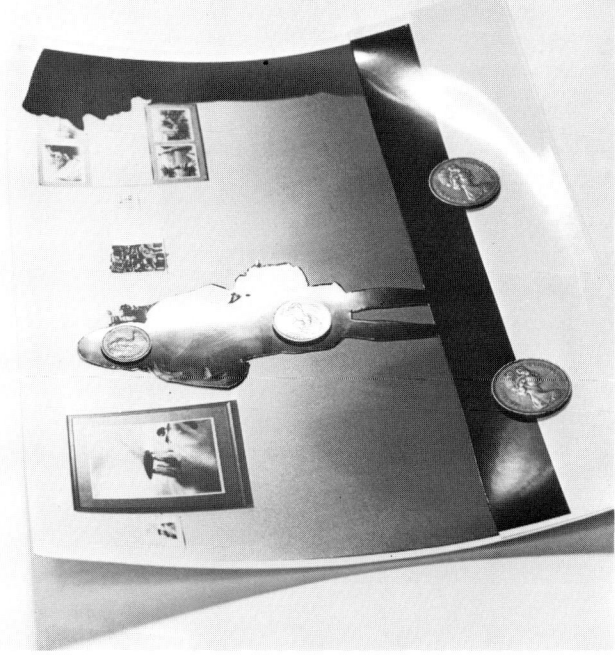

7.5

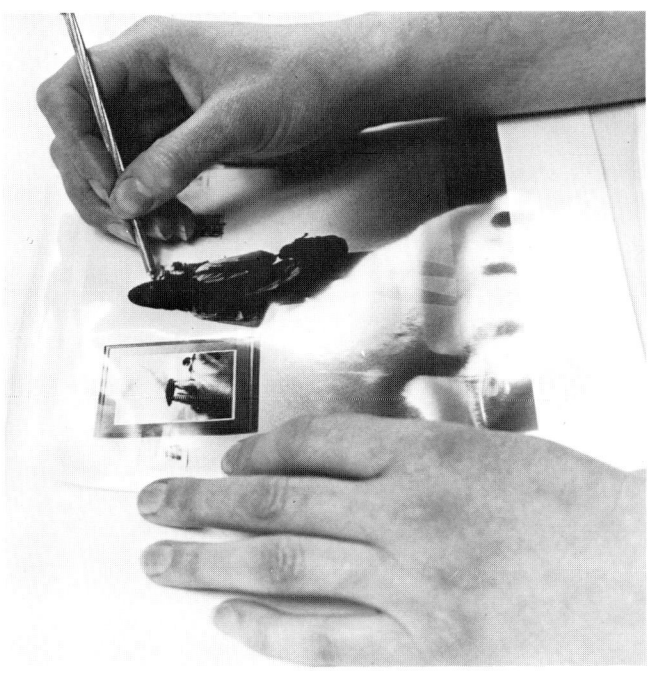

7.6

es schief geht, wenigstens einen neuen Abzug machen und von vorne anfangen.

Arbeit für die Reproduktion mit grobem Raster

Bei Anwendungsbereichen wie in der Zeitung, wo mit grobem Raster reproduziert wird, ist Feinheit überflüssig. Die Nuancen des Originalfotos können sogar verloren gehen, da die Töne dazu neigen, etwas zu verschmelzen. Man sollte also großzügig arbeiten: Wenn etwa auf einem Foto eine Jacke einen ähnlichen Farbton wie der Hintergrund hat, und beide Tonwerte in der Reproduktion ineinanderverlaufen würden, fügt man mit der Spritzpistole recht grob Kontraste hinzu.

Zusätzliche Hinweise

Abdeckung. Um das Schneiden von Folie und damit verbundene Risiken für die Bildoberfläche zu vermeiden, kann man ein flüssiges Abdeckmittel nehmen oder aber Abzüge des Fotos. Machen Sie mehrere Kopien des Fotos, mit dem Sie gerade arbeiten, und schneiden Sie die Maske auf einem anderen Abzug zurecht. Diese legen Sie dann auf den benutzten Abzug und beschweren sie mit Münzen (oder Bleiklötzchen) zum Spritzen (7.5). Die Ränder werden ein klein wenig weicher sein als bei dem Foto selbst.

Wenn Sie Angst haben, zu tief in die Abdeckfolie einzuschneiden, ist dünne, nichtklebende Folie eine Alternative. Legen Sie diese Folie auf die Oberfläche, und markieren Sie die abzudeckende Fläche mit einer feinen Graviernadel (7.6). Dann nehmen Sie die Folie ab und schneiden entlang der markierten Linie. Man kann die Folie dann mit Gummilösung (oder Fixogum) auf dem Foto befestigen oder wieder beschweren und mit der Arbeit beginnen.

O. R. Croy schlägt in seinem ausgezeichneten Buch ›Retouching‹ eine weitere Möglichkeit vor, die in Verbindung mit der Spritzpistole angewandt werden kann, und zwar einen Abdecklack. Nach seinem Rezept werden zwei Teile Leinöl mit einem Teil Benzin und einem Teil Kreide aufgekocht. Das Resultat ergibt ein flüssiges Abdeckmittel; man streicht es auf und spritzt dann. Dieser Lack, der übrigens wasserfest ist, läßt sich ohne Spuren mit einem in Benzin getränkten Wattebausch entfernen.

Weiche Ränder. Sehr weiche Ränder, etwa für Wolken, lassen sich mit einem Stück auseinandergezupfter Watte oder grobem Löschpapier als Abdeckung erzielen (S. 89; 4.25).

Farben. Es ist besser, zuwenig als zuviel Farbe zu nehmen (man kann mehr hinzufügen); und es ist nicht ratsam, Schwarz und Weiß auf der bearbeiteten Fläche selbst zu mischen, um den gewünschten Grauton, den man beim Retuschieren benutzt, zu erzielen. Farbe sollte immer vor dem Spritzen gemischt werden.

Das Retuschieren hat viele Varianten, aber in jedem Fall ist eine grundsätzliche Vertrautheit mit den allgemeinen Spritztechniken entscheidend. Daran führt kein Weg vorbei.

Drucke

Obgleich die Spritzpistole eigentlich schon immer intensiv bei der Vorbereitung von Arbeiten für die fotografische Reproduktion zum Einsatz kam, wird ihr Einsatz im Bereich des Originaldrucks erst seit ein paar Jahren erprobt. Originaldrucke sind ein spezielles und geschätztes Genre, an dessen Herstellungsverfahren ein Künstler direkt beteiligt ist. Er macht die Gravur, trägt die Farbe auf seine eigene Lithografie auf oder fertigt seine eigenen Farbauszüge an. Im allgemeinen wird er für die Erstellung des Entwurfs verantwortlich sein, bis dieser für den Druck fertig ist, und er wird den Entwurf möglicherweise sogar selbst drucken. Ein Bild einem Drucker zum Farbauszug und zur Reproduktion vorzulegen ergibt noch keinen

Originaldruck, sondern lediglich ein reproduziertes künstlerisches Werk.

Dieser Anwendungsbereich der Spritzpistole ist jung, und neue Möglichkeiten werden ständig entwickelt. Einige der im folgenden erwähnten Neuerungen sind während der Zeit der Arbeit an diesem Buch aufgekommen. Die Liste gibt eine ganz aktuelle Übersicht der gegenwärtig verwendeten oder in der Entwicklung begriffenen Methoden; sie wird allerdings wohl zwangsläufig bald wieder überholt sein.

Schablonen

Die einfachste und direkteste Art des Druckens, die auch schon in einigen der ersten Herstellerkataloge vorgeschlagen wurde, war der Gebrauch von Schablonen für solche Zwecke wie Vitrinenschilder oder Einladungskarten, wobei dicker Karton als Abdeckung genommen wurde. Das Aufkommen der Abdeckfolie hat sehr komplexe Masken ermöglicht. Wenn sie für Drucke verwendet wird, bedeutet das, daß deren Anzahl durch die Lebensdauer der schwächsten aller verwendeten Folienschablonen begrenzt wird, was die Auflagenhöhe oft auf weniger als dreißig beschränkt. Denn ein Stück Abdeckfolie kräuselt sich nach einiger Zeit an den Rändern und verliert an Haftvermögen, bis es unbrauchbar wird. Eine haltbarere Alternative zur Folie ist eine geätzte dünne Metallplatte.

Eine billige Presse für Schablonendrucke kann man aus einer Grundplatte mit einer drehbaren Klappe, in der ein Loch in der Größe des gewünschten Bildes ist, herstellen. Dieses Loch wird dann mit einem Stück Abdeckfolie bedeckt und die Form ausgeschnitten. In der Regel wird wenigstens eine Schablone pro Farbe erforderlich sein. Die Bildfläche wird dann zwischen die Platte und die Klappe gelegt und genau eingepaßt, so daß sie exakt in der richtigen Position liegt, und die relevante Fläche wird gespritzt. Das Stück wird dann herausgenommen, ein neues eingelegt und der Vorgang wiederholt. Wenn die Serie durch ist, wird die Schablone entfernt, die nächste genommen und die ganze Serie erneut mit einer anderen Farbe gespritzt. Mit dieser Methode kann man auf gezielte, einfache und effektive Weise seine eigene Originalkolorierung herstellen. Jeder Druck wird ein wenig anders als der vorhergehende sein, da es praktisch unmöglich ist, jedesmal mit genau der gleichen Stärke und dem gleichen Umfang zu spritzen.

Daher können keine identischen Drucke produziert werden; aber Einzeldrucke, bei denen jeder individuell und verschieden von den übrigen ist (indem etwa jeder eine andere Farbe hat), lassen sich auf diese Weise leicht herstellen. Wie auf Seite 107 (6.6) in dem Abschnitt über rationell genutzte Abdeckung bemerkt wurde, braucht die Schablone nicht die Grenzen des Spritzauftrages festzulegen. Innerhalb der zum Spritzen abgedeckten Fläche ist Platz für Verläufe und freie Bereiche; jeder Druck kann also durch unterschiedlich starkes und ausgedehntes Spritzen innerhalb der gleichen ausgesparten Flächen variiert werden (7.10). Handgefärbte Lithografien und Radierungen sind weitere Anwendungsmöglichkeiten für diese Technik.

Linolschnitte

Der Spritzradierer ist für diese und andere Arten von Drucken ein vielseitig verwendbares Instrument. Obgleich er sich nicht für das Schneiden selbst verwenden läßt, das mit dem entsprechenden Werkzeug ausgeführt werden muß, kann der Spritzradierer die Struktur von Reliefflächen verbessern, indem er zum Beispiel eine marmorierte statt einer glatten Fläche auf dem endgültigen Druck erzeugt.

Holzschnitte

Die Schnitte, die bei diesem Verfahren in das Holz gemacht werden, sind steil und tief. Auch hierbei kann man mit dem Spritzradierer die Oberfläche bearbeiten, aber auch für den Gebrauch der Spritzpistole bestehen besondere Möglichkeiten. So läßt sie sich nach dem Schneiden beim Auftrag der Druckfarbe auf die Reliefflächen verwenden, wodurch auch Verläufe erzielt werden können. Da die Druckfarbe, die auf die tieferen, geschnittenen Bereiche sprüht, nicht abdrucken wird, weil sie dort zu weit von der Druckfläche entfernt ist, kann man freihändig spritzen, ohne Probleme durch zuviel Farbe befürchten zu müssen. (Diese Technik läßt sich nicht ohne weiteres bei Linolschnitten verwenden, da die Schnitte in dem Linoleum nicht tief genug sind, um zu gewährleisten, daß die Farbe, die auf die geschnittenen Bereiche gesprüht wurde, nicht mitabdruckt.)

Siebdrucke

Bei diesem Verfahren werden fotografische Abzüge als Schablonen direkt auf ein aufgespanntes Sieb gemacht. Die Spritzpistole kann allerdings bei der Anfertigung eines Farbauszuges verwendet werden, oder um nach den Probedrucken Korrekturen an den Negativen, die bei der Gestaltung der Siebe benutzt werden, vorzunehmen (7.7). Dabei handelt es sich dann um eine Retusche (S. 119–123); bei der Anfertigung eines Farbauszuges kann es auch erforderlich sein, auf Glas zu spritzen.

Jede Farbe wird durch einen fotografischen Filter genau bestimmt und dann durch ein diffus gesprenkeltes Halbtonsieb geleitet, das dadurch geschaffen wurde, daß mit deckender Farbe Punkte unter sehr geringem Druck auf Glas gespritzt wurden. Bei den resultierenden Positiven wird dann je nach Bedarf Farbe weggekratzt oder zusätzlich gespritzt. Andrew Holmes ist ein Künstler, der mit dieser Methode sehr komplexe und individuelle Arbeiten anfertigt; ›Zukkerhütte‹ (7.8) ist z. B. ein auf diese Weise ausgeführter Zwölffarbendruck.

Wenn man durch ein Seidensieb hindurchspritzt, wird die Farbe nach ein oder zwei Spritzvorgängen die feinen Maschen verstopfen und so jegliche Feinheit, die der Drucker erwartet haben mag, zunichte machen. Diese Methode erfordert daher ein regelmäßiges Abtupfen des Siebes mit einem saugfähigen Papier. Die Nachteile sind wohl größer als irgendein möglicher Gewinn.

Lithografien

Bei diesem Druckverfahren wurde ursprünglich ein Stein in einem bestimmten Muster gewachst und dann befeuchtet. Das Wachs nahm die fetthaltige Druckfarbe an, aber der feuchte Stein stieß sie ab, so daß die wachshaltige Fläche abdruckte, wenn man einen Bogen

Papier auf den mit Druckfarbe eingewachsten Stein preßte. Heute wird anstelle des Steines im allgemeinen eine Zinkplatte verwendet.

Das Wachs bestimmt daher positiv den Entwurf. Eine gängige Alternative zu Wachs ist fetthaltige Farbe, die mit einer Spritzpistole versprüht werden kann, wenn sie verdünnt ist. Sie kann direkt auf die Platte zum Druck aufgebracht werden, entweder freihändig oder mit Abdeckung. Man nimmt wieder eine Platte pro Farbe. Wenn Druckfarbe hinzugefügt und weggepreßt wird, lassen sich erstaunlich exakte und feine Drucke erzielen (7.9). Der Spritzradierer kann außerdem verwendet werden, um lithografische Platten zu reinigen. Mit einer Spritzpistole kann man also eine Zeichnung sowohl auftragen als auch abnehmen.

Gravuren

Beim Gravieren wird ein Entwurf mit einem scharfen Werkzeug in eine Platte eingeschnitten, Farbe aufgetragen und dann wieder abgewischt, so daß sie nur in den Einschnitten verbleibt. Beim Drucken ist das eingravierte Muster positiv, da im fertigen Druck jeder Schnitt als eine Farblinie oder -fläche herauskommt. Der Spritzradierer ist selbst in erster Linie ein Gravierwerkzeug und kann bei Verwendung von harten Schleifmitteln ohne weiteres zum Gravieren eines Entwurfs für den Druck benutzt werden.

Radierungen

Bei dieser Methode wird Wachs auf eine Platte aufgetragen. Diese wird anschließend in Säure gelegt, so daß die nicht gewachsten Flächen weggeätzt werden. Nach dem Ätzbad wird das Wachs wieder entfernt, so daß die Stellen, die gewachst waren, sich reliefartig abheben. Nun walzt man Druckfarbe über die ganze Platte und wischt diese dann wieder ab, so daß nur noch die tiefen, ursprünglich ungewachsten Flächen farbig sind. Beim Druck auf feuchtes Papier bilden diese ungewachsten Flächen die Zeichnung.

Die Spritzpistole läßt sich verwenden, um verdünntes Wachs auf die Platte zu spritzen. Dies hat aber den Nachteil, daß jeder Strich der Spritzpistole eine Fläche bestimmt, die schließlich nicht gedruckt wird; mit anderen Worten, die Spritzpistole wird negativ angewandt.

Der Spritzradierer kann bei Radierungen ebenfalls zur Anwendung kommen. So ist es möglich, Wachs auf die gesamte Platte aufzutragen und mit einem weichen Schleifmittel wieder zu entfernen, so daß der Spritzradierer in diesem Fall die Zeichnung positiv bestimmt. Der Spritzradierer und die hier erwähnten Farbspritztechniken können auch vielseitig bei dem Mezzotintoverfahren benutzt werden.

Spezialgebiete

Materialien bei der Malerei

Ein großer Teil dieses Buches befaßt sich mit Techniken, die bei der Malerei angewendet werden können, aber es sollte noch ein Wort über die Medien und Bildträger hinzugefügt werden. Die Spritzpi-

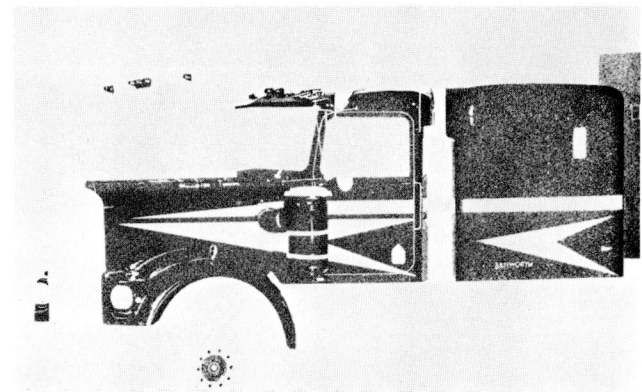

7.7

stole kann auf jedem gängigen Bildträger, also auf Leinwand, Papier, Kunststoff usw. und mit den herkömmlichen Medien verwendet werden. Die Autoren haben mit Eitempera, Tusche, Wasserfarben, Acryl, Öl, Alkyden, sogar mit traditionellen chinesischen Tuschen und japanischen Farben und Lacken erfolgreich gespritzt. Unterschiedliche Medien können mit oder ohne Abdeckung kombiniert werden, und zwar in Verbindung mit jeder normalen Technik.

Die schwereren Farben müssen allerdings wirksam mit den richtigen Verdünnern verdünnt werden, sonst kann das Gerät verstopfen. Öle und Alkyde sind, wenn sie gespritzt werden, schädlich und oft sogar giftig, ein gut belüfteter Raum ist also nötig. Auch eine Gesichtsmaske ist unbedingt erforderlich, eine Gasmaske wäre aber noch besser. Bei schweren Farben muß der Druck erhöht werden, und das hat einen Rückstoß zur Folge.

Die in den vorangegangenen Kapiteln gezeigten Techniken können alle angewandt werden. Wenn Sie jedoch die Bildseiten 30–63 betrachten, werden Sie sehen, daß es Aufgabe des wahren Spritzpistolenkünstlers ist, die Grenzen dessen, was vorher geschaffen wurde, zu durchbrechen, neue Wege zu finden und soviel wie nur möglich zu experimentieren, anstatt nur feste Formeln zu befolgen. Es gibt die Spritzpistole erst seit neun Jahrzehnten, vieles bleibt also noch zu entdecken.

Illustrationsgrafik

Die grafischen Techniken und Anwendungsmöglichkeiten für Illustrationen sind weitgehend in den vorigen Kapiteln dargelegt worden; dabei ist jedes Medium von Tusche über Gouache (7.11) bis hin zu Öl geeignet. Der einzige Unterschied zur malerischen Handhabung ist der, daß Gebrauchsgrafiker unter Umständen für einen bestimmten Zweck schnell und leicht einen Effekt erzielen wollen, wie etwa ein Sternlicht oder einen Glanzschimmer.

Der Grund für das unterschiedliche Vorgehen von Malern und Grafikern ist einleuchtend. Ein Künstler, der relativ freizügig über seine Zeit verfügt, kann die Spritzpistole und die jeweilige Aufgabe etwas anders angehen als der Illustrator, der feste Termine hat.

Einzelne Layouts für Demonstrationszwecke

Dies ist im Grunde eine Erweiterung der grafischen Technik. Beim Wettbewerb um ein Projekt vermag die Spritzpistole einem Produkt

7.8

ein wirkungsvolleres und realistischeres Aussehen zu geben, als dies mit einer einfachen Strichzeichnung erreicht werden kann, da die Spritzpistole leichter und effektiver den gewünschten Eindruck im Kopf des Kunden hervorruft. Sie erzielt Glanz und ein professionelles Aussehen, was ganz entscheidend ist in unserer so sehr auf Wettbewerb ausgerichteten Umwelt.

Das gilt gleichermaßen für Demonstrationsmaterial bei Handelsmessen, Ausstellungen und Vorträgen. Dazu benötigt man nicht mehr als technische Grundkenntnisse für zwei- und dreidimensionales Arbeiten.

Schilder lassen sich ebenfalls gut mit der Spritzpistole beschriften. Wenn man die Flächen um die Buchstaben herum abdeckt, also eine Art Schablonenmaske herstellt, kann man beim Spritzen beliebig viele Farben verwenden. Jede normale Farbe, die entsprechend verdünnt werden kann, läßt sich benutzen, und das Resultat wird sehr viel eindrucksvoller sein, als wenn man die Farbe mit dem Pinsel aufträgt.

7.8 Andrew Holmes, Zuckerhütte. Siebdruck

◁ 7.9 Paul Wunderlich, Selbstporträt, 1977. Farblithografie, 65 × 50 cm

7.10 Seng-gye, Schablonendruck ▷

7.11 Sue Saunders, Greenpeace Grußkarte. Gouache auf Karton ▷

7.9

7.10

7.11

Plastik

Dieser Abschnitt bezieht sich auf alle dreidimensionale Dekoration, und Sie sollten die allgemeinen Techniken an entsprechender Stelle im Buch nachschlagen (S. 103). Ein paar Hinweise und Informationen können aber noch hinzugefügt werden.

Die Spritzpistole wird dabei auf vielerlei Weise verwendet, egal ob die Plastik nun als gekrümmte Malfläche behandelt und einfach verziert wird oder ob bestimmte Merkmale des Objektes eine besondere Betonung oder gar Überpointierung erhalten. Die Form des Objektes kann sogar unterschwellig verleugnet werden, indem eine weiche Schattierung, die keine Pinselstriche erkennen läßt, angebracht wird. Die Farbe zeichnet dabei eine Form, die mit der konkreten Form des Objektes kontrastiert. Dadurch wird eine Reihe von Effekten und Täuschungen möglich. Es ist dabei im allgemeinen nützlicher, keine Ablenkung durch Pinselstriche hervorzurufen, denn die Farbwerte der Oberflächen und Formen können dann erhalten werden. Dies ist insbesondere bei figurativen Arbeiten der Fall, wo es, sofern ein Stück überhaupt gefärbt werden soll, darauf ankommt, den Ton und die Farbe des Modells zu treffen.

Jedes Objekt hat seine eigenen Lichter und Schatten, aber durch Schattierung lassen sich einige Effekte verstärken. Auf einem geformten Gesicht zum Beispiel könnte die Tiefe der Wangen durch die wohlüberlegte Hinzufügung einer Schattierung ein wenig gesteigert werden. Man kann den Effekt jedoch leicht übertreiben. Außerdem ist es nicht ratsam, solches auf Ecken und runden Rändern zu versuchen, es sei denn, das Stück soll nur von einer Seite aus betrachtet werden. Flache oder konkave Flächen sind in der Regel geeigneter.

Die Spritzpistole kann genauso vielseitig und problemlos verwendet werden wie der normale Pinsel; eine ganze Reihe flüssiger Farben eignet sich zum Spritzen, sofern sie zur Oberfläche passen. Wenn man mit undurchlässigen Flächen arbeitet, ist es am besten, sie genug aufzurauhen, damit die Farbe einen Halt bekommen kann; andere, saugfähigere Materialien erfordern unter Umständen einen Dichtungsanstrich und eine Grundierung vor dem Spritzen.

Keramik

Fast jeder Spritzpistolentyp kann für die Dekoration von Keramik benutzt werden, aber die Modelle mit doppelter Hebelfunktion und größeren Düsen oder diejenigen mit einfacher Hebelfunktion werden gewöhnlich bevorzugt, da es schwierig ist, manche Farben durch eine feine Düse in der nötigen Dicke aufzutragen. Es ist wohl vorteilhaft, eine Spritzpistole mit einfacher Hebelfunktion und großer Düse zum Glasieren zu nehmen. Sie läßt sich besser steuern als die kleineren industriellen Spritzgeräte, die oft für diesen Zweck empfohlen werden, und ermöglicht auch eine ausreichende Verbreitung der Sprühfarbe.

Mit Übung sollte es möglich sein, die richtige Konsistenz nicht nur für das Spritzen von eigentlichen Keramikfarben, sondern auch von Schlicker- und Emailfarben zu erreichen. Damit ergibt sich eine ziemliche Auswahl an möglichen Farben. Die Konsistenz ist oft ein entscheidender Faktor; wenn man einige Glasuren zu dünn spritzt, ist die Oberfläche von Wasser durchtränkt. Das kann dazu führen, daß die Poren des Tons sich schließen, was wiederum bewirkt, daß

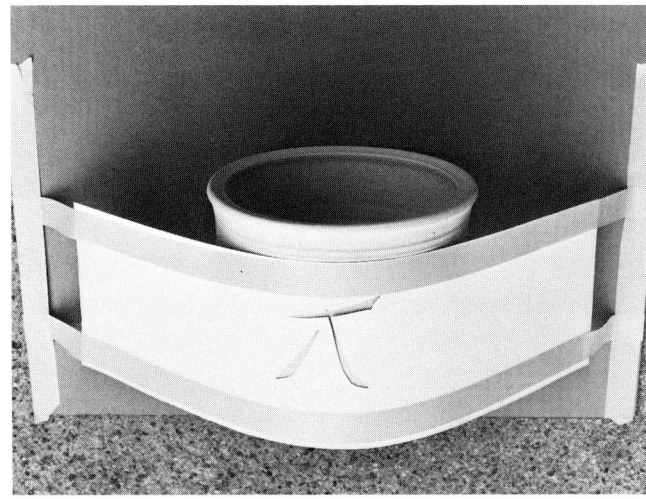

7.12

weitere Farbschichten sich beim Brennen nicht richtig festigen, so daß sie abblättern.

Fingerabdrücke auf Tonwaren, die bemalt werden sollen, müssen auf jeden Fall vermieden werden. Die beste Sicherheitsvorkehrung ist irgendeine Drehscheibe – eine Töpferscheibe würde ausreichen –, so daß man von allen Seiten spritzen kann, ohne mit der Hand an das Objekt zu gehen. Mit bestimmten speziellen Töpferfarben lassen sich interessante Effekte erzielen, indem man einige Farbflächen mit leicht angefeuchteten steifen Pinseln oder einem Glasfiberradierer entfernt, je nachdem, was geeignet ist. Glanzlichter in der originalen Tonfarbe lassen sich auch erzielen, indem man mit einem Metallwerkzeug die Farbe abschabt.

Trockene Abdeckung kann verwendet werden – Karton ist meist am einfachsten –, aber solche, die Klebemittel oder -streifen benötigt, sollte man vermeiden. Es ist möglich, eine Maske zu machen, die sich an der Seite über die Ränder des Objekts hinausstreckt; wenn das Objekt auf einer Fläche liegt, kann die Maske dann auf ihr befestigt werden, so daß der Gegenstand zwischen der Abdeckung und dem Untergrund eingeklemmt ist (7.12). Andernfalls muß die Abdeckung gehalten oder entsprechend abgestützt werden.

Bei der Restaurierung von Tonwaren können verdünnte Ölfarben zur Dekoration verwendet werden, vorausgesetzt, das Stück muß nicht noch einmal gebrannt werden. Ansonsten dichtet man die Risse soweit nötig ab und trägt eines der oben erwähnten Farbmedien auf, wobei man die freiliegenden Flächen freihändig oder unter Verwendung einer Abdeckung ausfüllt.

Wenn Sie mit Farben und Abdeckung experimentieren, sollten Sie alle grundlegenden Techniken, die bisher beschrieben wurden, anwenden können, wobei Sie Keramik als dreidimensionale oder gekrümmte zweidimensionale Flächen behandeln. Mit der Spritzpistole läßt sich eine Vielzahl von dekorativen Effekten erzielen. Auch wenn viele Hersteller nicht wollen, daß es bekannt wird: ›Handbemalt‹ bedeutet oft, die Keramik ist in Wirklichkeit ›überspritzt‹.

Autobemalung

Nicht alle speziellen Autobemalungen erfordern die Spritzpistole; man sollte zum Beispiel keine verwenden, um ein Auto ›metallic‹ zu lackieren. Es ist schon viel über das Bespritzen von Autos geschrieben worden; für einen vollständigen Überblick sollte man ein spezielles Handbuch zu Rate ziehen. Hier werden wir uns lediglich mit der Spritzpistolentechnik befassen.

Es gibt drei allgemeine Verwendungszwecke für die Spritzpistole: szenische Darstellungen (7.13–14), spezielle Effekte (7.15–18) und bestimmte Arten von Lacküberzug. Bei dem letzteren handelt es sich gewöhnlich um das Anbringen einer weichen Linie oder eines verwischten Randes um einen Teil der Verkleidung, wobei mehr Feinheit und Steuerung erforderlich sind, als sie mit einem einfachen Spritzgerät erreicht werden können. Bezüglich spezieller Effekte verweisen wir auf die Abschnitte weiter unten. Wenn man unternehmungslustig ist und etwas Besonderes erzielen will, kann man versuchen, einige der ungewöhnlichen Effekte, die in dem Abschnitt über Plastik erwähnt sind, anzuwenden.

Grundsätzlich sollte Autobemalung als zweidimensionale Darstellung auf einer gekrümmten Oberfläche angesehen werden. Bestimmte Punkte müssen dabei beachtet werden. Der wichtigste ist, daß ein Bild auf einem Auto wenigstens soviel Sorgfalt und Rücksicht erfordert, wie wenn es auf Holz oder Leinwand ausgeführt würde. Ein gut vorbereiteter Untergrund ist von entscheidender Bedeutung, denn man möchte schließlich keine Rostbläschen unter seinem Meisterwerk haben. Am besten entfernt man die Farbe restlos von der Oberfläche und schneidet alle Rostflächen heraus, erneuert sie und übersprüht sie dann wieder. Man nimmt die Spritzpistole erst, wenn mehrere Lagen Farbe dick aufgetragen sind; die kreative Spritzarbeit wird hinterher besser aussehen und halten, wenn eine ausreichende Anzahl von Farbschichten darunter ist. Wenn der Wagen neu ist, entfernt man etwaiges Wachs, da es farbabstoßend ist; dann (und das macht man auch, wenn man den Wagen neu gespritzt hat) reibt man vorsichtig eine sehr feine Schleifpaste über die Farbe, um sie etwas aufzurauhen, damit der Spritzauftrag haften kann.

Ob man freihändig oder mit Abdeckung arbeitet – es ist in jedem Fall angeraten, das Bild so sorgfältig auszuführen wie auf einer Leinwand. Einige Autobemaler tragen das Design in *einem* Spritzdurchgang auf, aber das sieht im Endeffekt dünn und wenig gekonnt aus und ist außerdem leicht zu beschädigen. Wenn man die Darstellung oder den Effekt fertig hat, benötigt man viele weitere Lackschichten, um das Bild zu schützen und die optische Tiefenwirkung zu verstärken. Es ist nicht ungewöhnlich, daß 30 bis 40 Überzüge auf eine Bemalung aufgetragen werden.

Autolacke, Acryllacke und Karosseriefarben sind auf diesem Gebiet zum Spritzen geeignet. Die meisten Profis verwenden die beiden letztgenannten, da sie lichtechter sind als herkömmliche Lacke; wenn man zwei Monate mit einer Autobemalung beschäftigt war, möchte man nicht, daß sie verblaßt, bevor das Jahr um ist. Es wird sich daher lohnen, die gegenseitige Verträglichkeit der verwendeten Farben zu testen, um sicher zu gehen, daß eine unbesorgt auf eine andere aufgetragen werden kann.

Beispiele für spezielle Effekte

Wiederholtes Anwenden einer Kartonschablone

Eine relativ einfache Kartonschablone kann ein eindrucksvolles fortlaufendes Muster hervorbringen. Eine einfache Ellipse oder eine Schnecke oder eine Welle lassen sich durch Überlappung in ein faszinierendes Muster umwandeln, insbesondere wenn mehr als eine Farbe verwendet wird. Wiederholte Halbkreise zum Beispiel können Fischschuppen bilden (7.16). Man kann auch ein einfaches Muster, zum Beispiel eine Reihe von Wellen in einer Farbe, mit einem anderen kreuzen, etwa mit V-Formen, die sich durch eine andere Farbe abheben.

Strukturierte Schabloneneffekte

Als Schablonen benutzte Fischnetzstrümpfe, Spitze, ein über einen Rahmen gespanntes Drahtnetz (7.15) oder sogar ein Netzunterhemd führen zu strukturierten Mustern, die ideal für das Bedecken großer Flächen sind. Die Schablone sollte dabei straff über den Untergrund gespannt sein und vor dem Spritzen mit Klebestreifen befestigt werden. Nach dem Spritzen wird sie erst entfernt, wenn die Farbe trocken ist. Man folgt entweder dem Muster oder spritzt die ganze Fläche. Insbesondere ein Spitzenmuster kann dem Endresultat ein raffiniertes und professionelles Aussehen verleihen; dennoch ist die Technik außergewöhnlich einfach.

Man kann auch ein Muster als Schablone mit Klebestreifen auf dem Untergrund abkleben, so daß sich eine fortlaufende Linie ergibt, die dann mit der Spritzpistole nachgezogen wird. Die Farbe spritzt dabei etwas an den Seiten der Abdeckung vorbei (es ist in der Regel am besten, sehr nah über der Oberfläche zu arbeiten, damit dieses Danebengesprühte einen begrenzten, exakten Farbauftrag ergibt). Wenn der Klebestreifen entfernt wird, ist das Ergebnis ein negatives Muster, das durch dünne, besprühte Flächen auf beiden Seiten gebildet wird. Der Prozeß kann mehrere Male, jeweils mit anderen Farben, wiederholt werden.

Spinnwebeffekt

Dies ist wohl der einfachste Effekt überhaupt. Man benötigt ein Hochdruckluftsystem – bis zu 4 oder 4,8 bar – und ein einfaches Spritzgerät oder eine Spritzpistole mit einer großen Düse. Man nimmt unverdünnte, dickflüssige Farbe, wie etwa Emailfarbe, und spritzt mit hohem Druck durch eine weite Düse. Die Farbe wird sich in geädertem Fadenmuster auf der Malfläche festsetzen. Art und Komplexität des Netzmusters können durch Änderung des Abstandes der Spritzpistole zur Malfläche oder durch Verändern der Nadelstellung variiert werden. Wenn die Farbe nicht dick genug ist, um ein wirkungsvolles Netz zu bilden, läßt man sie eine Weile stehen,

7.13

damit der Verdünner leicht verdunstet. Das Muster wird eine reliefartige Struktur haben; man kann es anschließend mit klarem Lack überziehen, wenn man will, und die Oberfläche glatt schleifen.

Kreise und spinnenartige Kleckse

Ein ausgefüllter Kreis läßt sich erzielen, indem man die Spritzpistole einfach dicht über der Malfläche hält und einen kurzen, konzentrierten Farbstoß spritzt. Er wird ungefähr einen Kreis bilden; ein zu kurzes Spritzen reicht nicht aus, um einen richtigen Kreis zustande zu bringen, und ein zu großer Ausstoß wird den Kreis verlaufen lassen. Ein wenig Übung ist alles, was man braucht, um perfekte Kreise erzielen zu können.

Der spinnenartige Klecks ist im Grunde ein zersprühter Kreis. Man spritzt den Kreis wie zuvor und blockiert dann die Farbzufuhr, so daß ein konzentrierter Luftstoß auf den Kreis trifft. Das wird die Ränder des noch feuchten Kreises in spinnenartigen Linien auseinanderlaufen lassen; das Ganze sieht am Ende etwa wie ein Wuschelkopf aus. Nimmt man mehr oder weniger verdünnte Farben und variiert dabei den Luftstrom, dann lassen sich unterschiedliche Formen dieses Effekts erzielen.

Modellbau

Es gibt mehrere Gründe für die Popularität der Spritzpistole auf diesem Gebiet. Ein Modell kann alles bis hinunter zu einer 1:72-Verkleinerung des Originals sein; Pinselstriche und eine falsche Farbstruktur wird man daher sehen. Die meisten Originale wurden selbst zum Schluß gespritzt – Autos, Panzer und Flugzeuge zum Beispiel –, aufgespritzte Farbe ist also nicht nur unauffällig, sondern auch eine Kopie der beim Original verwendeten Technik (7.21). Außerdem ist es bei richtiger Verdünnung möglich, auf das Modell eine Farbschicht zu spritzen, deren Dicke zu der auf dem Original im richtigen Maßstab steht.

Einige Punkte, die allgemein für alle Spritzarbeit gelten, sind hier von besonderer Bedeutung. Als erstes sollte man dafür sorgen, daß die Farbe ausreichend schmutzfrei ist. Da in feinen Details gearbeitet wird, muß Schmutz unter allen Umständen vermieden werden. Beim Farbwechsel wird die Spritzpistole sorgfältig gereinigt, und die Umgebung, in der man arbeitet, muß unbedingt so staubfrei wie nur möglich sein. Schmutz auf dem Modell kann in der Relation einem Stein auf dem Original entsprechen!

Einige eifrige Modellbauer reiben sich die Pigmente selbst, um sicherzugehen, daß sie einen möglichst glatten Farbüberzug bekommen. Wenn man bedenkt, daß bei einem Modell im Maßstab 1 : 72 die Farbe 0,05 mm dick sein sollte, um das Verhältnis zu wahren, dann ist es kaum erstaunlich, daß man sich besondere Mühe gibt. Wenn man die Pigmente nicht selbst reibt, sollte man spezielle Farben für den Modellbau nehmen; in der Regel lassen sich diejenigen auf Emailbasis recht gleichmäßig und leicht spritzen. Farbverdünner verdunsten, auch wenn sie gelagert werden; Farben sollten daher regelmäßig überprüft werden.

Die Spritzpistole liefert eine glatte Lackoberfläche, die feine Details nicht auslöscht; sie verdeckt aber auch nicht schlechte Modellbauarbeit. Vor dem Spritzen sollte man überprüfen, ob alle Fugen richtig gefüllt und/oder geschmirgelt sind. Farbe, Fett oder Fingerabdrücke werden mit einer schwachen Waschmittellösung entfernt. Man sollte erst spritzen, wenn die zu bespritzende Oberfläche sauber und glatt ist.

Die Abdecktechniken sind beim Spritzen von Modellautos notwendigerweise sehr einfach, wie meist bei dreidimensionalen Objekten. Manche Teile, zum Beispiel Räder, lassen sich besser separat sprühen (7.19). Wenn man sehr kleine Teile vor dem Zusammenbau besprüht, kann der einfache Luftdruck schon ausreichen, sie wegzublasen. In diesem Fall klebt man das Bauteil leicht mit Klebeband oder einem Plastilinprodukt fest. Welche Art der Abdeckung man verwendet, bleibt einem selbst überlassen. Karton, Folie und flüssiges Abdeckmittel sind gleichermaßen geeignet; der Modellbauer kann auch Grafikklebebänder nehmen, die in verschiedener Breite ab 0,8 mm erhältlich sind. Abdeckband hat leicht rauhe Ränder, die am besten zunächst geglättet werden, damit sie die Arbeit nicht störend beeinflussen. Für sehr kleine Details nimmt man mehrere Schichten Flüssigmaske. Die Abdeckung wird vorsichtig mit einem Zahnstocher entfernt, wenn die Farbe trocken ist. Sie muß gut durchgetrocknet sein, bevor eine Maske aufgelegt wird, da diese sonst bei ihrer Entfernung etwas von der sehr dünnen Farbe ablösen wird.

Einige spezielle Effekte sind durchaus möglich, so zum Beispiel ein künstlich erzeugter Verwitterungseffekt. Das Modell wird in der gleichen Grundfarbe wie das Original angemalt; dann wird der normale Farbauftrag aufgebracht und in den gewünschten Bereichen abgetragen oder abgeschlagen; schließlich wird Rostfarbe hinzugefügt, um einen Effekt von Rost und Verwitterung zu erzielen.

Eine Oberflächenstruktur kann erzeugt werden, indem man feinen Staub als Schmutz auf die Grundierfarbschichten bläst, solange sie noch feucht sind, und dann darüber erneut Farbe sprüht. Ein Pinsel könnte solche Effekte verwischen, aber der Strahl der Spritzpistole ist leicht genug, um sie zu bewahren. Man kann die Spritzpistole bei Modellen für alles mögliche verwenden, von sehr feinen Linien bis hin zu einem Sprühauftrag aus so großer Entfernung, daß nur eine feine Staubschicht von Farbe sich absetzt. Wenn ein dicker Überzug erforderlich ist, dann ist es besser, mehrere dünne Schichten aufzutragen, die man zwischendurch jeweils trocknen läßt, als einfach nur eine dicke Schicht aufzusprühen.

Allgemein gilt auch hier, daß man soviel wie möglich experimentieren sollte. Der Zweck beim Verwenden der Spritzpistole im Modellbau besteht darin, ein genaues und passendes Ergebnis zu erreichen, das dem Original so ähnlich wie möglich ist, und dafür ist Experimentieren nützlich; dagegen kommt es bei der Detailarbeit sehr auf Geschick an. Das Ausmaß der Komplexität bei einigen Modellen sowie die Größe der zu bemalenden Fläche lassen vielleicht die Überlegung aufkommen, ob man nicht besser eine der spezielleren Spritzpistolen heranziehen sollte, statt eines billigeren Typs, der nicht ganz die gleiche Feinheit des Farbauftrags erreicht. Die Spritzpistole ist beim Malen von maßstäblichen Dioramen und Szenenbildern so brauchbar wie beim Spritzen der Modelle selbst.

Kolorieren von Fotografien

Im vergangenen Jahrhundert liebten die Menschen helle Farben auf ihren Fotografien, und diese wurden mit dem Pinsel in flotter, aber zugleich auch recht einfacher Art handkoloriert. Anfang dieses Jahrhunderts gab es schon die Farbfotografie, aber die eigentlichen Farben waren kaum erkennbar; sie ähnelten mehr einem geheimnisvollen Sepiadruck als dem, was wir uns heute unter einem Farbfoto

7.14

7.16

7.17

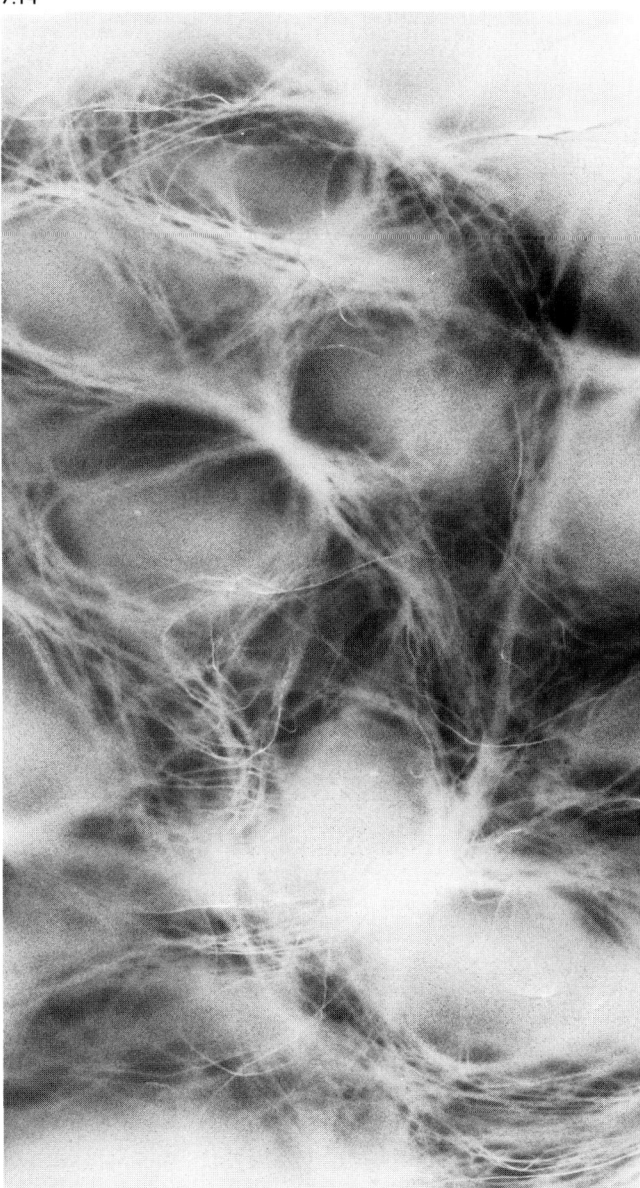

7.15

7.18

vorstellen. Um 1910 waren die einzelnen Farben klar, aber wenig kontrastreich. Erst die Spritzpistole brachte dem Koloriervorgang mit ihrer feinen und gleichmäßigen Farbverteilung eine deutliche Verbesserung.

Es gab noch andere Gründe für das Kolorieren. Die Farbfotografie war am Anfang kompliziert und zeitaufwendig, und so war es oft einfacher, ein Schwarzweißfoto zu kolorieren als eine Farbaufnahme herzustellen. Das kolorierte Foto erwies sich für die Reproduktion eigentlich immer als vorteilhaft (S. 15); denn es ersparte eine neue Aufnahme und war auch als Vorlage brillant genug. So waren die wunderbar bunten englischen Strandbadaufnahmen und die Kinofotos der vierziger und fünfziger Jahre alle koloriert. Auch heutzutage werden Schwarzweißfotografien noch gelegentlich handkoloriert (7.20).

Um einem Foto ein altes Aussehen zu geben, bleicht man das Schwarz aus, tönt mit Sepia ein und koloriert das Foto dann nach Bedarf. Exakte Abdeckung, die zu unnatürlich scharfen Rändern führen würde, sollte man vermeiden. Das Kolorieren eines Fotos ist in der Technik nicht anders als das Kolorieren irgendeines Kunstwerks, allerdings sind abdeckende Masken erforderlich. Zu spritzen und dann den Farbüberschuß mit einem Wattestäbchen wegzuwischen ist ein Verfahren, das hier nicht gut funktioniert, da auch vorher aufgetragene Farbe dabei mit entfernt werden kann. Um ein altes Aussehen zu erreichen, nimmt man Karton, Papier oder nichtklebende Folie als Maske; damit erzielt man eine nicht so scharfe Begrenzung. Dagegen ist Maskierfolienabdeckung für ein modernes Aussehen des Fotos besser geeignet.

Zeichentrickfilme

Die Spritzpistole wird gelegentlich bei der Herstellung von Zeichentrickfilmen verwendet, aber ihre Nutzung ist dabei eigentlich auf Hintergründe und Betitelung beschränkt. Was die Spritzpistole auszeichnet, feine und subtile Tonabstufungen, das ist den Gestaltern von Zeichentrickfilmen, die den gleichen Ton immer wiederholen müssen, ein Greuel. Mit der Spritzpistole ist es nahezu unmöglich, Formen und Töne zu wiederholen. Trotzdem haben einige Erneue-

rer Trickfilme mit der Spritzpistole geschaffen; einer von ihnen gewann 1975 einen Preis beim Filmfestival in Annecy.

Es gab früher ein weiteres Gebiet in der Filmbranche, für das die Spritzpistole gelegentlich verwendet wurde, heute ist diese Nutzungsform allerdings überholt: Eine Außenszene wurde so gedreht, daß die Kamera durch eine bemalte Glasscheibe, die als Umrandung diente, auf die Darsteller und die Handlung gerichtet war. Eventuell gewünschte Klippen oder Hügel wurden mit der Spritzpistole aufgemalt, die Szene selbst drehte man jedoch in ebenem Gelände. Der Kinobesucher sah die Szene dann in hügeliger Landschaft ablaufen. Heutzutage gibt es hierfür spezielle Filmschablonen und ganz professionelle Spezialeffekte.

Hintergründe

Dazu ist in der Regel Spritzarbeit auf Papier, Leinwand oder Trickfilmfolien erforderlich. Trickfilmfolien sind empfindlich und nehmen leicht Abdrücke an. Sorgfalt ist also angebracht; am besten trägt man bei der Arbeit dünne Baumwollhandschuhe. Jede Trickfilmfolie ist mit Löchern versehen, so daß sie sich exakt in der richtigen Position befindet, wenn sie auf eine gelochte Platte oder Stecktafel gelegt wird. Da sich ein Bild aus bis zu fünf Folien zusammensetzen kann (bei einer größeren Anzahl würde die Farbe zu dunkel), ist es wichtig, daß alle Folien exakt aufgereiht werden. Tonschwankungen spielen bei Hintergründen weniger eine Rolle, da sie im allgemeinen für mehrere Bilder verwendet werden, während Trickfiguren sich unter Umständen von Bild zu Bild bewegen; in diesem Fall wird die gleiche Hintergrundfolie erneut verwendet, aber eine andere Folie mit dem weiteren Handlungsablauf darüber gelegt. Die Arten des Hintergrundes variieren je nach Film sehr; so kann es sich um eine einfache Zeichnung, aber auch um eine detailreiche Darstellung handeln.

Titelgestaltung

Filmtitel werden manchmal durch Heißprägung mit Metalltypen, die mit der gewünschten Farbe versehen sind, auf Folie gedruckt. Gelegentlich wird die Betitelung auch mit der Hand hergestellt. Dabei kann die Spritzpistole für die Buchstaben selbst verwendet werden, was allerdings selten vorkommt; man verwendet sie jedoch für Schlagschatten oder andere Verzierungen an den Buchstaben.

7.19

Textilien

Flüssige Farbstoffe, Stoffarben, Bleichmittel und alle pastosen Farben, die verdünnt werden können, lassen sich auf vielerlei Weise mit einer Spritzpistole versprühen, vom Dekorieren eines noch im Webprozeß befindlichen Materials bis zur Bemalung von Bettwäsche (7.24). Die meisten Textilien sind besprühbar, vorausgesetzt, sie können vor dem Waschen oder Trockenreinigen ohne weiteres gefärbt und fixiert werden. Farbstoffe lassen sich nicht auf Textilien mit Appretur aufspritzen, es sei denn, die Appretur kann vorher entfernt werden, und auch nicht auf solche, die beim Waschen gefärbt werden müssen. Man darf nicht mit einem wasserlöslichen Farbstoff spritzen, wenn er nicht vor dem Waschen fixiert werden kann, auch nicht mit einem in Kohlenstofftetrachlorid löslichen Farbstoff, falls nicht vor dem Trockenreinigen fixiert wird. Der Farbstoff muß materialadäquat sein; so hat es keinen Zweck, eine Baumwollfarbe auf Nylon zu sprühen. Es ist immer ratsam, die Farbe auf einem kleinen Stück auszuprobieren, bevor man beginnt. Man kann dabei die Aufnahmefähigkeit des Materials prüfen, um die Ausbreitung der Farbe zu steuern.

Wenn man während des Webprozesses färben will, spritzt man die Kette, während sie auf dem Webstuhl ist. Es lohnt nicht, zuviel Details einzuarbeiten, da das meiste verloren geht, wenn der Schuß eingewoben wird. Fertiges Material kann mit geeigneten Farbstoffen bespritzt werden, wie es gerade liegt, ob in Falten, um bestimmte Strukturen zu erzielen, oder ausgebreitet für ein spezielles Dessin; es kann freihändig oder mit Schablonen gearbeitet werden. Für ein Dessin auf einem fertigen Kleidungsstück, das nicht durch Säume eingefaßt ist, braucht man bei der Arbeit eine Kleiderpuppe. Man geht vor wie beim Spritzen eines flächigen Musters auf einem dreidimensionalen Gegenstand und nimmt als Abdeckung, was gerade geeignet ist. Schablonen oder Karton für weiche Abdeckung, Folie oder Wachs für harte Ränder.

Beim Batiken wird das Material mit Wachs als Abdeckung präpariert (wie bei normaler Batikarbeit); aber es wird danach nicht einfach in den Farbstoff getaucht, sondern die Farbe wird aufgesprüht. Die Wachsabdeckung verleiht dem Dessin einen scharfen Rand, aber man kann innerhalb dieser Grenzen auch freihändig arbeiten, wenn man will, um Verläufe oder weiche Ränder anzubringen. Man kann außerdem beliebig viele Farben innerhalb des einen Dessins spritzen. Um einen solchen Effekt mit normalen Batikmethoden zu erreichen, benötigt man mehrere Wachsabdeckungen. Was den Gebrauch der Spritzpistole betrifft, so ist das Besondere bei Batik eigentlich nur die Verwendung einer einzigen Maske aus Wachs.

Mit diesen Methoden lassen sich beliebige handgemalte Stoffmuster erzielen; wenn man jedoch ein Muster wiederholt verwendet, wird es leichte Unterschiede in den einzelnen Abschnitten geben, da das freie Spiel der Spritzpistole nicht jedesmal identisch ist.

Bühnenbemalung

Viele Spritzpistolenhandbücher erwähnen Bühnenbemalung. In der Praxis, bei durchschnittlicher Bühnen- oder Fernseharbeit, ist jedoch die Feinarbeit, die die Spritzpistole leisten kann, viel größer als das Sehvermögen des Publikums oder der Kamera. In den meisten Fällen benutzt man ein einfaches Spritzgerät und gebraucht die entsprechenden Techniken für flächige und dreidimensionale Oberflächen, wie sie weiter vorne dargestellt wurden (Kapitel 5). Eine erwähnenswerte Ausnahme sind die Effekte der amerikanischen Rockgruppe ›The Tubes‹. Sie ist bekannt für ihre besonders gekonnte visuelle Präsentation, wobei sie ihre Kostüme (7.27) und Kulissen mit der Spritzpistole anfertigt.

Wandbemalung

Die Spritzpistole ist sehr gut für Wandbemalung innen und außen geeignet (7.28). Wenn man in großem Maßstab arbeitet, ist es ratsam, freihändig zu spritzen, da sehr scharfe Ränder unangebracht wirken. Die Techniken sind die gleichen wie für alle flächigen Arbeiten.

Fresken

Die herkömmliche Technik bei der Freskomalerei bestand darin, in noch feuchten Gipsputz zu malen; das führte zu einem Wandbild aus sehr kleinen Abschnitten, deren Größe davon abhing, wieviel der Künstler schaffen konnte, solange der Gips noch feucht war. Es gibt daher wohl gute Gründe, heutzutage Freskenmalereien mit der Spritzpistole auf den feuchten Gips aufzutragen. Die Spritzpistole vermag große Flächen relativ schnell zu bedecken, so daß sich ein derartiges Wandbild aus einer wesentlich geringeren Anzahl von Arbeitsabschnitten zusammensetzen würde als bei der traditionellen Freskotechnik.

Schablonierung

Jegliche Schablonierung von Türen und Möbeln kann mit der Spritzpistole ausgeführt werden. Gewöhnliches Sprenkeln führt zu einem kontrastlosen Auftrag; im Gegensatz dazu produziert die Spritzpistole Tonabstufungen. Wenn man auf einer dunklen Oberfläche arbeitet, lohnt es sich unter Umständen, eine helle oder weiße Grundfarbe aufzutragen, so daß die feinen, gespritzten Schattierungen nicht vor der Hintergrundfarbe verloren gehen. Bei gleichmäßigem und mit dicker Farbe ausgeführtem Sprenkeln stellt sich dieses Problem nicht.

Glasbemalung

Fenster

Muster und Figuren lassen sich mit der Spritzpistole leicht auf Glas spritzen. Wo mit viel Kondensation zu rechnen ist, wie bei dem Schaufenster eines Friseurs oder einer Sauna, wird die Darstellung hinterher durch die Kondensation an der Fensterscheibe nicht beeinträchtigt. Winzige zerstäubte Farbtröpfchen haften viel besser auf Glas als mit dem Pinsel aufgestrichene Farbe.

Wenn man beim Besprizen von Glas auf der Innenseite arbeitet und die Darstellung von außen gesehen werden soll, muß man sehr sorgfältig vorgehen. Der erste Farbauftrag wird, von der anderen Seite gesehen, der oberste sein. Man muß also daran denken, daß man von der obersten Schicht zum Hintergrund hin arbeitet. Das ist nicht weiter schwierig, wenn man einmal daran gewöhnt ist. Aller-

7.20 Bob Carlos Clarke, kreative Fotokolorierung

7.21 Ray Hasgood, gespritztes Modellauto

7.22 Mit Spritzbildern versehene Schaufenster

7.23 Querschnitt durch das menschliche Herz, eine mit der Spritzpistole angefertigte medizinische Illustration von Ri Kaiser

7.24 Auswahl von besprühten Stoffen und kunsthandwerklichen Erzeugnissen aus dem Miracles Design-Shop

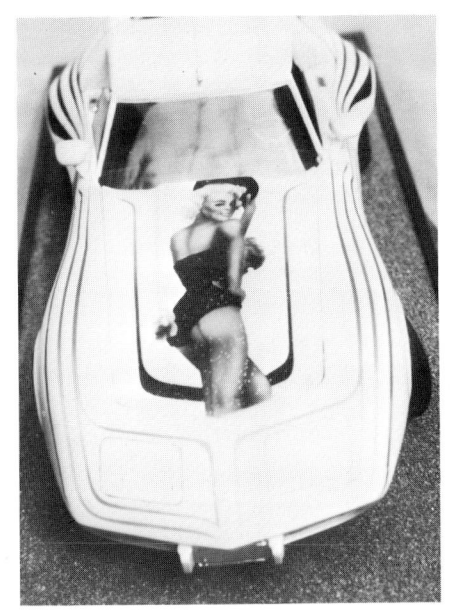

7.21

7.22

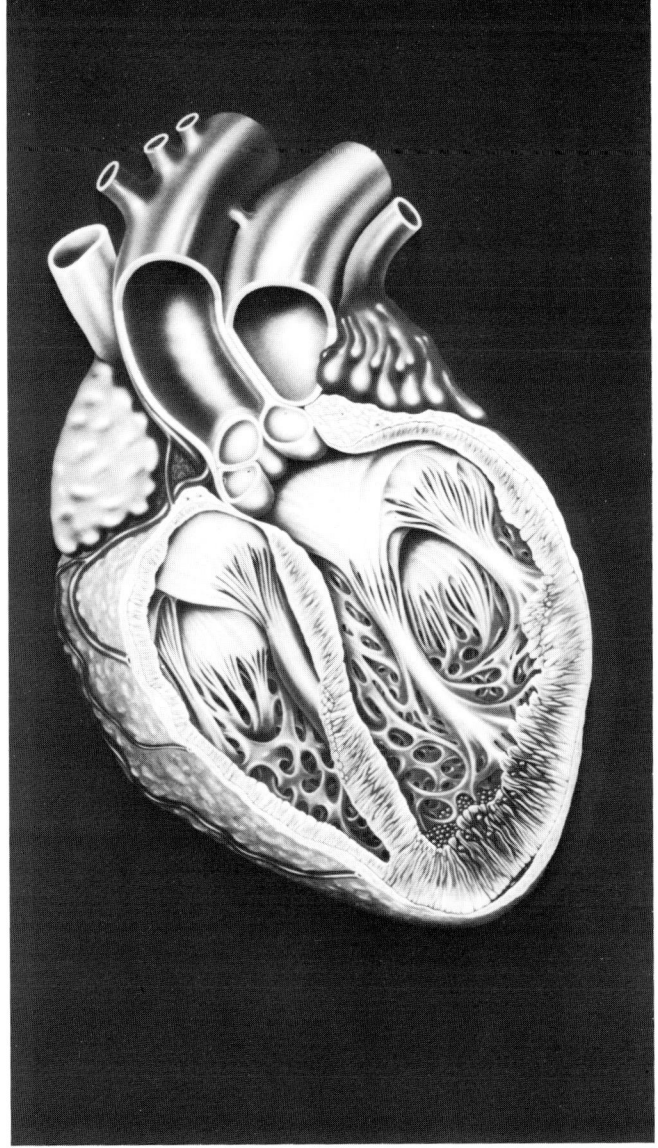

7.23

7.24

dings kann es Schwierigkeiten bereiten, genau zu sehen, was man malt. Wenn man ein Schaufenster besprüht, ist es durchaus möglich, den Entwurf auf der Außenseite der Scheibe aufzuzeichnen und dann innen die ganze Fläche abzudecken und die Maske entlang der gewünschten Linien auszuschneiden. Dann kann man nach und nach Schichten abnehmen, so daß man jeweils die neue, gerade aufgedeckte Fläche und die ganze schon vorher aufgedeckte Fläche spritzt.

Wenn die Darstellung am Ende von der Innenseite der Scheibe aus betrachtet werden soll, arbeitet man im allgemeinen von dunkel nach hell, wobei man ganz allmählich immer heller wird. Das von außen eintretende Licht wird von der dunklen Farbe abgehalten, auch wenn sie innen teilweise oder ganz übermalt wurde. So verfährt man auch, wenn das Licht von beiden Seiten gleich ist. Wenn große Flächen zu bearbeiten sind, lohnt es nicht, die Spritzpistole bei allen Arbeitsabläufen zu verwenden. Die Fenster mit den Tigerköpfen (7.22) wurden mit Aerosol und Spritzpistole ausgeführt; und manchmal ist es von Nutzen, einen Mundzerstäuber mit Antrieb zusätzlich oder anstelle des Aerosols zu nehmen. Was die Farbe betrifft, so sind Emailfarben besonders gut geeignet und manchmal sogar Glasfarben vorzuziehen, je nach den besonderen Umständen.

Hinterglasmalerei

Wenn man auf die Rückseite einer Glasscheibe, die gerahmt werden soll, spritzt, spielt es keine Rolle, ob man in einer bestimmten Reihenfolge vorgeht, obgleich es wohl doch am besten ist, vom Vordergrund zum Hintergrund hin zu arbeiten.

Glasgravur

Der Spritzradierer kann mit harten Schleifmitteln zum Gravieren von Glas benutzt werden. Der Amerikaner Denny Johnson hat auf diese Weise viele hervorragende Designs geschaffen (7.25).

Glasmalerei

Bei allen herkömmlichen Anwendungen und Techniken der Glasmalerei, bei denen flüssige Farbe verwendet werden kann, ermöglicht die Spritzpistole eine ganze Reihe von neuen Effekten.

Architekturprojektionen

In Verbindung mit einer Fotografie oder einer anderen Darstellung läßt sich die Spritzpistole sehr gut verwenden, um Kunden, Planungs-

7.25 Denny Johnson, speziell angefertigte Autofensterbemalung

7.25

beamten und anderen Interessierten einen ›realistischen‹ Eindruck davon zu vermitteln, wie ein Stück Architektur an Ort und Stelle aussehen wird. Diese klaren und deutlichen Darstellungen sind besonders für Leute, die mit dem Lesen von Plänen nicht vertraut sind, von Nutzen (5.3).

Auf Fotos können neue Gebäude hinzugefügt, wegretuschiert oder vor einen anderen Hintergrund gestellt werden. Wenn man will, können zwei Abzüge vorgelegt werden, einer ›vorher‹, der den Bauplatz in seinem ursprünglichen Zustand zeigt, und einer ›nachher‹, mit dem neuen Gebäude. Die Spritzpistole kann auch benutzt werden, um ein Foto zu retuschieren und so ein Gebäude möglichst vorteilhaft zu zeigen. Außerdem kann man durch die Anwendung der Techniken für dreidimensionale Objekte (S. 103) Architekturmodellen ein natürlicheres Aussehen verleihen.

Fließbandarbeit

Schon von Anfang an hat die Spritzpistole bei Fließbandarbeit Anwendung gefunden, zum Beispiel beim Lackieren von Spielzeugautos. Jeder Arbeiter hat eine Reihe von Farben und Strichen aufzutragen, und eine Gruppe von einigermaßen geschickten Leuten kann nahezu jedem Handelsartikel, der angemalt werden muß, ein Aussehen von Handarbeit verleihen. Dies ist eine gute Möglichkeit, um Massenartikeln eine individuelle Note zu geben (Puderdose, S. 17).

Kuchendekoration

Die Spritzpistole läßt sich auch gut verwenden, um Lebensmittel farbig zu dekorieren, insbesondere in Gestalt von Zuckergußverzierungen auf Kuchen. Einige Dinge müssen dabei beachtet werden; vor allem muß die Spritzpistole völlig sauber sein. Andere sollen das Produkt schließlich essen, und so attraktiv die Idee von eßbarer Spritzkunst auch sein mag, es hat keinen Zweck, wenn man seine Gäste vergiftet, weil sich in dem Gerät noch Spuren eines giftigen Mediums vor dem Zuckergußspritzen befanden.

Abdecken ist fast immer unmöglich oder erfordert mehr Mühe, als die Sache wert ist. Die abzudeckenden Flächen sind klein, empfindlich und in der Regel dreidimensional. Wenn man Zuckergußfiguren für einen Kuchen dekorieren will, sollte man sie zuerst besprühen und dann auf den Kuchen setzen; dadurch wird ein Danebensprühen vermieden. Grundsätzlich kann man den allgemeinen Prinzipien folgen, die vorne in dem Abschnitt über Arbeiten an dreidimensionalen Gegenständen beschrieben sind.

Einfärben von Gegenständen vor dem Fotografieren

Eine weitere Möglichkeit, die sich in Verbindung mit der Fotografie ergibt, ist das Kolorieren von Gegenständen, bevor sie fotografiert werden (5.39). Das ist eine Technik, die seit den sechziger Jahren vielfach in der Werbung, der Fotografik und auch in der Kunst angewandt wird, hauptsächlich um eine gewisse Künstlichkeit zu erzielen, so daß der betreffende Gegenstand auf dem Foto in einem Licht oder einer Farbe erscheint, die in der Natur unmöglich wären. In erster Linie kommen daher dreidimensionale Techniken zur Anwendung.

Fotografische Farben sind nicht unbedingt wirklichkeitsgetreu, und für Feinheiten muß man die Farbe übertreiben. Gewisse Aspekte müssen allerdings beachtet werden. So lohnt es sich zu testen, ob die verwendeten Farbmedien nicht von der Beleuchtung beeinflußt werden, und ob die Farben, die bei natürlichem Licht vielleicht gut aussehen, auch bei der Fotobeleuchtung die geeigneten sind. Man probiere dies zuerst aus; einige Minuten Zeitaufwand können hinterher Stunden sparen.

Diese Art der Bemalung kann die Oberflächenstruktur eines Objektes nicht wesentlich verändern. Dafür sollte vor dem Spritzen so etwas wie Ton genommen werden. Farbe hat natürlich ihre eigene Struktur, die die des Objektes beeinflußt; Acryl zum Beispiel kann einem Pfirsich ein künstliches Aussehen geben. Eine genaue Aufnahme wird diese Wirkungen festhalten, man sollte also die Struktur der Farbe mitberücksichtigen. Spritzpistolen zerstäuben das Medium jedenfalls feiner als Aerosoldosen oder einfache Spritzgeräte; wenn man diese verwendet, riskiert man einen ›Orangenhaut‹-Effekt – eine klumpige Oberflächenstruktur infolge schlechter Zerstäubung der Farbe.

Körperbemalung

Diese wird häufig für fotografische Zwecke aufgetragen, wird aber auch bei anderen Gelegenheiten, etwa bei Parties oder Revuen, oder für ungewöhnliche Make-ups genutzt. Generell kann man so spritzen, wie bei gewöhnlichen zweidimensionalen Darstellungen, muß aber folgendes beachten: Man muß prüfen, ob vor dem Auftragen der Farbe eine Grundierung erforderlich ist; es ist mit geringem Druck zu arbeiten – nicht über 2bar; man darf nur ungiftige Farben verwenden; man sollte keine Detaileffekte auf der Haut herstellen, die bei einer Bewegung des Modells zerstört werden; und man muß äußerst vorsichtig sein, wenn man irgendwo in der Nähe der Augen sprüht – der Sprühnebel der Spritzpistole kann weit reichen. Abgesehen von der Gefahr, daß Farbe ins Auge gerät, kann auch ein Luftstoß mit geringem Druck schon erstaunlich kräftig sein.

Abdecken ist in der Regel relativ leicht, solange man Hilfe bei dem Auflegen hat. Ein straff über den Körper gespanntes Stück eines Abdeckmaterials ermöglicht einen geraden Rand, und für spezielle Muster und Flächen eignet sich oft Karton. Körper zu bemalen kann sehr viel Spaß machen; befolgen Sie also die obigen Warnungen, und lassen Sie Ihrer Phantasie dann freien Lauf.

Chirurgie

Eine der erstaunlichsten und nutzbringendsten Verwendungen der Spritzpistole bietet sich in der Chirurgie an. Bei schwierigen Gehirnoperationen wird Latex als Schutzschicht auf empfindliches Hirngewebe gesprüht. Das ist nicht nur ein Beweis für die Findigkeit einiger Mediziner, sondern auch ein Kompliment an die Leistungsfähigkeit der Spritzpistole selbst, da es doch ihre Vielseitigkeit und ihre besonderen technischen Qualitäten zeigt, z. B. ihre Fähigkeit, steril zu bleiben und eine Oberfläche extrem fein zu beschichten, ohne sie zu berühren. Da sie hier zielgerichtet für feinste Arbeiten verwendet wird, muß sie natürlich auch einen höchst genauen Sprühstrahl liefern können.

Medizinische Illustration

Der Zweck medizinischer Illustration besteht darin, Teile des Körpers klar darzustellen und hervorzuheben, die auf einem Foto oder realiter betrachtet zunächst verwirrend wirken (7.23). Die Spritzpistole kann für diesen Anwendungsbereich in Verbindung mit gewöhnlichen grafischen Techniken sowohl zum Aufbau einer eigenständigen Arbeit als auch zur Retusche von Fotos verwendet werden.

Verschiedenes

Es gibt eine ganze Reihe weiterer Anwendungsmöglichkeiten für das Spritzen, die aber wenig zusätzliche, über die grundlegenden Techniken hinausgehende Informationen erfordern. Hier folgen einige der häufigeren Anwendungsbereiche:

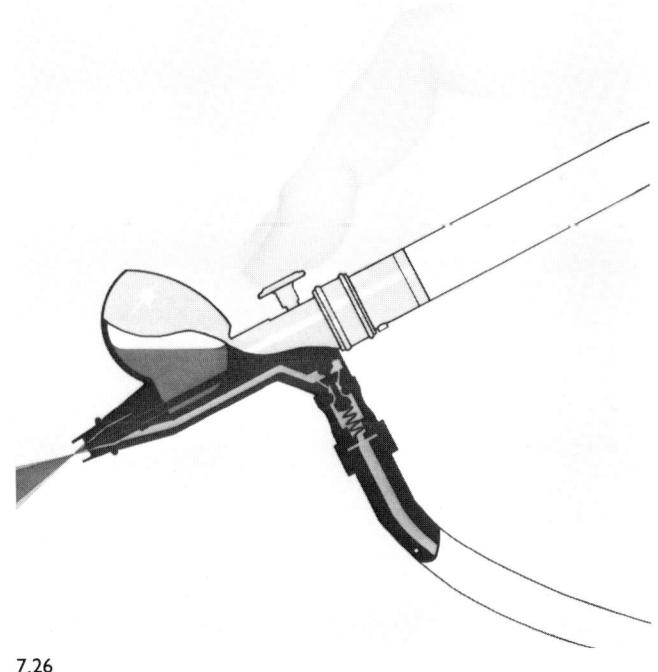

7.26

Technische Illustration (62 f.). Dies ist ein Bereich, in dem mit der Spritzpistole ein spezieller Stil entwickelt wurde. Im allgemeinen wird sie in Verbindung mit Strichzeichnungen verwendet, um ein noch anzufertigendes Produkt darzustellen oder um Struktur oder Prinzipien von Maschinen im Aufriß zu zeigen.

Audiovisuelle Präsentation. Die Spritzpistole ist besonders geeignet für Darstellungen, die projiziert oder vergrößert werden sollen (7.26), da feine Abstufungen auch bei starken Vergrößerungen noch deutlich sichtbar sind.

Frisierkunst. Vernünftige Vorsichtsmaßnahmen sind zu treffen (s. oben den Abschnitt über ›Körperbemalung‹). Nach dem Frisieren können komplizierte Farbeffekte angebracht werden; Farben, die man normalerweise pastos aufträgt, müssen einen starken Farbstoff haben, wenn sie flüssig sind.

7.27

7.27 Mike Cotton und Prairie Prince von den ›Tubes‹ mit T-Shirts, die mit Spritzbildern versehen sind

7.28 Gespritzte Wanddekoration in einer Wohnung der ›Tubes‹

Holzbemalung. Eine ganze Palette von Holzbeizen und -farben kann verwendet werden; Spritzpistolen mit großer Düse können auch Lack bewältigen. Eine glatte Spritzbearbeitung macht natürlich ein entsprechendes Abschleifen nicht überflüssig.

Möbel. Möbel können dekoriert oder ›auf antik‹ zugerichtet werden; Rohr kann gespritzt und abgestoßene Stellen können erneuert werden. Siehe auch die Abschnitte über Schablonieren (S. 133) und dreidimensionale Dekoration (S. 103).

Wandschirmbemalung. Seiden- oder Papierwandschirme können bemalt werden, ebenso solche mit Schnitzereien oder Reliefs.

Relieffriesdekoration. Die Spritzpistole hat den Vorteil, daß man mit ihr Ecken erreichen kann, die mit dem Pinsel nicht zugänglich sind.

Farbauftrag bei ausgestopften Fischen und Fischködern. Siehe die Abschnitte über Modellbau und Plastik (S. 130 und S. 128).

Bootsbemalung. Siehe den Abschnitt über Autobemalung (S. 128f.).

Emailschmuck. Man verwende eine fein steuerbare Spritzpistole.

Reinigung mit Luft. Das Aufkommen von Mikroprozessoren hat die Anwendungsmöglichkeiten der Spritzpistole beträchtlich ausgeweitet. So ist sie ideal dafür geeignet, komplizierte und empfindliche Elektronik und dergleichen mit Luft zu reinigen.

Abstumpfen von Zahngoldgüssen. Man verwende den Spritzradierer.

Präparieren von Trockenblumen und Herstellung von Papier- und Seidenblumen. Siehe den Abschnitt über Kuchendekoration (S. 136).

7.28

Anhang I

Pflege und Wartung von Spritzpistolen

Die Bemerkungen in diesem Abschnitt werden nicht jeweils für alle Modelle gelten, der Besitzer einer Spritzpistole wird aber leicht die Punkte herausfinden können, die sich auf sein eigenes Gerät beziehen, insbesondere bei Benutzung der Liste auf Seite 142, wo Spritzpistolen nach Typ und Modell aufgeschlüsselt sind. Im Anhang 2 werden die verschiedenen Typen im einzelnen vorgestellt; ihre Teile variieren je nach Fabrikat und Form, erfüllen aber im wesentlichen die gleichen Funktionen; hier werden wir eine einheitliche Terminologie verwenden.

Tägliche Wartung

1 Um die Farben zu wechseln, läßt man den entsprechenden Verdünner durch die Spritzpistole laufen und spritzt auf ein Stück Papier, bis die vorher benutzte Farbe völlig entfernt ist. Es ist am besten, den Farbtank (bei Spritzpistolen mit fest eingebautem Farbnapf) vorher mehrere Male durchzuspülen. Bei einigen Modellen mit Fließsystem kann die Düsenkappe gelöst und Luft durchgeblasen werden; das hat einen Rückstrom in den Farbnapf zur Folge und hilft, den Düsenbereich und die Farbzuleitung von Farbresten zu reinigen. Man darf nicht vergessen, die Kappe hinterher wieder festzuschrauben. (A, B, C, D, E, F1).

2 Man reinige die Spritzpistole immer gründlich, bevor man sie beiseite legt. Wenn man für eine Weile Pause machen will, leert man die Spritzpistole und spült sie durch; sonst hat die Farbe Zeit, in der Düse anzutrocknen, wo sie sich ansammeln und eine Verstopfung verursachen kann. (A, B, C, D, E, F,1).

3 Die technisch komplizierteren Spritzpistolen sollten dem Fachhändler etwa alle 18 Monate zur Routinewartung zurückgebracht werden. Das ist vernünftiger, als Fehler aufkommen zu lassen, die ernsteren Schaden anrichten können. Ein verschlissener Korkdichtungsring zum Beispiel kann dabei leicht ersetzt werden, bevor er andere Probleme verursacht. (D, E, F,1).

4 Beim Austausch der Nadel löst oder entfernt man die Nadelklemmutter. Fest, aber vorsichtig wird die neue Nadel eingeschoben, bis sie richtig sitzt; danach zieht man die Nadelklemmutter wieder fest. (C, D, E).

5 Wenn die Düse ausgetauscht wird und sich die Nadel dabei im Gerät befindet, muß diese unbedingt zurückgezogen sein. Sobald die neue Düse fest sitzt, führt man die Nadel sacht nach vorne; dann löst man die Nadelklemmutter, prüft, ob die Nadel richtig sitzt und zieht die Mutter wieder an. (C, D, E).

6 Wenn man kompliziertere Spritzpistolen selbst reparieren möchte, benötigt man eine Reihe von Spezialwerkzeugen. Benutzern ohne handwerkliche Kenntnisse und Erfahrung sei es aber nicht geraten, solches zu versuchen. Einige Hersteller liefern für ihre Produkte einen Werkzeugsatz mit, andere nicht.

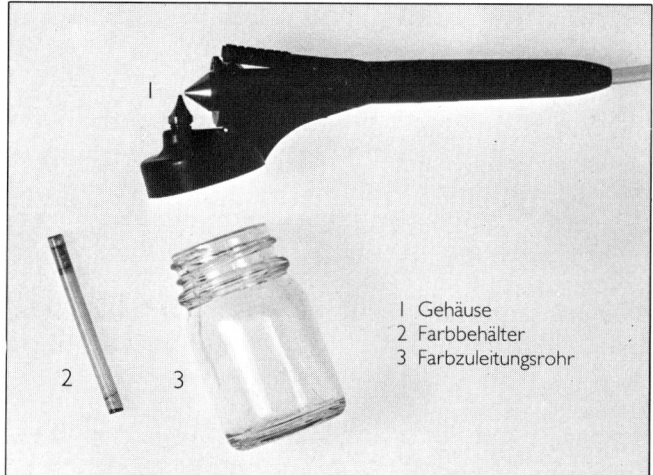

1 Gehäuse
2 Farbbehälter
3 Farbzuleitungsrohr

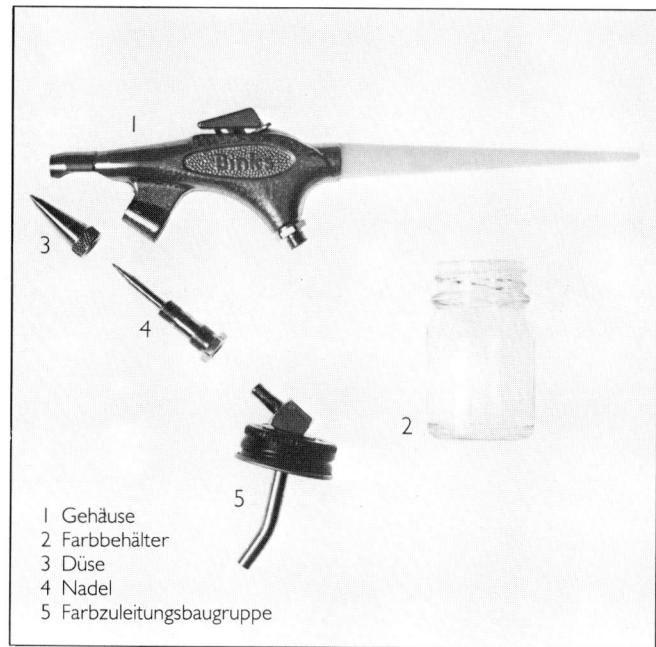

1 Gehäuse
2 Farbbehälter
3 Düse
4 Nadel
5 Farbzuleitungsbaugruppe

7 Man nehme nur Öl, Vaseline oder Schmierfett, je nach Angaben des Herstellers. Wenn man bei einer Reparatur feststellt, daß ein Bereich geschmiert oder geölt aussieht, davon aber nichts in der Betriebsanleitung steht, sollte man seinen Fachhändler oder Hersteller befragen. (Gilt für alle Modelle.)

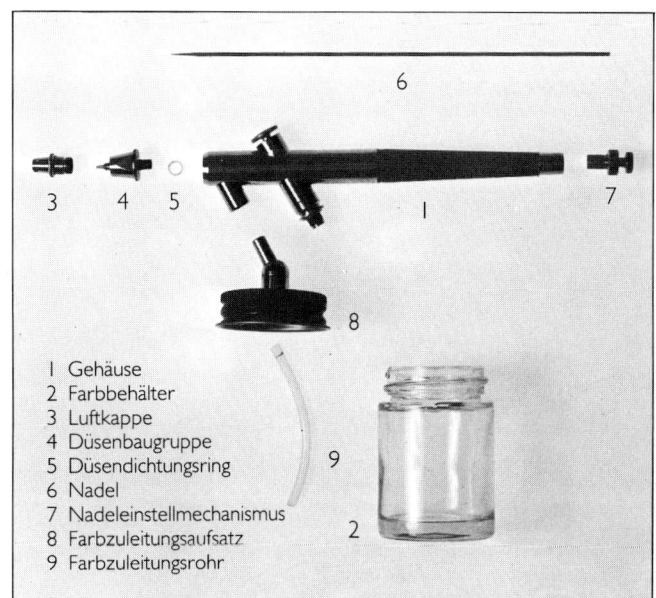

1 Gehäuse
2 Farbbehälter
3 Luftkappe
4 Düsenbaugruppe
5 Düsendichtungsring
6 Nadel
7 Nadeleinstellmechanismus
8 Farbzuleitungsaufsatz
9 Farbzuleitungsrohr

Präsentation der Einzelteile für die Durchführung der täglichen Wartung. 140 o.: einfaches steuerbares Spritzgerät. 140 u.: Zerstäuberspritzpistole, bei der die Nadel außerhalb des Gerätehauptteils in der Düse sitzt. 141 o.: Spritzpistole mit einfacher Hebelfunktion, bei der die Nadel im Gehäuse des Geräts selbst sitzt. 141 m.: Spritzpistole mit doppelter Hebelfunktion. 141 u.: Vollständige Darstellung der Einzelteile der Zerstäuberspritzpistole

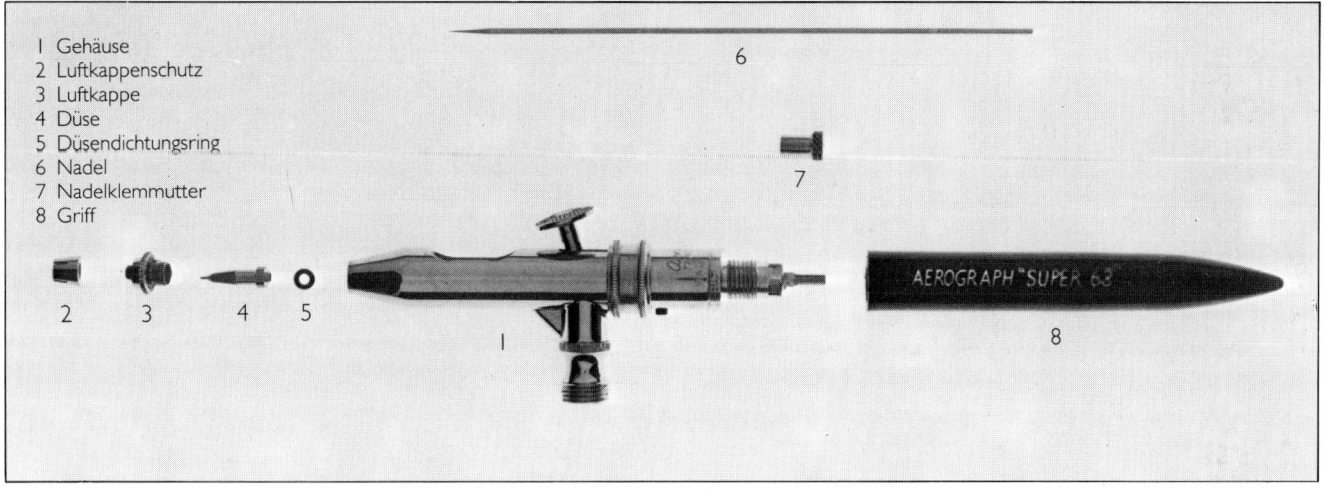

1 Gehäuse
2 Luftkappenschutz
3 Luftkappe
4 Düse
5 Düsendichtungsring
6 Nadel
7 Nadelklemmutter
8 Griff

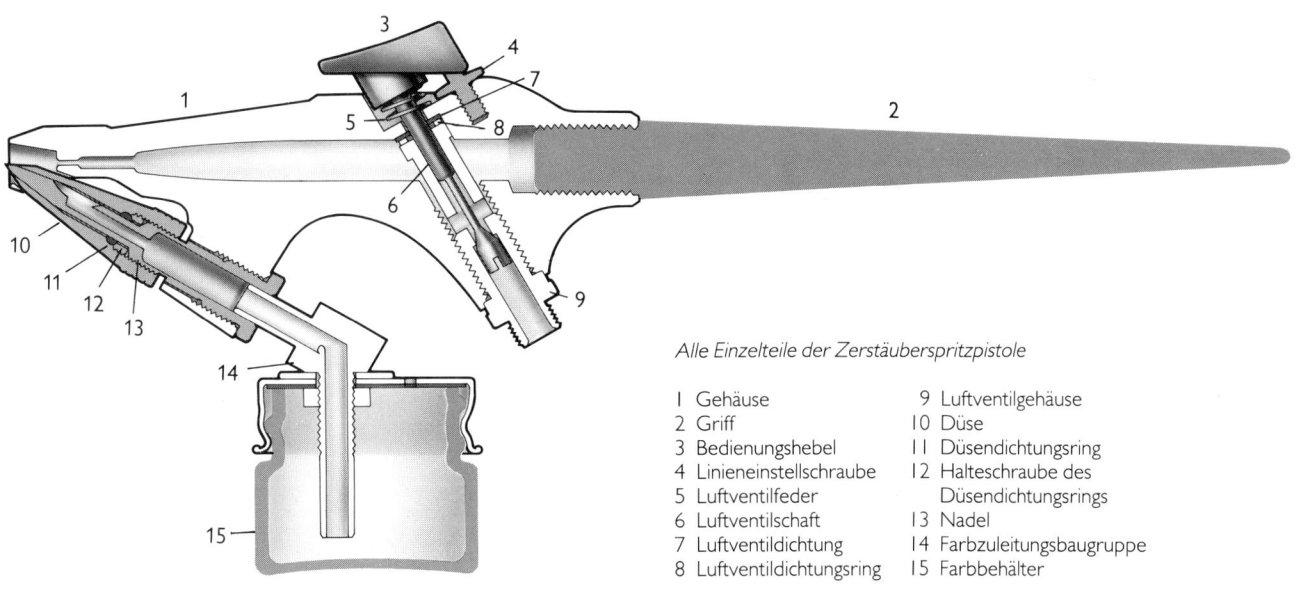

Alle Einzelteile der Zerstäuberspritzpistole

1 Gehäuse	9 Luftventilgehäuse
2 Griff	10 Düse
3 Bedienungshebel	11 Düsendichtungsring
4 Linieneinstellschraube	12 Halteschraube des
5 Luftventilfeder	Düsendichtungsrings
6 Luftventilschaft	13 Nadel
7 Luftventildichtung	14 Farbzuleitungsbaugruppe
8 Luftventildichtungsring	15 Farbbehälter

Fehlerliste

Die nachfolgende Fehlerliste ist, wie wir glauben, die umfassendste, die bisher veröffentlicht wurde. Sie erfaßt sowohl Störungen, die von falscher Handhabung herrühren, als auch solche, deren Ursache mechanischer Art ist. Wenn Ihre Spritzpistole einen hier nicht aufgeführten Defekt aufweist, bringen Sie sie unbedingt zu Ihrem Fachhändler zwecks Inspektion und Reparatur.

Abkürzungsschlüssel für die Modelltypen

Einfache Spritzgeräte A
Zerstäuberspritzpistolen mit einfacher Hebelfunktion B
Mit Farbbehälter B1
Mit Farbnapf B2
Spritzpistolen mit einfacher Hebelfunktion, bei denen die Nadel im Gehäuse des Gerätes selbst sitzt C
Mit Saugsystem und Farbbehälter C1
Mit Saugsystem und Farbnapf C2
Mit Fließsystem und Farbnapf C3
Spritzpistolen mit gekoppelter doppelter Hebelfunktion D
Mit Saugsystem und Farbbehälter D1
Mit Saugsystem und Farbnapf D2
Mit Fließsystem und Farbnapf D3
Mit Fließsystem und eingebautem Farbtank D4
Spritzpistolen mit unabhängiger doppelter Hebelfunktion E
Mit Saugsystem und Farbbehälter E1
Mit Saugsystem und Farbnapf E2
Mit Fließsystem und Farbnapf E3
Mit Fließsystem und eingebautem Farbtank E4
Spezielle Spritzpistolen F
Turbospritzpistole F1
Spritzradierer F2
Luftzufuhrsysteme X
Druckluftdosen X1
Gasflaschen X2
Kompressoren ohne Speicher X3
Systeme mit Speicher X4

Symptom		Ursache	Abhilfe	Betroffene Modelle
1 Farbe wird nicht gespritzt	a)	Keine Farbe im Napf	Napf füllen	A, B, C, D, E, F
	b)	Düsenabstand zur Luftzufuhr zu groß	Düse einstellen	A, B
	c)	Farbe unzureichend gemischt oder verdünnt	Leeren, säubern, Farbe gründlich mischen und durchsieben	A, B, C, D, E, F1
	d)	Zufuhrrohr steckt nicht mehr in der Farbe	Mehr Farbe in den Behälter füllen	A, B1, C1, D1, E1
	e)	Loch im Deckel des Farbbehälters verstopft	Deckel reinigen	A, B1, C1, D1, E1
	f)	Farbe ist in der Düse angetrocknet	Düse und Nadel reinigen oder ausbauen und reinigen; nachprüfen, ob die Nadelklemmutter, die den Bedienungshebel mit der Nadel verbindet, festgezogen ist	A, B, C, D, E
	g)	Nadel in der Düse festgeklemmt	Vorsichtig zurücksetzen, Düse und Nadelklemmutter überprüfen	C, D, E
	h)	Bei Metallfarben o. ä.: Pigment hat sich abgesetzt	Verdünner durchlaufen lassen und Nadel oder Farbbehälter hin und her bewegen	A, B, C, D, E
	i)	Pigment hat sich im Eingang des Zuführrohrs am Boden des Napfes abgesetzt	Napf reinigen	B2, C2, D2, E2
	j)	Nadelklemmutter, die den Bedienungshebel mit der Nadel verbindet, ist locker	Festziehen	C, D, E
	k)	Hebelmechanismus defekt	Düse abmontieren und reinigen, Hebelmechanismus ersetzen (Reparatur beim Fachhändler)	D, E
2 Farbe wird nicht gespritzt und/oder Blasen im Farbnapf und/oder Klecksen	a)	Düsenkappe locker	Festschrauben	C, D, E
	b)	Düse sitzt schlecht	Ausmontieren und neu einsetzen	C, D, E
	c)	Düsendichtungsring fehlt	Dichtungsring ersetzen	C, D, E
	d)	Düse und Düsenkappe passen nicht zusammen	Eines oder beides ersetzen	C, D, E

3 Klecksen oder Spucken	a)	Luftdruck im Verhältnis zur Farbzufuhr unzureichend	Neu einstellen	A, B, C, D, E, F
	b)	Haare oder Staub in der Düse	Ausmontieren und reinigen	A, B, C, D, E, F1
	c)	Farbe unzureichend gemischt oder verdünnt	Leeren, reinigen, gründlich mischen und durchsieben	A, B, C, D, E, F1
	d)	Farbe hat sich in der Düsenkappe abgesetzt	Nadel in der Düse zurückhalten und sorgfältig mit Pinsel und Verdünner reinigen	C, D, E
	e)	Düse verschlissen, gesprungen oder gespalten	Nach Herstellerangaben ersetzen	B, C, D, E
	f)	Düse und Nadel passen schlecht zusammen	Beim Händler Düse und/oder Nadel auswechseln	C, D, E
	g)	Luftzufuhr blockiert durch Entfernung der Düse, wenn Farbe in der Spritzpistole ist	Düse ausmontieren und mit hohem Durck Luft durchblasen	C, D, E
	h)	Schmutz oder zuviel Feuchtigkeit aus Luftzufuhr	Düse ausmontieren und Luft durchblasen; Filter an der Luftquelle überprüfen	X3, X4 mit allen Spritzpistolen
	i)	Farbe verstopft Luftzufuhr	Die Dichtungsringe, die verhindern, daß Farbe in den hinteren Teil des Geräts fließt, sind verschlissen, und der Membranmechanismus ist defekt; schnell reparieren; Nadelstopfbüchse beim Austausch der Dichtungsringe nicht zu fest ziehen.	C, D, E
	j)	Farbe ist in die Grifföffnung gedrungen defekter Membranmechanismus	Membranbaugruppe ersetzen (Reparatur beim Fachhändler)	C, D, E, F1
4 Klecksen, wobei der Strahl schräg austritt	a)	Nadel verbogen oder Düse gespalten	Auswechseln	C, D, E, F1
5 Klecksen am Anfang des Spritzens	a)	Farbe hat sich infolge einer zu raschen Zurückführung des Hebels beim vorhergehenden Spritzvorgang aufgestaut	Beim nächsten Mal Hebel sacht zurückführen	D, E
	b)	Farbe hat sich in der Düsenkappe abgesetzt	Nadel in der Düse zurückhalten und sorgfältig mit Pinsel und Verdünner reinigen	C, D, E
	c)	Haare oder Staub in der Düse	Ausmontieren und reinigen	A, B, C, D, E, F1
	d)	Leichte Unreinheiten oder zuviel Feuchtigkeit in der Luftzuleitung	Düse ausmontieren und Luft durchblasen; Filterung der Luftzufuhr überprüfen	A, B, C, D, E, F1 in Verbindung mit X3, X4
6 Klecksen am Ende des Spritzvorgangs	a)	Leichte Unreinheiten oder zuviel Feuchtigkeit in der Luftzuleitung	Düse ausmontieren und Luft durchblasen; Filterung der Luftzufuhr überprüfen	A, B, C, D, E, F1 in Verbindung mit X3, X4
7 Luft kommt nicht durch	a)	Ein Schalter am Kompressor ist ausgestellt	Kompressor überprüfen	X3, X4
	b)	Druckluftdose oder -flasche leer	Neue Dose oder Flasche anschließen	X1, X2
	c)	Druckabfall in der Druckluftdose, die dadurch kalt ist	Dose in lauwarmes Wasser stellen oder austauschen (es empfiehlt sich, Druckluftdosen oft zu wechseln; die auf der Dose als Maximum angegebene Temperatur darf nicht überschritten werden, wenn sie in Wasser gestellt wird)	X1

		d)	Sicherheitsventil im Adapter aufgebläht infolge zu großen Drucks in der Druckluftdose	Abstellen, Schlauch abschrauben, wieder anstellen und mehrmals das Ventil drücken, um Luft abzulassen	X I
		e)	Luftzuleitung in der Spritzpistole blockiert	Leeren, Düse ausmontieren und Luft durch die Spritzpistole blasen (Membrane am Luftventil überprüfen)	A, B, C, D, E, F
		f)	Hebelmechanismus defekt	Austauschen (Reparatur beim Fachhändler)	D, E,
		f)	Luftventilschaft defekt	Austauschen (Reparatur beim Fachhändler)	A, B, C, D, E, F
		h)	Adapter an der Druckluftdose festgeklemmt	Wenn möglich ablösen oder ersetzen	X I
		i)	Blockierung in der Luftzuleitung vom Kompressor	Spritzpistole vom Anschluß abmontieren und vorsichtig mit hohem Druck blasen	X
8	Luft tritt durch Düse aus, wenn die Spritzpistole nicht betätigt wird	a)	Luftventilfeder nicht richtig gespannt	Neu spannen oder ersetzen	A, B, C, D, E, F
		b)	Membranmechanismus und Luftventilschaft oder -kugel falsch eingestellt	Reparatur beim Fachhändler	B, C, D, E, F
9	Luft tritt am Bedienungshebel aus	a)	Membranmechanismus defekt	Austauschen (Reparatur beim Fachhändler)	B, C, D, E, F
10	Luft tritt an der Quelle aus	a)	Anschlüsse locker	Anschlüsse festschrauben	X
		b)	Adapter nicht richtig festgeschraubt	Festschrauben. Hinweis für Anfänger: manche Adapter lecken beim Festschrauben; man schraubt einfach weiter	X I
		c)	Dichtungsring an Schlauch oder Anschlüssen fehlt	Dichtungsring(e) ersetzen	X
11	Luft strömt mit sehr hohem Druck aus	a)	Druck am Kompressor zu hoch eingestelllt	Druckregler niedriger stellen	X2, X4
		b)	Aus Druckluftdose entweicht zuviel Luft	Luft ablassen, bis Druck befriedigend ist (wenn die Dose im Wasser erwärmt wird, herausnehmen)	X I
12	Farbe läuft aus	a)	Spritzpistole wird zu steil gehalten, so daß Farbe aus dem Farbnapf tritt	Spritzpistole gerade halten; Farbnapf oder -tank nicht zu voll machen	B2, C2, C3, D2, D3, D4, E2, E3, E4, F I
		b)	Dichtungsringe und Verbindungen sitzen nicht richtig oder nicht fest	Überprüfen und neu einsetzen	C3, D3, E3
		c)	Düsendichtungsring(e) fehlen oder sind beschädigt	Ersetzen	C3, D3, D4, E3, E4
		d)	Farbbehälter sitzt nicht richtig fest an der Spritzpistole	Behälter fester an die Spritzpistole ansetzen	B, C I, C2, D I, D2, E I, E2
		e)	Nadel sitzt zu weit hinten, wenn sie nicht betätigt wird	Nach Betätigung nach vorne drehen	C3
13	Farbe tropft während des Spritzens von der Düse	a)	Luftzufuhr im Verhältnis zur Farbe zu gering	Luftzufuhr steigern oder Farbfluß verringern; oder Luftzufuführsystem überprüfen	C3, D3, D4, E3, E4
		b)	Düsenkappe locker	Festschrauben	C, D, E
		c)	Farbe fließt aus dem Tank über zur Düse und tropft	Spritzpistole gerade halten; Farbtank nicht zu sehr füllen	C3, D3, D4, E3, E4, F I

14 Farbe fließt auf die Malfläche	a)	Farbe zu sehr verdünnt	Farbe in dickerer Konsistenz neu anmischen	A, B, C, D, E
	b)	Nadel zu weit zurück	Nadel weiter nach vorn setzen;	C
			Nadel vorsichtiger gebrauchen;	E
			Hebelfunktion neu einstellen	D
	c)	Farbrohr oder Düse sitzt zu hoch	Sitz korrigieren	A, B
15 Kleckse an beiden Enden einer Linie	a)	Hand wurde am Anfang und Ende der Linie nicht bewegt	Hand vor und nach Betätigen des Hebels bewegen	A, B, C, D, E, F
	b)	Hebel wurde am Anfang und Ende nicht mit der nötigen Leichtigkeit betätigt	Hebel sachter betätigen	A, B, C, E, F2
	c)	Farbe tritt vor Luft aus	Hebelfunktion neu einstellen	D
16 Ungleichmäßige Striche oder Flackern	a)	Spritzpistole wurde aus dem Handgelenk, nicht mit dem ganzen Arm geführt	Den ganzen Arm benutzen	A, B, C, D, E, F
	b)	Staub oder Haare in der Düse	Düse ausmontieren und reinigen	A, B, C, D, E, F2
17 Farbe trüb oder mit anderen Farben durchsetzt	a)	Farbnapf, Zuleitung, Düse oder Düsenkappe schmutzig	Reinigen	A, B, C, D, E, F
18 Spinnenartiger Verlauf	a)	Spritzpistole zu nah über der Malfläche für die vorhandene Düsen- oder Nadeleinstellung	Mehr Abstand nehmen oder Einstellung korrigieren	A, B, C
	b)	Zuviel Farbe im Verhältnis zur Luft	Hebelfunktion entsprechend korrigieren	E, F1
	c)	Farbe tritt vor Luft aus	Hebelfunktion neu einstellen	D
19 Pulsierendes Spritzmuster	a)	Pulsierende Luftzufuhr wegen zu kleinem Kompressor ohne Speicher	Speicher entsprechend dem Beispiel in Kapitel 3, S.74, anfertigen	X3
	b)	Schmutz in der Düse	Reinigen	A, B, C, D, E, F2
	c)	Düsenkappe oder Düse sitzt nicht richtig	Überprüfen und korrigieren	C, D, E
	d)	Düsendichtungsring verschlissen	Ersetzen	C, D, E
20 Hebel kommt nach dem Herunterdrücken nicht wieder hoch	a)	Luftventilfeder hat ihre Spannkraft verloren	Feder strecken oder Halterung festziehen; Feder so bald wie möglich ersetzen	A, B, C, D, E , F
21 Hebel kehrt nach dem Nachhintenziehen nicht wieder zurück oder klappt herunter	a)	Nadelfeder klemmt oder hat ihre Spannkraft verloren	Wenn man an die Feder kommt, neu spannen und etwas fetten, dabei altes Fett entfernen	D, E
	b)	Hebelmechanismus defekt	Austauschen (Reparatur beim Fachhändler)	D, E
22 Klopfen im hinteren Bereich der Spritzpistole beim Nachvorneführen	a)	Gegengewicht im hinteren Teil des Gerätes locker, dadurch Klopfen der Nadel	Griff entfernen und einen Stab hineinstoßen, um das Gegengewicht in die richtige Position zu bringen	C, D, E

Feineinstellung

Die obige Liste führt die allgemeinen Fehlerquellen fast sämtlicher Spritzpistolen auf. Es sind jedoch noch einige Hinweise bezüglich der Feineinstellung erforderlich, die beachtet werden sollten.

1 Wenn man die Scheiben der Nadelstopfbüchse auswechselt, schraubt man diese so weit ein, bis die Scheiben gerade auf die Nadel wirken, ohne hart zu greifen oder ihre Bewegung wesentlich einzuschränken; dies muß mit Gefühl erfolgen.

2 Hebeleinstellung: Die Nadelfeder sollte so gespannt sein, daß der Bedienungshebel sacht, aber sicher wieder in seine Ausgangsstellung zurückkehrt, nachdem er nach hinten gezogen wurde. Er sollte nicht

nach vorne schnappen; tut er das doch, sollte nach einem erneuten Spannen dieser Vorgang mehrere Male überprüft werden.

3 Hebeleinstellung: Die Luftventilfeder sollte so gespannt sein, daß der Bedienungshebel nach dem Herunterdrücken leicht wieder in seine ursprüngliche Stellung zurückkehrt und somit den Luftstrom an der Düse unterbricht. Wenn der Hebel nicht richtig zurückkehrt, ist entweder die Luftventilfeder schlecht gespannt, oder die Membranschraube sitzt zu niedrig und drückt die Feder ständig nach unten.

4 Wenn der Hebel bewegt wird, muß die Luft zugeführt werden, bevor sich die Nadel bewegt. Wenn nötig, sind Nadel und Nadelklemmutter zu justieren. Unter Umständen müssen dabei das Nadelfedergehäuse und eventuell auch dessen Abstandshülse leicht verstellt werden.

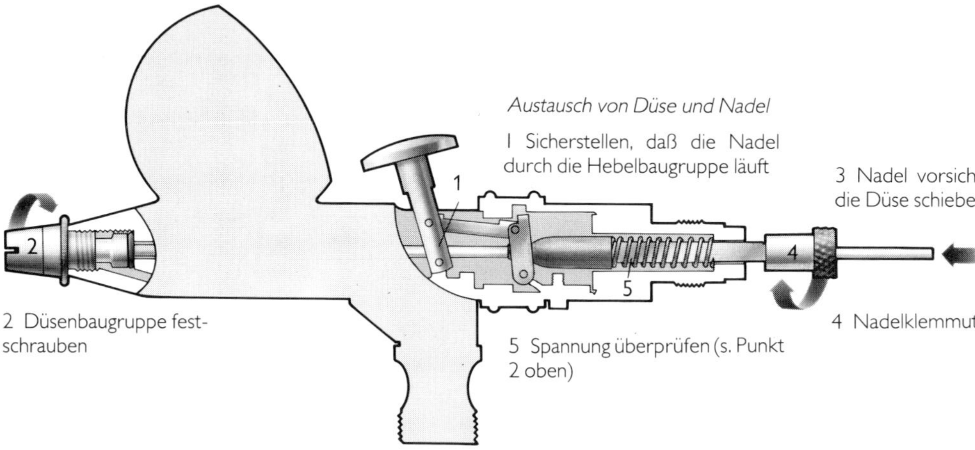

Austausch von Düse und Nadel

1 Sicherstellen, daß die Nadel durch die Hebelbaugruppe läuft

3 Nadel vorsichtig, aber fest in die Düse schieben

2 Düsenbaugruppe festschrauben

5 Spannung überprüfen (s. Punkt 2 oben)

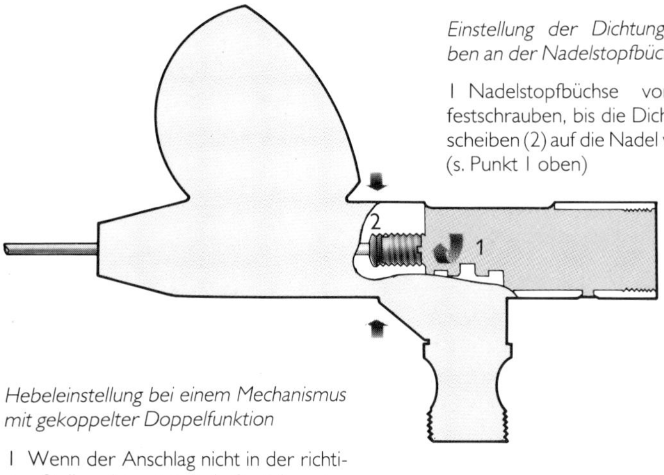

4 Nadelklemmutter festziehen

Einstellung der Dichtungsscheiben an der Nadelstopfbüchse

1 Nadelstopfbüchse vorsichtig festschrauben, bis die Dichtungsscheiben (2) auf die Nadel wirken (s. Punkt 1 oben)

Hebeleinstellung bei einem Mechanismus mit gekoppelter Doppelfunktion

1 Wenn der Anschlag nicht in der richtigen Stellung ist, setzt die Luftzufuhr unter Umständen nicht ein, bevor die Nadel bewegt wird, oder die Nadel wird erst zu spät durch den Hebel bewegt

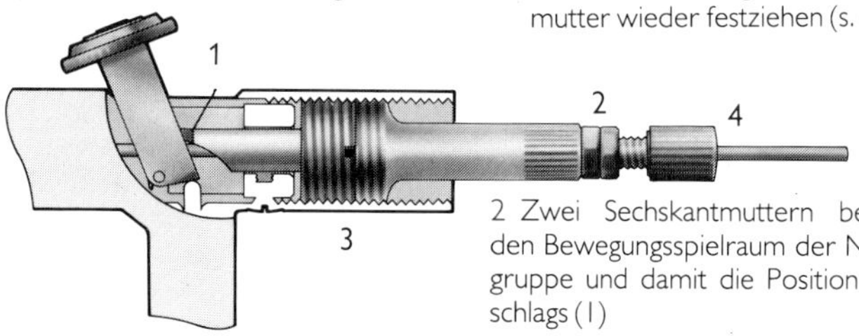

4 Nach Einstellung der Nadel die Klemmutter wieder festziehen (s. oben)

2 Zwei Sechskantmuttern bestimmen den Bewegungsspielraum der Nadelbaugruppe und damit die Position des Anschlags (1)

3 Wenn die Muttern (2) keine richtige Einstellung ermöglichen, müssen unter Umständen das Nadelfedergehäuse und dessen Abstandshulse verstellt werden

Einstellung des Luftventils

1 Es sollte keine Luft durch die Membran treten, wenn der Hebel heruntergedrückt ist

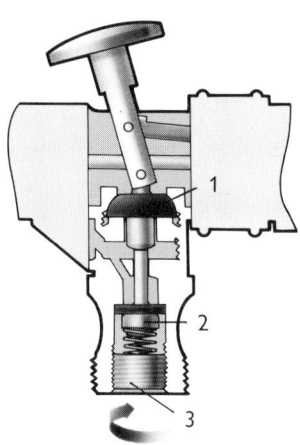

2 Wenn die Luftventilfeder richtig gespannt ist, kehrt der Luftventilschaft zum Ventildichtungsring zurück, sobald der Hebel nicht mehr gedrückt wird, und blockiert so die Luftzufuhr zu der Düse

3 Die Höhe des Ventilfederhalters bestimmt die Spannung der Luftventilfeder

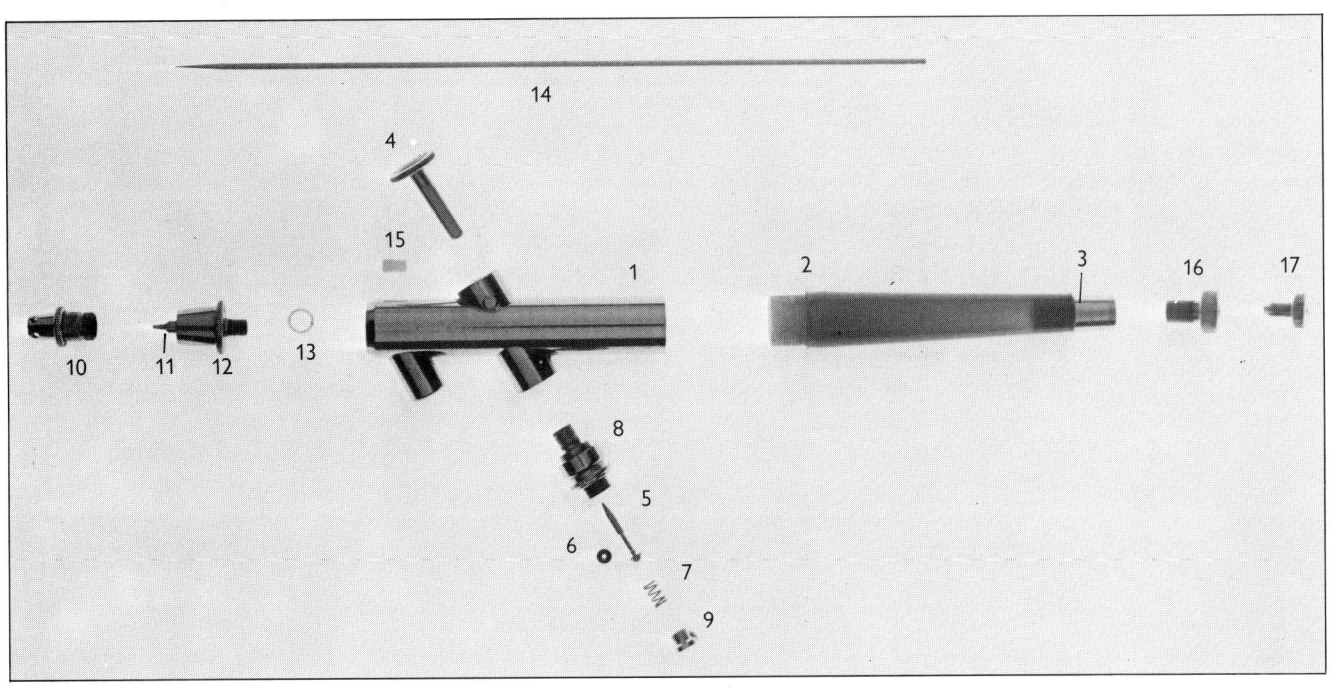

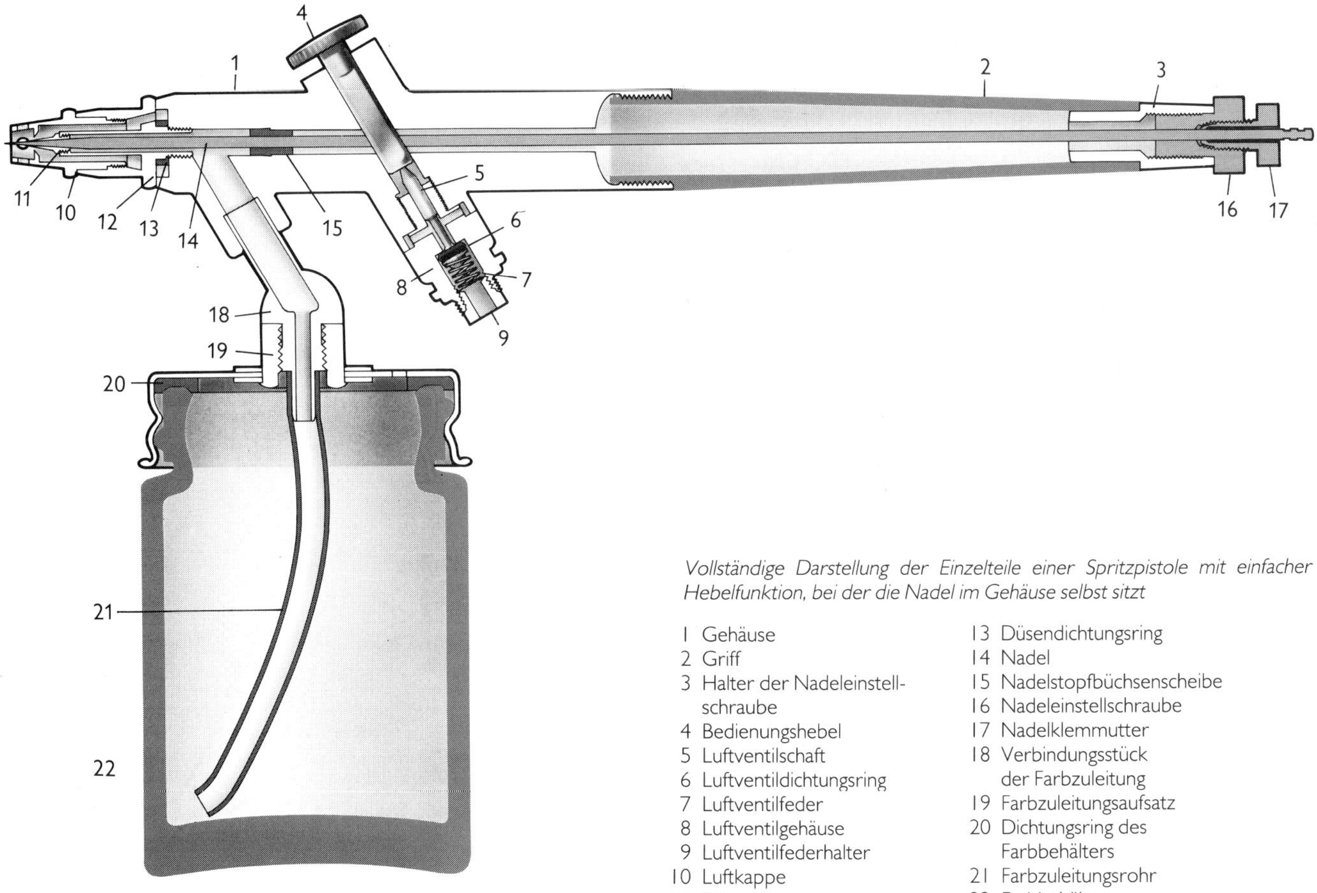

Vollständige Darstellung der Einzelteile einer Spritzpistole mit einfacher Hebelfunktion, bei der die Nadel im Gehäuse selbst sitzt

1	Gehäuse	13	Düsendichtungsring
2	Griff	14	Nadel
3	Halter der Nadeleinstell-schraube	15	Nadelstopfbüchsenscheibe
		16	Nadeleinstellschraube
4	Bedienungshebel	17	Nadelklemmutter
5	Luftventilschaft	18	Verbindungsstück
6	Luftventildichtungsring		der Farbzuleitung
7	Luftventilfeder	19	Farbzuleitungsaufsatz
8	Luftventilgehäuse	20	Dichtungsring des
9	Luftventilfederhalter		Farbbehälters
10	Luftkappe	21	Farbzuleitungsrohr
11	Düse	22	Farbbehälter
12	Düsenhalter		

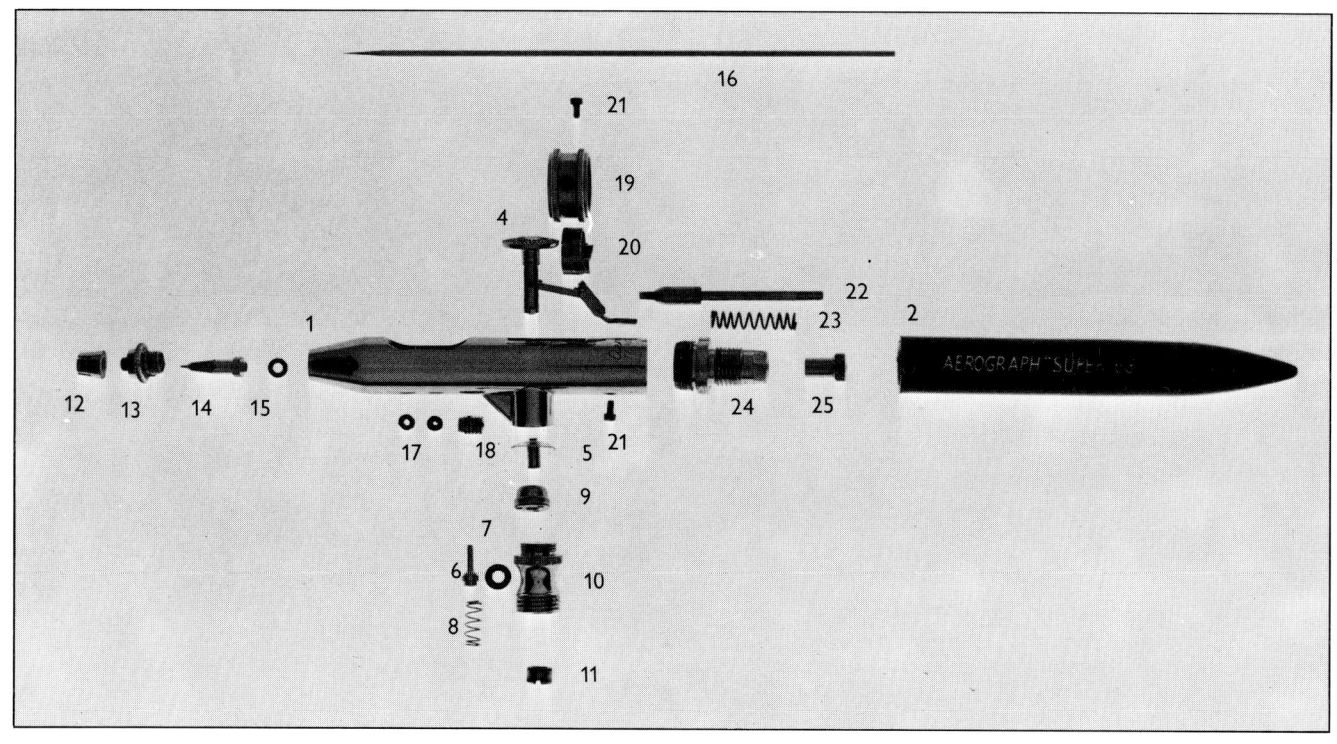

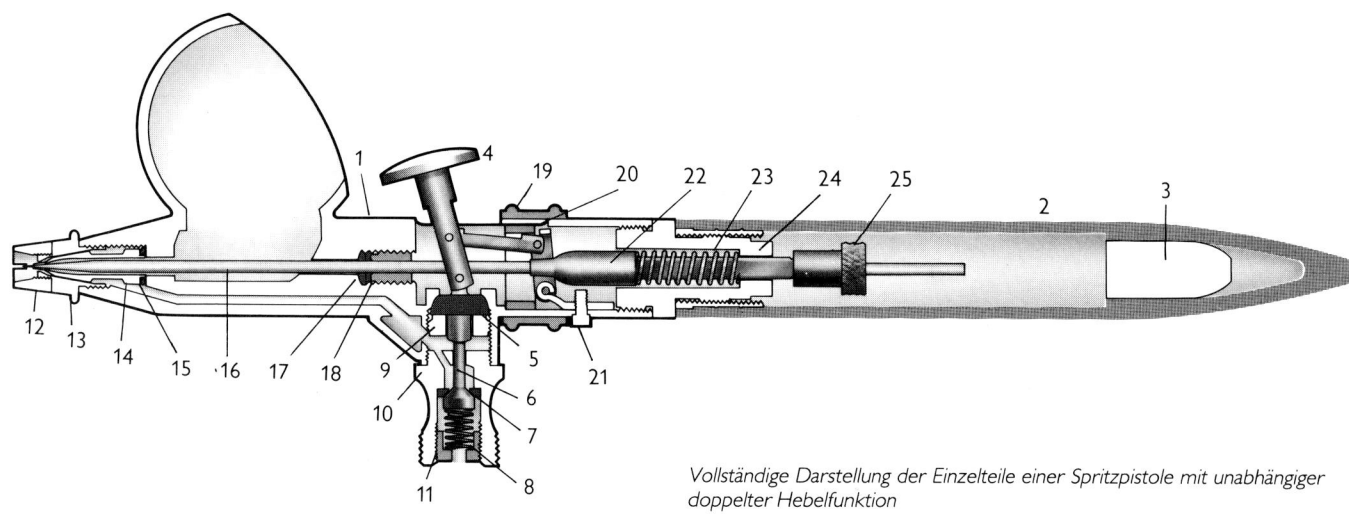

Vollständige Darstellung der Einzelteile einer Spritzpistole mit unabhängiger doppelter Hebelfunktion

1 Gehäuse
2 Griff
3 Gegengewicht
4 Bedienungshebel
5 Membranbaugruppe
6 Luftventilschaft
7 Luftventildichtungsring
8 Luftventilfeder
9 Membranmutter
10 Luftventilgehäuse
11 Halter der Luftventilfeder
12 Luftkappenschutz
13 Luftkappe
14 Düse
15 Düsendichtungsring

16 Nadel
17 Dichtungsscheiben der Nadelstopfbüchse
18 Nadelstopfbüchse
19 feststellbarer Nockenring
20 Arretierungsnocke
21 Schrauben für die Hebelbaugruppe (4) und Hebelarretierung (nicht abgebildet)
22 Vierkantstück
23 Nadelfeder
24 Nadelfedergehäuse
25 Nadelklemmutter

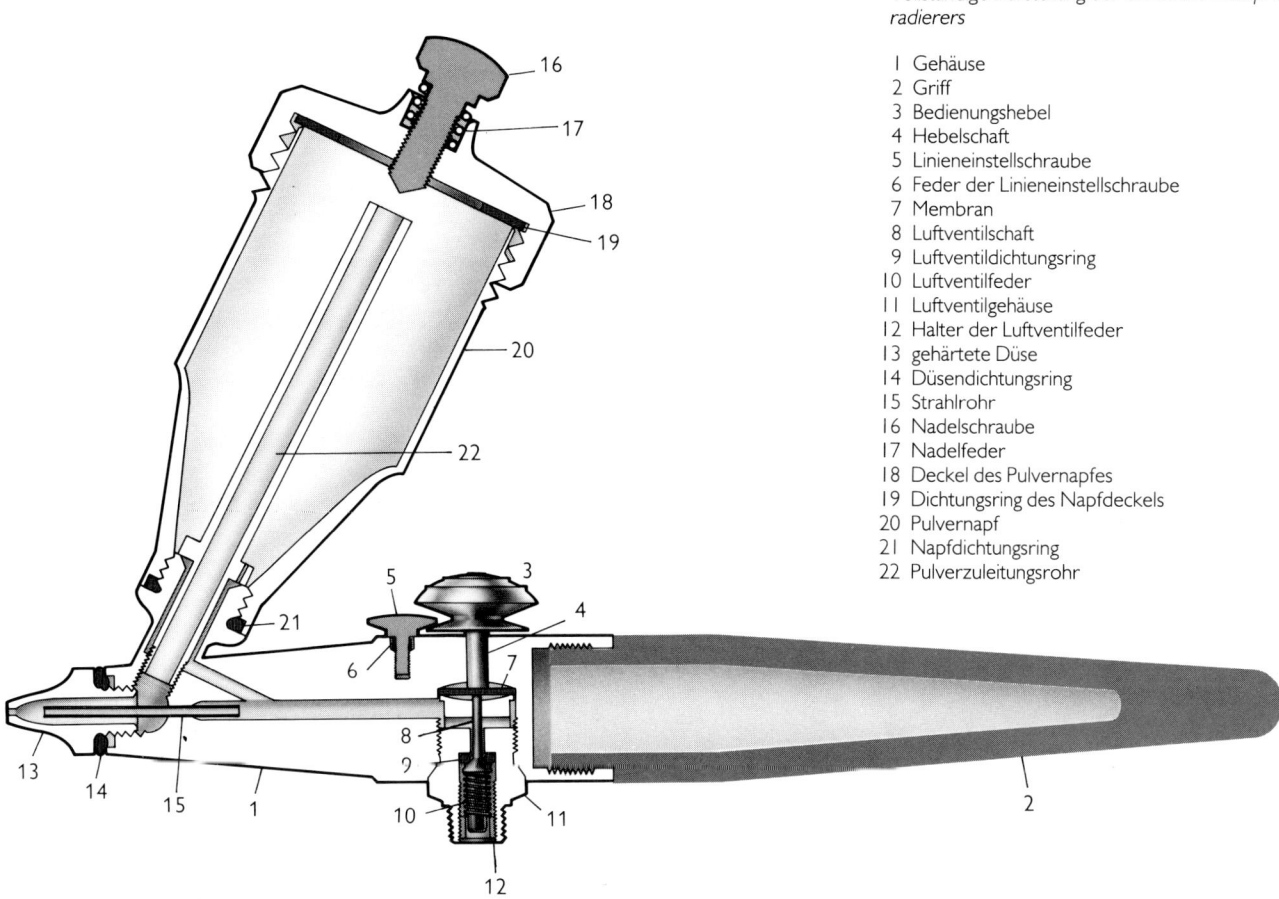

1 Gehäuse
2 Griff
3 Bedienungshebel
4 Hebelschaft
5 Linieneinstellschraube
6 Feder der Linieneinstellschraube
7 Membran
8 Luftventilschaft
9 Luftventildichtungsring
10 Luftventilfeder
11 Luftventilgehäuse
12 Halter der Luftventilfeder
13 gehärtete Düse
14 Düsendichtungsring
15 Strahlrohr
16 Nadelschraube
17 Nadelfeder
18 Deckel des Pulvernapfes
19 Dichtungsring des Napfdeckels
20 Pulvernapf
21 Napfdichtungsring
22 Pulverzuleitungsrohr

Die Turbospritzpistole

Die Paasche AB ist eine außergewöhnliche Spritzpistole, deren mögliche Störungen gesondert behandelt werden müssen.

Tägliche Wartung

1 Um das Gerät zu reinigen, schiebt man ein Zellstofftuch oder einen Lappen unter das Nadellager und kippt die Spritzpistole nach vorne. Die Nadel darf dabei nicht behindert werden. Die Spritzpistole wird dann betätigt, bis der Farbnapf und das Nadellager beide ganz von Farbe befreit sind.

2 Die Schmierstellen sollten mit einem leichten Schmierfett geschmiert werden.

3 Bevor man die Spritzpistole nach dem Sprühen mit Wasserfarben beiseite legt, muß man die Nadel vorsichtig und sehr sorgfältig mit einem weichen Tuch und speziellem Metallreiniger säubern, um Korrosion zu verhindern.

Störungen

1 Spucken oder unscharfe Linien können durch das Ansammeln trockener Farbe an der Nadel oder um das Nadellager verursacht werden. Zur Korrektur braucht man die Arbeit bloß zu unterbrechen und die Teile zu reinigen.

2 Wenn die Nadel langsam läuft oder nicht direkt oder gar nicht arbeitet, kann es sein, daß der Nadelkanal unter dem Laufarm durch Farbe blockiert ist. Vielleicht ist auch Farbe in der Nadelführung angetrocknet, in diesem Fall müssen die Teile gereinigt werden und die Nadelführung ist außerdem zu schmieren.

3 Das Nadellager kann durch von der Nadel verursachte Reibung verschlissen sein. Das Lager sollte ausmontiert und ersetzt werden.

Feineinstellung

Außer der Fehlersuche gibt es bestimmte Feineinstellungen, die an der AB vorgenommen werden können; einige Anweisungen dieser Art müssen auch bei einem neuen Gerät durchgeführt werden.

1 *Neue Nadel.* Um eine alte Nadel auszubauen, löst man zunächst die Nadelführung, wobei man aufpaßt, daß die Nadelführungsfeder nicht herausfliegt. Eine neue Nadel sollte, wenn nötig, vor dem Einsetzen gebogen werden, so daß sie einen Bogen von 30° beschreibt (ein Zwölftel eines Kreisumfangs). Um sie auszuwechseln, wird der Bedienungshebel nach hinten gezogen, damit der Laufarm nach vorne geht. Die Nadel wird aus dem Lager und dann aus dem Laufarm gehoben. Die neue Nadel wird zuerst in den Laufarm unter die Nadelführung eingesetzt und dann richtig in Position gebracht. Von der Spitze aus gesehen sollte die Nadel gerade vor der Mitte der Düse entlanglaufen; andernfalls besteht die Gefahr des Spuckens, oder es entstehen pulsierende Muster.

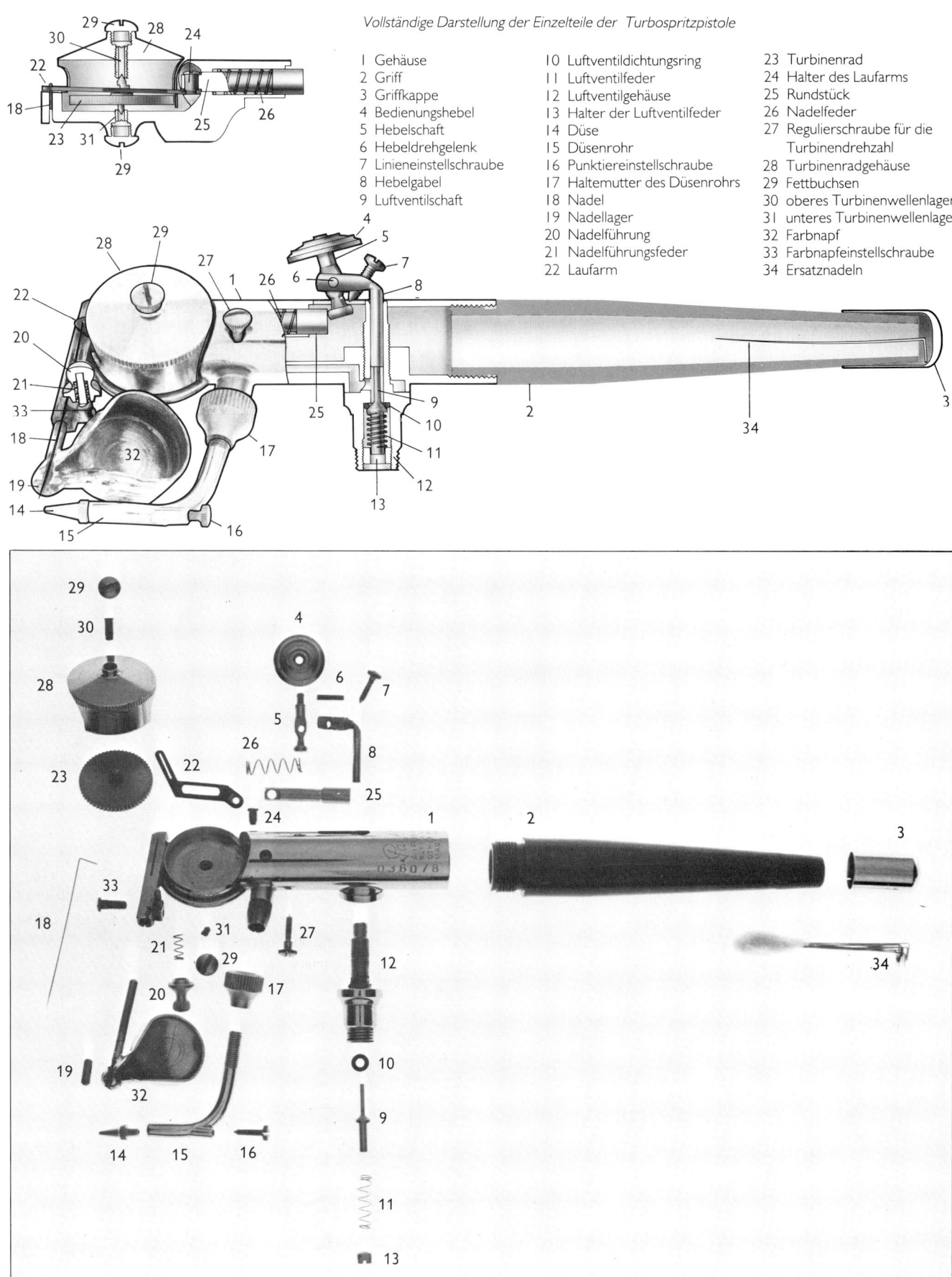

Vollständige Darstellung der Einzelteile der Turbospritzpistole

1 Gehäuse
2 Griff
3 Griffkappe
4 Bedienungshebel
5 Hebelschaft
6 Hebeldrehgelenk
7 Linieneinstellschraube
8 Hebelgabel
9 Luftventilschaft
10 Luftventildichtungsring
11 Luftventilfeder
12 Luftventilgehäuse
13 Halter der Luftventilfeder
14 Düse
15 Düsenrohr
16 Punktiereinstellschraube
17 Haltemutter des Düsenrohrs
18 Nadel
19 Nadellager
20 Nadelführung
21 Nadelführungsfeder
22 Laufarm
23 Turbinenrad
24 Halter des Laufarms
25 Rundstück
26 Nadelfeder
27 Regulierschraube für die Turbinendrehzahl
28 Turbinenradgehäuse
29 Fettbuchsen
30 oberes Turbinenwellenlager
31 unteres Turbinenwellenlager
32 Farbnapf
33 Farbnapfeinstellschraube
34 Ersatznadeln

2 *Nadellager.* Das Nadellager steckt in der Kugelpfanne am Farbnapf, und das kleine Loch muß mit der Zuleitung aus dem Farbnapf in eine Linie gebracht werden. Die Hersteller empfehlen, daß dies mit einem Zahnstocher nachgeprüft werden sollte.

3 *Düse.* Die Düse kann man auf und ab bewegen und in der richtigen Position arretieren. Wenn sie nicht richtig in Position ist, kommt es zu Pulsiereffekten oder zu einem spinnenartigen Verlauf. Zur Korrektur bringt man die Düse nach Augenmaß in Stellung, ohne Luft oder Farbe zu spritzen; und wenn das nicht klappt, betätigt man die Spritzpistole und bringt die Düse dabei ganz leicht nach oben oder nach unten, bis sie sich in der richtigen Position befindet.

4 *Turbinenlaufgeräusch.* Um das Geräusch zu prüfen, entfernt man die Nadel und bläst mit 2 bar durch die Spritzpistole. Das Antriebsrad und die Welle sollten sich wie ein Zahnarztbohrer anhören. Wenn das Laufgeräusch aus keinem ersichtlichen Grund während des normalen Betriebs schwankt, kann sich Farbe im Nadelkanal unter dem Laufarm, in der Nadelführung oder auch im Nadellager abgesetzt haben. Passiert dies auch, wenn die Nadel ausmontiert ist, kann sich am Laufarm Farbe abgesetzt haben. Die betreffenden Stellen müssen dann gereinigt werden; außerdem muß die Spritzpistole während des Betriebs so gehalten werden, daß der Bedienungshebel senkrecht steht und der Farbnapf daher zur Seite geneigt ist. Der Napf selbst sollte so abgewinkelt werden, daß nur gerade die Oberfläche der Farbe in dem Napf das Nadellager berührt — ansonsten besteht die Gefahr, daß die Farbe tropft. Wenn der Napf zu hoch ist, kann die Nadel unten aus dem Lager herauslaufen. Wenn der Napf im richtigen Winkel sitzt, bleibt die Nadel fest in Position. Nach einer Stellungsänderung des Farbnapfes muß immer die Farbnapfschraube angezogen werden.

5 *Turbinenrattern.* Wenn die Turbine bei verlangsamter Laufgeschwindigkeit rattert, müssen die Fettbuchsen geschmiert werden.

6 *Entfernung zwischen Nadel und Düse.* Die Hersteller empfehlen einen Zwischenraum von 1,2 mm zwischen Nadel und Düse für den allgemeinen Gebrauch, aber es ist besser, den richtigen Zwischenraum durch Ausprobieren herauszufinden. Man löst die Haltemutter und dreht das Düsenrohr solange herum, bis sich die Düse ganz nah an der Nadel befindet und Farbe ausstößt, sobald man den Bedienungshebel herunterdrückt, ohne daß man ihn dabei allerdings nach hinten zieht. Dann dreht man das Düsenrohr wieder zurück um jeweils eine Umdrehung, bis nur Luft ausgestoßen wird, wenn man den Bedienungshebel herunterdrückt, und Farbe erst dann wieder, sobald der Hebel nach hinten gezogen wird. Dies ist die richtige Position.

7 *Wellenlager.* Wenn diese nicht richtig ausgerichtet sind, dreht sich die Turbine unter Umständen nicht, oder aber ihre Tonhöhe nimmt ab. In diesem Fall schraubt man das obere Wellenlager vorsichtig fest, bis die Turbine stehenbleibt. Dann schraubt man es wieder los, bis die Turbine auf höchster Stufe frei läuft. Weiter darf man das Lager nicht losschrauben, da dadurch ein Turbinenrattern ausgelöst werden könnte.

8 *Drehzahlregulierungsschraube.* Wenn diese ganz fest geschraubt ist, wird die Luftzufuhr unterbrochen. Man schraubt sie fest, bis das Laufgeräusch schwächer wird, und dann langsam wieder los. Die Tonhöhe wird zunehmen und schließlich einen Punkt erreichen, wo sie nicht weiter ansteigt. Das ist die höchste Drehzahl der Turbine; sie kann dann nach Bedarf reguliert werden.

9 *Punktiereinsteller.* Dieser wird festgeschraubt, bis an der Düse ein Sprenkeln erfolgt; dann wird er wieder gelöst, bis das Sprenkeln verschwindet und man ungehindert spritzen kann. Das ist die Position für den allgemeinen Gebrauch; die Schraube kann fester angezogen werden, wenn es für Punktierungen oder Gesprenkel erforderlich ist.

10 *Hebeleinstellschraube.* Diese entspricht einer Linieneinstellschraube und sitzt hinter dem Hebel. Sie wird so eingestellt, daß der Hebel sich für den normalen Gebrauch frei bewegen kann; durch Anziehen der Schraube wird der Hebel weiter zurück gesetzt.

11 *Hilfsmaßnahme bei Farbabsetzung.* Wenn die Spritzpistole richtig eingestellt ist und Farbe, die sich an der Nadel abgesetzt hat, ein Ziehen sehr feiner Linien verhindert, kann man — aber nur, wenn keine Zeit ist, das Spritzen zu unterbrechen und die Nadel zu reinigen — als vorläufige Abhilfe folgendes machen: Man dreht das Düsenrohr um jeweils eine Umdrehung von der Nadel weg, bis die Störung behoben ist. Hinterher muß das Düsenrohr wieder richtig eingestellt und die Nadel so bald wie möglich gereinigt werden.

Vollständige Wartung durch den Benutzer. Die Turbo ist eine besonders komplizierte Spritzpistole; es ist daher von Nutzen, eine Anleitung zum Auseinandernehmen für eine vollständige Reinigung usw. zu haben. Als erstes wird sie von der Luftzufuhr getrennt, und der Farbnapf entleert. Dann drückt man das Düsenrohr nach oben weg und nimmt die Nadel heraus, wie oben beschrieben. Als nächstes schraubt man die Nadelführung los und entfernt sie sowie die Nadelführungsfeder. Dann wird die Farbnapfschraube gelöst und der Farbnapf abgenommen. Nun kann man das Nadellager fest, aber vorsichtig herausschieben. Danach muß man das Turbinenradgehäuse vorsichtig abheben, sollte aber darauf achten, daß man dabei nicht an ein anderes Teil stößt; die beiden Fettbuchsen müssen ebenfalls losgeschraubt werden. Dann wird der Bedienungshebel zurückgeschoben und so die Laufarmschraube freigelegt; diese wird gelöst, bis der Laufarm abgenommen werden kann; die Schraube muß dabei an ihrem Platz bleiben. Zum Schluß wird das Turbinenrad herausgenommen.

Nun reinigt man mit einem weichen Nylon- oder Marderhaarpinsel alle Teile unter Verwendung des entsprechenden Verdünners. Der ganze vordere Bereich der Spritzpistole — auch von unten — sowie der Nadelkanal und das Düsenrohr müssen gereinigt werden. Man schließt die Luftzufuhr an und prüft, ob Luft aus dem Düsenrohr und der Turbinenzuleitung kommt. Wenn diese blockiert ist, führt man vorsichtig eine alte Nadel in das Zuleitungsrohr ein, bis es frei ist. Die Spritzpistole wird in umgekehrter Reihenfolge wieder zusammengebaut. Dabei sind die Fettbuchsen und der untere Teil der Nadelführung mit Schmierfett zu versehen.

Die Paasche AB ist ein kompliziertes Präzisionsinstrument; andere Spritzpistolen sind weniger kompliziert, aber ebenso sorgfältig konstruiert. Wenn man richtig mit ihnen umgeht, werden sie ein Leben lang halten und sich als reelle Anschaffung für ihr Geld erweisen; sie können ohne weiteres mit normalen Pinseln konkurrieren, wenn man deren kurze Lebensdauer bedenkt. Es ist von entscheidender Bedeutung, das Gerät sauber zu halten; und wenn eine Störung auftaucht, die zu beheben man sich nicht selbst zutraut, sollte man die Spritzpistole dem Fachhändler zur Reparatur bringen.

Anhang 2

Produktanleitung

Viele Spritzpistolenmodelle können mit Zubehörteilen gekauft werden, die im folgenden nicht aufgeführt sind; da es dabei je nach Händler Unterschiede geben kann, lassen sie sich nicht einfach katalogisieren.

Standardspritzgeräte mit regelbarer Farbzufuhr, bei denen Luft und Farbe außen gemischt werden

Badger 250. Ausgestattet mit einem 22 cm^3-Farbbehälter.

Badger 250-4 (nicht abgebildet). Ähnlich der Badger 250, aber ausgestattet mit einem 120 cm^3-Farbbehälter.

Humbrol Modellers Airbrush. Hat eine einfache Steuerung der Luft- und Farbzufuhr.

Zerstäuberspritzpistolen mit einfacher Hebelfunktion

Badger 350. Erhältlich mit einer feinen, mittleren oder großen Düse und kann ausgestattet werden mit einem 60 cm^3- oder 22 cm^3-Farbbehälter oder einem 7 cm^3-Farbnapf. (Die Artistic SH-Serie ist damit identisch. SH-1 hat eine feine, SH-2 eine mittlere und SH-3 eine große Düse.)

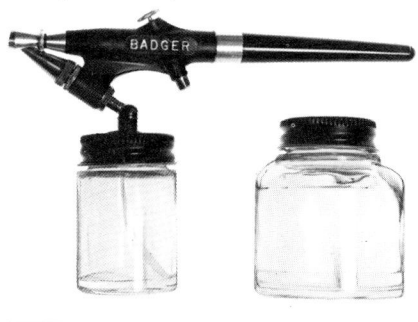

Binks Wren. Erhältlich mit feiner (Modell ›A‹), mittlerer (Modell ›B‹) oder großer Düse (Modell ›C‹); die Düsen sind allerdings austauschbar, so daß jede Düse auf jedes Modell paßt. Jedes kann mit einem 75 cm^3-, 15 cm^3- oder 7 cm^3-Farbbehälter versehen werden.

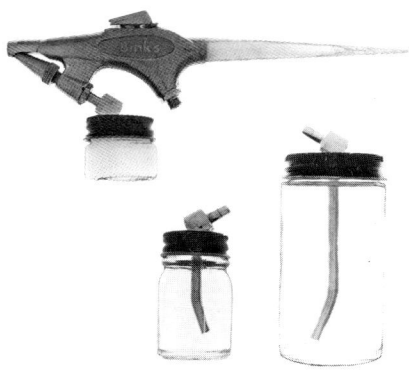

Paasche H Serie. Erhältlich mit feiner (Modell H-1), mittlerer (Modell H-3) oder großer Düse (Modell H-5); die Düsen sind austauschbar. Jedes Modell kann mit einem 7 cm^3-Farbnapf oder einem 90 cm^3-Farbbehälter versehen werden. Diese Serie hat auch eine Hebelarretierung.

Paasche HS Serie (nicht abgebildet). Umfaßt drei Modelle, die der H-Serie entsprechen – die Modelle HS-1, HS-3 und HS-5. Der einzige Unterschied ist, daß bei dieser Serie der Farbbehälter mit einer Gewindemutter an einer Drehgelenkverbindung befestigt ist, so daß aus mehreren unterschiedlichen Positionen gespritzt werden kann (wie bei der Paasche VLS, die weiter unten abgebildet ist).

Paasche F-1. Eine kleinere und feiner arbeitende Version der Paasche H, mit einer Vorrichtung für einen 7 cm³-Farbnapf an der Seite oder einen 15 cm³-Behälter. Ohne Hebelarretierung.

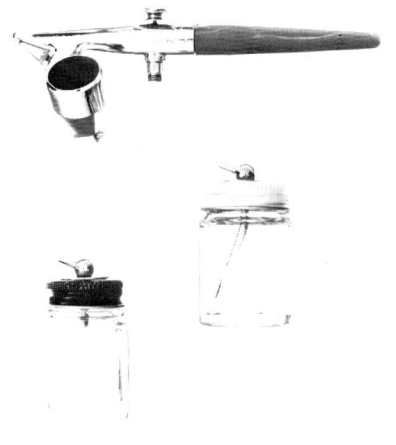

Spritzpistolen mit einfacher Hebelwirkung, bei denen die Nadel im Gehäuse des Gerätes selbst sitzt

Badger 200. Erhältlich mit einer mittleren (Modell IL) oder großen Düse (Modell HD), die aber austauschbar sind. Der Luftstrom wird am Hebel, der Farbfluß durch ein Rändelrad am hinteren Ende des Geräts gesteuert. Diese Spritzpistole arbeitet nach dem Saugsystem und kann mit einem 22 cm³- oder 60 cm³-Farbbehälter oder einem 7 cm³-Farbnapf versehen werden. Löcher in der Luftkappe verringern die Gefahr, daß beim Arbeiten nahe über der Malfläche die Farbe verläuft. (Die Artistic-Modelle SE-2 und SE-3 sind mit der Badger 200 IL bzw. HD identisch.)

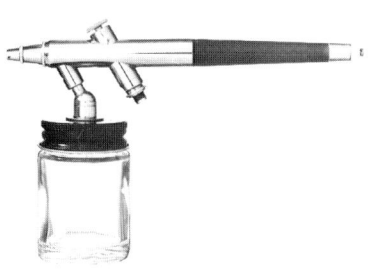

Olympos Young 88. Dieses Modell hat einen verstellbaren Farbnapf mit Fließsystem sowie eine geeichte Nadeljustiervorrichtung und eine außen angebrachte Justiervorrichtung für die Nadelstopfbüchse. Es wird direkt auf eine Druckgasdose geschraubt, ohne Verbindungsstück, kann aber nicht mit einer anderen Antriebsform verwendet werden.

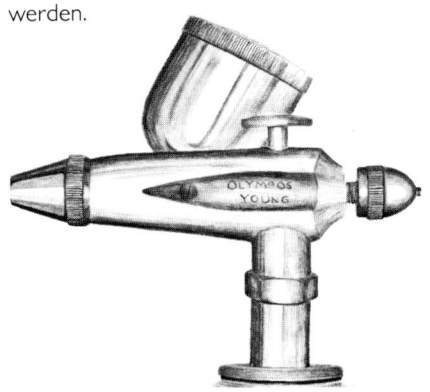

Wold K. Erhältlich in Ausführungen für Links- und Rechtshänder. Der Farbfluß wird mit einem Rändelrad unter dem Bedienungshebel reguliert. Hat an der Seite einen 30 cm³-Farbnapf mit Fließsystem; Modell KM (nicht abgebildet) hat einen 30 cm³ Farbbehälter mit Saugsystem; Modell R (nicht abgebildet) kann mit einem 30 cm³-Farbnapf oder -behälter versehen werden, aber hier wird der Farbfluß durch eine Rändelschraube am hinteren Ende des Geräts geregelt.

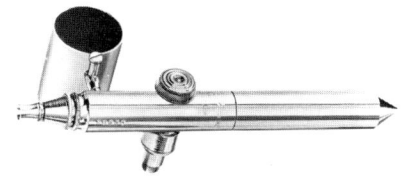

Wold J. Eine feinere Version der Wold K, ebenfalls in Ausführungen für Links- und Rechtshänder erhältlich. Der Farbfluß wird mit einem Rändelrad unter dem Bedienungshebel geregelt; hat einen 2 cm³-Farbnapf. Modell JN kann nur mit einem 15 cm³-Farbbehälter versehen werden.

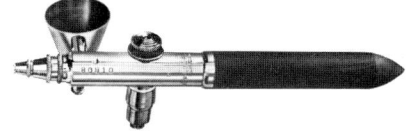

Spritzpistolen mit gekoppelter doppelter Hebelfunktion

Efbe CII drehbar. Erhältlich mit Düsenbohrung 0,4 mm, 0,6 mm und 0,8 mm nach Wahl; arbeitet nach dem Saugsystem und wird mit drei auswechselbaren Farbbehältern je 20 cm³ Inhalt geliefert.

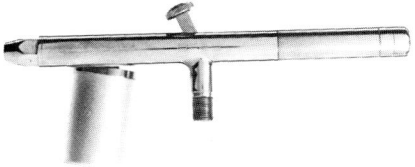

Efbe BII drehbar. Wie die CII oben, aber mit einem seitlich angeschraubten Farbnapf mit Fließsystem.

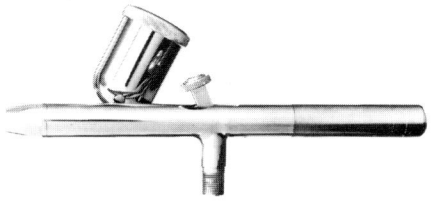

Efbe CI drehbar. Eine nach dem Saugsystem arbeitende Spritzpistole mit Düsenbohrung 0,3 mm und fünf 6 cm³-Farbbehältern.

Efbe BI drehbar. Wie die CI, aber mit einem seitlich angeschraubten Napf mit Fließsystem.
Diese vier Efbe-Spritzpistolen sind auch in Ausführungen für Linkshänder erhältlich.

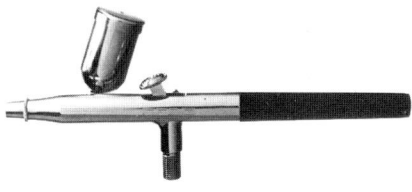

Efbe BI fest. Hat eine Düsenbohrung von 0,3 mm und einen tiefliegenden 2 cm³-Farbtank mit Fließsystem.

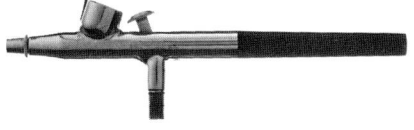

Efbe Modell A. Wie die BI, aber mit einer feineren Düse (0,15 mm) und einem kleineren Farbtank (1 cm³ Fassungsvermögen) ausgestattet.

Grafo Typ IIC. Erhältlich mit einer 0,3 mm- oder 0,5 mm-Düse nach Wahl und mit einem Farbbehälter mit Saugsystem.

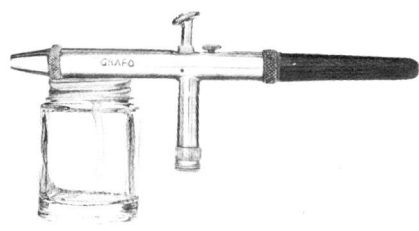

Grafo Typ III. Wie Typ IIC, aber mit einem seitlich angebrachten Napf mit Fließsystem.

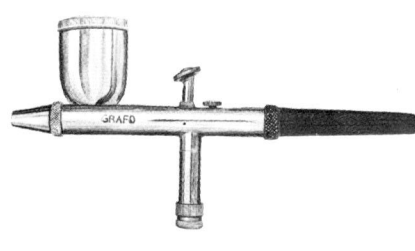

Grafo Typ IIB. Arbeitet nach dem Saugsystem und wird mit fünf Farbbehältern zum Auswechseln geliefert.

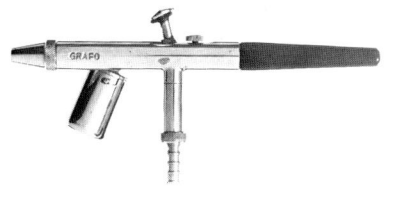

Grafo Typ II. Wie Typ IIB, aber mit einem Farbtank mit Fließsystem.

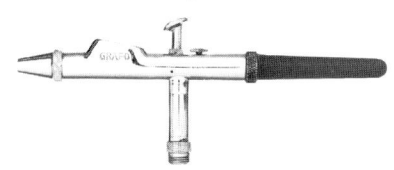

Grafo Typ I (nicht abgebildet). Wie Typ II, aber mit feinerer Düse (0,15 mm).

Humbrol Studio I. Hat einen oben in der Mitte angebrachten Farbnapf mit Fließsystem und einen originellen Schiebenockenregler. Die Düse kann als Ganzes ausgetauscht werden, man sollte das Ausbauen jedoch nicht selbst vornehmen.

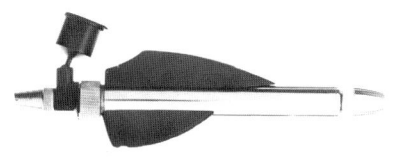

Wold ›U‹ (nicht abgebildet). Erhältlich in Ausführungen für Links- und Rechtshänder, mit einem ungewöhnlichen senkrechten Bedienungsregler. Im übrigen ist sie der Wold A-2 ähnlich, die weiter unten abgebildet ist.

Spritzpistolen mit unabhängiger doppelter Hebelfunktion

Badger 150. Erhältlich mit einer feinen (Modell XF), mittleren (Modell IL) oder großen Düse (Modell HD), die aber alle austauschbar sind. Sie arbeitet nach dem Saugsystem und kann mit einem 22 cm³- oder 60 cm³-Farbbehälter oder einem 7 cm³-Farbnapf versehen werden. Weitere Merkmale sind eine Linieneinstellschraube und Löcher in der Luftkappe, um beim Arbeiten nahe über der Malfläche ein Verlaufen der Farbe zu verhindern. (Die Artistic-Modelle SSV-2 und SSV-3 sind mit der Badger 150IL bzw. HD identisch.)

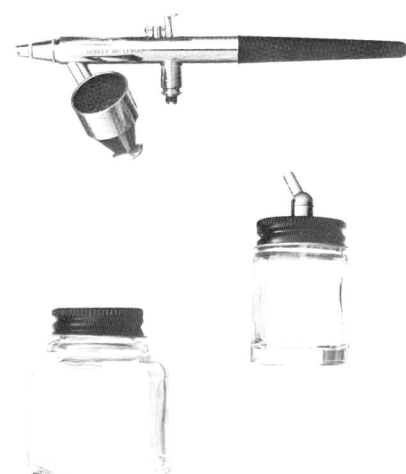

Badger 100. Erhältlich mit einer feinen (Modell XF) oder mittleren Düse (Modell IL), die austauschbar sind, und einem seitlichen 2 cm³- oder 3,5 cm³-Farbnapf. Diese Spritzpistole hat auch eine Linieneinstellschraube und abschraubbare Bodenteile an den Farbnäpfen zur leichteren Reinigung. Ausführungen für Links- und Rechtshänder sind erhältlich; die Luftkappe hat Löcher, um das Verlaufen der Farbe beim Arbeiten nahe über der Malfläche möglichst zu verhindern. (Die Modelle Artistic S-1 und S-2 sind mit der Badger 100XF bzw. IL identisch.)

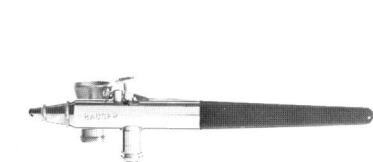

Badger 100GXF. Hat eine feine Düse und einen 2 cm³-Farbtank mit Fließsystem; die Luftkappe hat Löcher, um die Gefahr eines Verlaufens von Farbe beim Arbeiten nahe über der Malfläche zu verringern. (Die Artistic SG-1 ist mit diesem Modell identisch.)

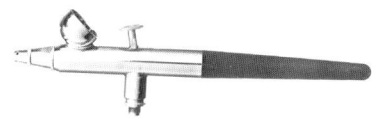

DeVilbiss Aerograph Sprite Major. Mit einer großen Düse, die aber durch eine feine ausgetauscht werden kann; der Farbbehälter mit Saugsystem faßt 30 cm³. Sie hat einen feststellbaren Nockenring, der den Bewegungsspielraum der Nadel regelt.

DeVilbiss Aerograph Sprite. Ausgestattet mit einer feinen Düse, die aber durch eine große ausgetauscht werden kann; der Farbtank mit Fließsystem faßt 5 cm³. Die Luftkappe hat Schlitze, die die Gefahr eines Verlaufens von Farbe beim Arbeiten nahe über der Malfläche verringern; im übrigen ist dieses Modell wie die Sprite Major ausgestattet.

DeVilbiss Aerograph Super 63E. Ausgerüstet mit einer feinen Düse und einem 5 cm³-Farbtank mit Fließsystem. Düse und Luftkappe können als Set zusammen ausgetauscht werden. Sie hat einen feststellbaren Nokkenring und Schlitze in der Luftkappe, die die Gefahr eines Verlaufens von Farbe beim Arbeiten nahe über der Malfläche verringern. Ein selbstregulierender Ventilmechanismus gewahrleistet eine lange Lebensdauer.

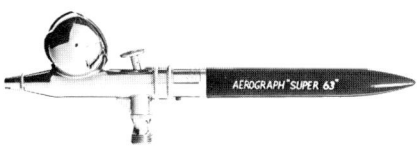

DeVilbiss Aerograph Super 63A. Dieses Modell hat eine feinere Düse und einen tiefliegenden Farbtank mit Fließsystem. Nadel/Düse-Sets für die ›A‹ und ›E‹ sind austauschbar; ansonsten ist diese Spritzpistole mit der ›E‹ identisch.

Holbein Neo-Hohmi. Hat eine feine Düse, einen seitlich angebrachten Farbnapf mit Saugsystem und eine Linieneinstellschraube. Außerdem verfügt sie über eine von außen zu betätigende Justiervorrichtung für die Nadelstopfbüchse.

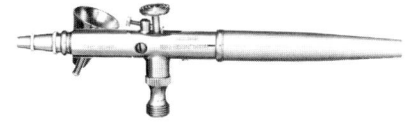

Holbein Y4. Hat eine große Düse und einen oben angebrachten Farbnapf mit Fließsystem. Verfügt außerdem über eine von außen zu betätigende Justiervorrichtung für die Nadelstopfbüchse.

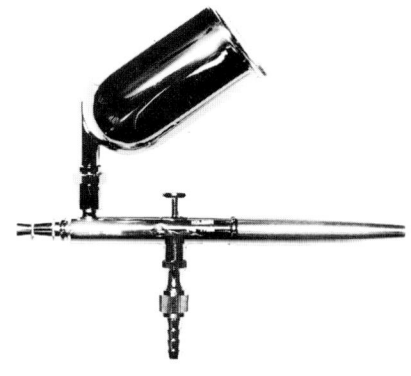

Holbein Y-3. Hat eine mittlere Düse und einen Farbtank mit Deckel; ansonsten wie die Y-4 ausgestattet.

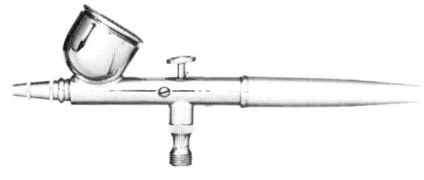

Holbein Y-2. Hat eine feine Düse und einen kleineren Farbtank als die Y-3; ansonsten sind die Geräte gleich.

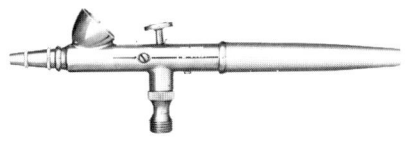

Holbein Y-1. Hat einen tiefliegenden Farbtank; ansonsten mit der Y-2 identisch.

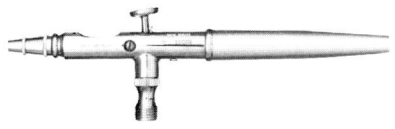

Iwata HP-D-S. Hat eine große Düse und einen oben angebrachten Fließsystemfarbnapf mit 120 cm³ Fassungsvermögen.

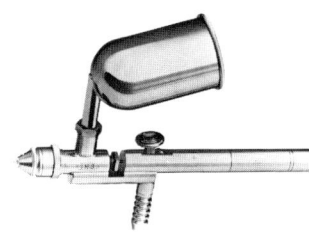

Iwata HP-D-L. Hat eine größere Düse als die HP-D-S; ansonsten ist sie mit ihr identisch. Dieses Modell ist speziell für Lacke konstruiert.

Iwata HP-C. Hat eine mittlere Düse und einen 30 cm³-Farbtank mit Fließsystem.

Iwata HP-B. Hat eine feine Düse und einen 7 cm³-Farbtank mit Fließsystem.

Iwata HP-A. Wie die HP-B, aber mit tiefliegendem Farbtank.

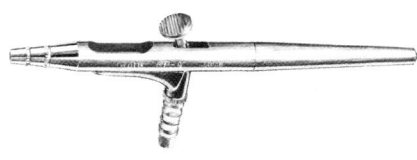

Paasche VLS. Erhältlich mit einer feinen (Modell VLS-1), mittleren (Modell VLS-3) oder großen Düse (Modell VLS-5); die Nadel/Düse-Sets sind austauschbar. Diese Modelle arbeiten nach dem Fließsystem und können mit einem seitlichen 7 cm³-Farbnapf oder einem 90 cm³-Farbbehälter versehen werden; sie haben auch eine Hebelarretierung und eine Drehgelenkverbindung, um eine größere Zahl von Spritzpositionen zu ermöglichen.

Paasche VL (nicht abgebildet). Erhältlich als Modelle VL-1, VL-3 und VL-5, die mit der VLS-Serie identisch sind, nur daß sie keine Drehgelenkverbindung haben.

Paasche V. Erhältlich mit einer feinen (Modell V-1) oder mittleren Düse (Modell V-2); die Nadel/Düse-Sets sind austauschbar. Es gibt sie für Links- und Rechtshänder mit einem seitlichen 3,5 cm³-Fließsystemfarbnapf oder einem 30 cm³-Farbbehälter. Diese Spritzpistole hat auch eine Hebelarretierung.

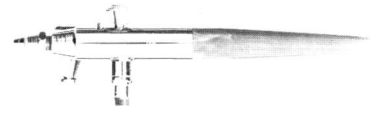

Paasche V-jr. Ähnlich der Paasche V-Serie, aber mit Farbtank; Modell V-jr-1 entspricht der V-1, Modell V-jr-2 der V-2.

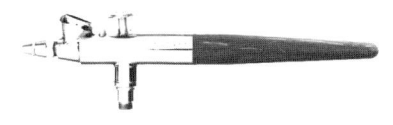

Sata Decorating Gun. Erhältlich mit austauschbaren Düsen von 0,2 mm, 0,3 mm, 0,4 mm, 0,5 mm, 0,6 mm, 0,8 mm oder 1 mm Bohrungsdurchmesser. Für die Düse ist ein 10 cm-Verlängerungsstück erhältlich. Es gibt einen Fließsystemfarbnapf mit 60 cm³ oder 105 cm³ Fassungsvermögen; außerdem läßt sich die Nadelstopfbüchse von außen justieren.

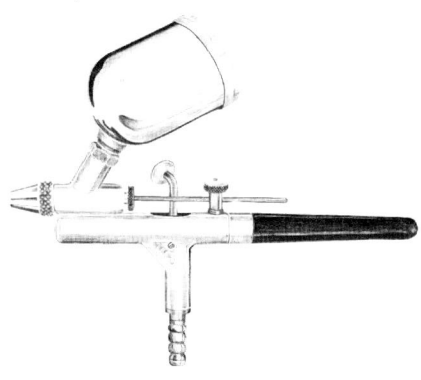

Thayer and Chandler. Wird mit feiner (Modell A) oder mittlerer Düse (Modell AA) geliefert; Links- und Rechtshändermodelle sind erhältlich. Die seitlichen Farbnäpfe mit Saugsystem haben 2 cm³ oder 3,5 cm³ Fassungsvermögen. Außerdem sind sie mit einer von außen justierbaren Nadelstopfbüchse und einer Linieneinstellschraube versehen.

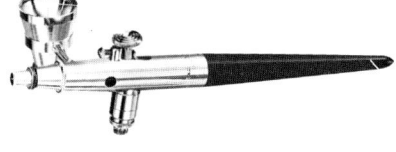

Wold W-9. Hat eine sehr große Düse und einen Saugsystemfarbbehälter mit 120 cm³, 180 cm³ oder 240 cm³ Fassungsvermögen. Außerdem besitzt dieses Modell eine Linieneinstellschraube.

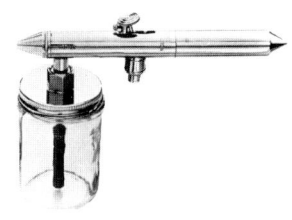

Wold Master. Hat eine große Düse und einen seitlichen 15 cm³-Farbnapf mit Fließsystem sowie eine Linieneinstellschraube. Links- und Rechtshändermodelle sind erhältlich.
Wold Master M (nicht abgebildet). Wie die Master, kann aber auch mit einem 30 cm³-Farbbehälter versehen werden.

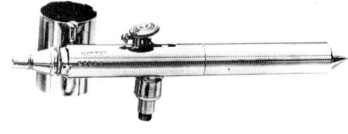

Wold A-2N. Eine nach dem Saugsystem arbeitende Spritzpistole mit mittlerer Düse und einem seitlichen 6 cm³-Farbnapf oder einem 30 cm³-Farbbehälter. Versehen mit einer Linieneinstellschraube. Links- und Rechtshändermodelle sind erhältlich.

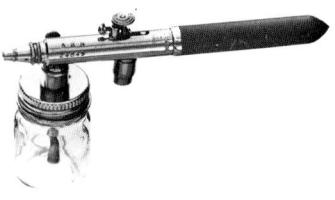

Wold A-1. Identisch mit der A-2N, kann aber nicht mit einem Farbbehälter versehen werden; die Düsen-Nadel-Baugruppe ist mit jener der A-2N austauschbar.

Wold A-2. Hat eine feine Düse und einen seitlichen 2 cm³-Saugsystemfarbnapf. Dieses Modell besitzt eine versilberte Düse; außerdem gibt es eine Linieneinstellschraube und nach Wahl Ausführungen für Links- und Rechtshänder.

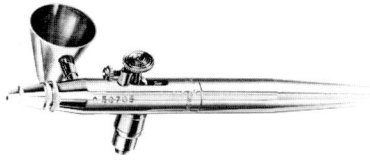

Wold A-137 (nicht abgebildet). Ähnlich der A-2, aber mit einer abnehmbaren Düsenschutzkappe und ohne Linieneinstellschraube. Ausführungen für Links- und Rechtshänder sind erhältlich.

Wold A-196. Eine Spritzpistole mit feiner Düse, tiefliegendem Farbtank mit Fließsystem und einer Linieneinstellschraube.

Spezielle Spritzpistolen

Paasche AB. Diese einzigartige, nach dem Fließsystem arbeitende Spritzpistole mit unabhängiger doppelter Hebelfunktion wird von einer Turbine mit bis zu 20000 U/min angetrieben. Die spezielle Farbspitze ist für langsame Detailarbeit konstruiert. Das Gerät hat einen Farbnapf, eine Farbnapfeinstellschraube, eine Linieneinstellschraube, eine Punktiereinstellschraube, einen Turbinendrehzahlregler, Fettbuchsen mit automatischer Zufuhr zum Schmieren der Turbine und wird sogar mit Ersatznadeln geliefert. Es sind Ausführungen für Links- und Rechtshänder erhältlich.

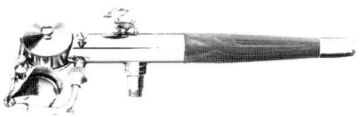

Fotonachweis

Die Verfasser möchten den folgenden Personen und Institutionen für ihre jeweils erteilte Reproduktionserlaubnis danken. Die Angaben nennen jeweils die Seitenzahlen (o=oben, u=unten, m=Mitte, l=links, r=rechts): Agency Repro Concept, Brüssel: 51o. Andrew Archer Associates: 19or, 19u, 54o, 54u, 60o, 78, 104. Avec Ltd.: 137. Peter Barry: 118, 122. Jonathan Cape: 55. Norman Catherine: 34u (Sammlung Haenggi Foundation, Südafrika), 35 (Privatsammlung). Bob Carlos Clarke: 134. Mike Cotton und Prairie Prince: 138, 139. Japan Creators' Association: 53, 56, 60ul, 61or. Terry deLoach: 47u. DeVilbiss Co. Ltd.: 8, 9, 12, 13, 15, 16. Kenneth Durran: 129u. Michael English: 48 (Sammlung Herr und Frau Griem). Esquire Magazine: 14. Audrey Flack: 25, 26. Mel Flatt: 51u. Buckminster Fuller: 92. Dr. J. Hansman: 18. David A. Hardy: 22/23. O. K. Harris Gallery: 45, 46. Ray Hasgood: 135ol. Nancy Hoffman Gallery Inc.: 20, 32o, 32u, 38, 39, 44. Andrew Holmes: 125, 126u. Denny Johnson: 136. Francis Kyle Gallery, London: 59 (Sammlung DeVilbiss Co. Ltd.). Kurt Jean Lohrum: 52. Rodney Matthews: 90. Chris Meicklejohn Ltd., London: 58, 61ol. Louis K. Meisel Gallery, New York: 26. ›Miracles‹, London: 135ur. Motif Editions: 61u. Chogyam Parkinson-Smith: 96, 108. Paasche Airbrush Co., Chicago: 11. Terry Pastor: 50ul, 50ur. Sir Roland Penrose: 30, Copyright by ADAGP, Paris 1980. Peter Phillips: 40/41, 42, 43. Arnold Plummer: 102. F. Reeves: 131ol, 131l, 132ur. Rolls Royce Ltd.: 63, 121o, 121m. Doris und Charles Saatchi: 36. Sue Saunders: 127u. Heinz-Josef Schmitz: 73. Peter Sedgley: 28, 31. Seng-gye: 47u (Sammlung Colin Lowery), 108ol (Colin Lowery), 112o (Privatsammlung), 112u (Privatsammlung). Frau I. J. Sneddon: 17o. Studio JR: 131mr. Studio Ri Kaiser: 57, 135ul. Thumb Gallery, London: 49, 50o, 126o. Toppan International: 6, 37. Charles White III: 60ur. Paul Wunderlich: 33, 34o, 126u. Die Strichzeichnungen sind von Rex Kent und Rosemarie Leech. Die Schwarzweiß-Fotografien stammen, soweit nicht anders angegeben, von Roger Hicks.

Glossar

Abdeckung: Hilfsmittel, um einen bestimmten Bereich der Malfläche nicht besprühen zu lassen. Es gibt zwei Hauptarten: lose Abdeckung, bei der die Maske, das Abdeckmittel, nicht auf dem Malgrund aufliegt, z. B. Abdeckung mit Karton; und haftende Abdeckung, bei der die Maske auf dem Malgrund aufliegt, z. B. Abdeckung mit Folie, Abdeckband und flüssigem Abdeckmittel einschließlich Firnissen.

Acryl: Eine mit Wasser verdünnbare Farbe auf Acrylharzbasis.

Acrylemail: Eine spezielle Acrylfarbe, die oft zum Lackieren von Autokarosserien verwendet wird.

Aerograph: Name der ersten Spritzpistole (eines Typs, der heute noch hergestellt wird). Auch als allgemeine Bezeichnung für Spritzarbeiten (z. B. von Man Ray) gebraucht; auch der Spritzvorgang selbst wurde im Englischen so gekennzeichnet.

Airbrush: Die englische Bezeichnung für Spritzpistolen, die für grafische Zwecke bestimmt sind; im Gegensatz dazu bezeichnet der Ausdruck ›spray gun‹ einfachere sowie größere industrielle Spritzgeräte.

Alkyd: Eine mit Spiritus verdünnte Farbe auf Alkohol- und Alkydharzbasis.

Antriebsmittel: Die Energiequelle der Spritzpistole.

Automatisches Rückschlagventil: Ventil am Kompressor, das den Druck im Speicher reguliert.

Bar: Physikalische Einheit des Drucks; 1 bar entspricht 1,02 kp/cm^2.

Bernoullisches Prinzip: Das von Daniel Bernoulli formulierte physikalische Gesetz über flüssige und gasförmige Medien, das besagt, daß der Druck in einem strömenden Medium mit steigender Geschwindigkeit abnimmt.

Chinesische Tusche: Traditionelle Blocktusche, die mit Wasser angerieben wird.

Deckfolie, Decker: Transparente Folie, die über ein Bild gelegt wird, um darauf Farbe oder Einzelheiten hinzuzufügen.

Diorama: Plastische Darstellung mit gemaltem Hintergrund.

Doppelte Hebelfunktion: Spritzpistolensteuerung, die sowohl die Luft- als auch die Farbmenge regelt.

Druck: Mit mechanischen Mitteln vervielfältigtes Kunstwerk.

Druckflasche: Großes, wieder auffüllbares Behältnis für Treibgas als Antriebsmittel.

Druckluftdose: Einwegdose mit Druckgas als Antriebsmittel.

Druckregulierungstank: Kleiner Tank, der gebraucht wird, um von dem Speicher des Kompressors herrührende Schwankungen zu verhindern.

Düse: Öffnung, durch die bei der Spritzpistole die Farbe in den Luftstrom tritt.

Einfache Hebelfunktion: Spritzpistolensteuerung, bei der nur die ausgelassene Luftmenge reguliert wird; die Farbzufuhr wird dabei an anderer Stelle gesteuert.

Eitempera: Mit Wasser verdünnte Farbe, die Ei oder Eigelb, manchmal auch Öl als Bindemittel enthält.

Emailfarbe: Mit Spiritus verdünnte Farbe, die Zellulose o. ä. als Bindemittel enthält.

Farbauszug: Das Ausfiltern geeigneter Grundfarben bei einer zur Reproduktion bestimmten Vorlage.

Farbbehälter: Abnehmbares Farbbehältnis mit einem Zuführrohr im Deckel.

Farbe: Jedes Medium, das durch ungelöste Partikel (Pigmente) oder Farbstoffe gefärbt ist.

Farbnapf: Abnehmbares Farbbehältnis mit fest eingebautem Zuführrohr.

Farbstoff: Vollständig lösliches Farbmittel.

Farbtank: Ein fest an die Spritzpistole angebautes oder in ihr Gehäuse eingelassenes, tiefliegendes Behältnis für die Farbe.

Fließsystem: Farbzuführung, bei der die Farbe, durch die Schwerkraft bedingt, fließend in die Spritzpistole eintritt.

Flüssigkeisspitze: siehe Düse.

Folienabdeckung: siehe Abdeckung.

Fotoretusche: siehe Retusche.

Freihändiges Spritzen: Exaktes Spritzen von Details ohne Abdeckung.

Gekoppelte doppelte Hebelfunktion: Spritzpistolensteuerung, die Farb- und Luftmenge gleichzeitig in einem festgelegten Verhältnis regelt.

Gouache: Mit Wasser verdünnbare Farbe auf Tempera- oder Acrylbasis.

Grauskala: Skala von Grauwerten zwischen Schwarz und Weiß.

Haftvermögen: Grad der Adhäsion, insbesondere der Abdeckfolie auf dem Untergrund.

Hebelarretierung: Vorrichtung, um den Bedienungshebel der Spritzpistole in einer bestimmten Position festzustellen.

Kartonabdeckung: siehe Abdeckung.

Lineineinstellschraube: siehe Hebelarretierung.

Luftventil: Steuerbares Ventil, das den Luftstrom zur Düse der Spritzpistole regelt.

Malgrund: Fläche, auf die das Bild oder die Zeichnung aufgetragen wird.

Maske: Gegenstand, der als Abdeckung dient, insbesondere Folie.

Medium: Flüssigkeit, die mit Pigmenten oder Farbstoffen gemischt zum Spritzen verwendet wird.

Membranbaugruppe: Ventil- und Hebelsystem, das sich bei einigen Spritzpistolen mit unabhängiger doppelter Hebelfunktion findet.

Mezzotinto: Schabkunst; Verfahren, bei dem eine Kupferplatte aufgerauht und die Stellen, die hell drucken sollen, dann geglättet werden.

Modular-Farbe: Farbe des Modular-Farbsystems, bei dem die Farbwerte gegenüber einer Grauskala eingestuft sind.

Moiré: Mustereffekt, der durch Überlagerung zweier leicht gegeneinander verschobener Raster entsteht.

Mundzerstäuber: Herkömmliches Sprühgerät, das durch Blasen betätigt wird.

Nadel: Bauteil der Spritzpistole, mit dem die durch die Düse tretende Farbmenge reguliert wird.

Ölfarbe: Mit Spiritus verdünnte Farbe aus einer Mischung von Leinöl oder vergleichbarem Öl mit Firnis.

Originaldruck: Druck, bei dem der Künstler bei der Farbherstellung beteiligt ist.

Pigment: Unlösliche Farbpartikel der Malfarbe.

Punktierung: Hier Bezeichnung für einen groben Sprühstrahl, mit dem sich eine körnige Struktur erzielen läßt.

Raster: Fotografisch beschichtete Folie oder Glasplatte, die Licht in einem spezifischen oder beliebigen Muster durchläßt, um Halbton-vorlagen für den Druck herzustellen.

Retusche: Abänderung oder Verbesserung von Bildvorlagen.

Rückschlagventil: siehe automatisches Rückschlagventil.

Saugsystem: Farbzuführung, bei der das Medium durch Ansaugen in die Spritzpistole gelangt. Siehe Bernoullisches Prinzip.

Sicherheitsventil: Ventil an der Druckluftdose oder am Kompressor, um erhöhten Druck abzulassen.

Speicher: Luftspeicherungstank am Kompressor.

Spinnenartiger Verlauf: Effekt, der durch einen Überschuß an Farbe oder Luft entsteht, insbesondere wenn die Spritzpistole nahe über der Malfläche geführt wird; statt eines fein zerstäubten Sprühstrahles kommt es zu Farbfäden.

Spritzradierer: Spezielles Spritzgerät zum Schleifen.

Sternlicht: Form eines Glanzlichtes, die dadurch entsteht, daß helle Farbe auf einen kleinen Bereich einer dunklen Fläche gesprüht wird.

Tank: siehe Speicher.

Turbo: Eine Spritzpistole, die mittels einer Turbine betrieben wird.

Überspritzen: Das Spritzen auf ein Bild, um Änderungen oder Hervorhebungen zu erzielen.

Unabhängige doppelte Hebelfunktion: Spritzpistolensteuerung, bei der die Luft- und die Farbmenge unabhängig voneinander mit demselben Hebel geregelt werden.

Verlauf: Fließender, stufenloser Übergang von Hell nach Dunkel sowie zwischen zwei oder mehreren Farben.

Wasserfarben: Mit Wasser verdünnbare Farben, die Gummi arabi-cum o. ä. als Bindemittel enthalten.

Wegretuschieren: Unerwünschte Teile einer Vorlage werden durch Retusche vollständig überdeckt.

Anmerkungen zu Kapitel 2

1 David Hardy/Bob Shaw: Thomas Cook's Galactic Tours (London)
2 Man Ray: Self Portrait (1973), S. 73
3 Penrose, Sir Roland: Man Ray (1975), S. 48 ff.
4 de Kooning, Willem, zitiert in: Mario Amaya: Pop as Art (1965), S. 45
5 Dine, Jim, zitiert ebd., S. 45
6 Lichtenstein, Roy, Interview mit G. R. Swenson ›What is Pop Art‹ (›Was ist Pop Art‹) in: Art News 62, Nr. 7, 1963
7 Salt, John, Interview in: Art in America, Nov./Dez. 1972
8 Eddy, Don, ebd.
9 Goings, Ralph, ebd.
10 Estes, Richard, ebd.
11 Close, Chuck: Artforum, Januar 1970
12 Glaser, Bruce (Professor für Kunstgeschichte an der Universität Bridge-port, Connecticut) in dem Katalog zur Ausstellung von Audrey Flack, New York, April 1976
13 Gombrich, E. H.: Kunst und Illusion, Stuttgart 1978, S. 351 u. 356

Literatur

Zur Spritz- und Retuschiertechnik

Caiati, Carl: Airbrush Techniques for Custom Painting, Chicago 1978
Dalley, Terence (Hrsg.): The Complete Guide to Illustration and Design. Techniques and Materials, New York 1979; dt.: Illustration und Grafikde-sign, Ravensburg 1982
Croy, O. R.: Retouching, London 1964
Hayes, Colin (Hrsg.): The Complete Guide to Painting and Drawing Techni-ques and Materials, Oxford 1979; dt.: Zeichnen und Malen. Das praktische Handbuch der Werkstoffe und Techniken, Ravensburg 1980
Gill, Robert W.: Manual of Rendering with Pen and Ink, London 1973
Goldman, Richard M./Rubenstein, Murray: Airbrushing for Modellers, New York 1974
Kodak Booklet E 70, Retouching Ektacolour Prints, 1977
Magnus, Günter Hugo: DuMont's Handbuch für Grafiker. Eine Anleitung für die Praxis, Köln 1980

Kunstgeschichtliche und -kritische Werke

Gabor, Mark: The Pin-Up, A Modest History, New York 1972; London 1976
Gombrich, E. H.: Art and Illusion. A Study in the Psychology of Pictorial Representation, Princeton 1961, Oxford 1977; dt.: Kunst und Illusion, Köln 1967, Stuttgart 1978
Gregory, R. L.: Intelligent Eye, New York 1970, London 1971
Lucie-Smith, Edward: Late Modern, London 1969, New York 1976
Mai-Mai Sze: The Tao of Painting, Princeton 1963
van Briessen, Firtz (Übers.): Way of the Brush, New York 1962
Walker, John A.: Art Since Pop, London 1975
Wang Chi-Yuan/Martin, Ruth: Oriental Brushwork, New York 1964, London 1964
Wolfe, Tom: The Painted Word, New York 1975

Danksagung

Verfasser und Verlag möchten Mike Drew von der DeVilbiss Co. Ltd. (Bournemouth, England) und Ron Hunt von der Royal Sovereign Group (London) für ihre fortwährende Unterstützung und Ermutigung danken. Den folgenden Spritzpistolenzwischenhändlern und -herstellern sei ebenfalls für ihre unschätzbare Mitarbeit gedankt: Paasche Airbrush Co., Chicago, USA; Mike Maurice von der Artistic Airbrush Company, Portland, USA; Binks-Bullows Ltd., Walsall, England; Frank Herring and Sons, Dorchester, England; Frisk Products Ltd., London; Humbrol Ltd., Hull, England; Malcolm und Nicholas Woodward von Microflame (England) Ltd., Norfolk, England (Paasche-Zwischenhändler); Morris and Ingram (London) Ltd. (Badger-Zwischenhändler). Die folgenden Institutionen, Galerien und Personen leiste-ten ebenfalls wertvolle Unterstützung bei der Herstellung dieses Buches: Andrew Archer Associates; Bristol Fine Art; British Oxygen Co.; O. K. Harris Gallery, New York; Nancy Hoffman Gallery, New York; Japan Creators' Assocation, Tokio; Colin Lowery; Chris Meiklejohn Ltd.; ›Miracles‹, London; Chogyam Parkingson-Smith; Nick Pearson; Sir Roland Penrose; Redfern Gallery, London; Rolls Royce Ltd.; Sloane Street Gallery, London; Frau I. J. Sneddon; Thumb Gallery, London; Toppan International, Tokio und London; Waddingtons Graphics, London; Zip Art, London.
Der DuMont Buchverlag dankt der Firma ›Kölner Malkasten‹ für ihre freundliche Unterstützung bei der Herstellung der Abbildung 3.16.

Register

Aldrige, Alan 53, 55
Amaya, Mario 159
Andrew Archer Associates 4
Arpke, Otto 18

Bacon, Francis 27
Barry, Peter 118f., 122
Bauhaus 18
Bayer, Herbert 18
Berkeley, Busby 18
Bernoulli, Daniel 158
Briessen, Fritz von 159
Burdick, Charles L. 8ff., 13, 15ff., 27, 72

Caiati, Carl 159
Caravaggio, Michelangelo da 38
Castle, Philip 58f.
Catherine, Norman 27, 34f.
Clarke, Bob Carlos 134
Clarke, John Clem 27, 45
Close, Chuck 24, 159
Cotton, Mike 138
Croy, O. R. 123, 159

Dalley, Terence 159
Davies, Paul 49f.
David, J. L. 56
DeLoach, Terry 47
DeVilbiss, Dr. Alan 13
Dine, Jim 23, 159

Eddy, Don 24, 44, 159
Ehlers, Henry 18

English, Michael 48, 61
›Esquire‹ 15, 18
Estes, Richard 24, 159

Fabergé 17
Flack, Audrey 24ff., 26, 159
Flatt, Mel 51

Gabor, Mark 159
Gill, Robert W. 159
Glaser, Bruce 24, 159
Goings, Ralph 24, 159
Goldman, Richard M. 159
Gombrich, E. H. 25, 27, 159
Goodale, Rick 53f.
Green, Richard 25
Greenberg, Clement 23
Gregory, L. M. 159
Gropius, Walter 18, 23f.

Hakamada, Kazuo 60
Hardy, David 21, 22f., 159
Harmer, Keith 62f.
Hasgood, Ray 134f.
Hefner, Hugh 18
Holmes, Andrew 27, 124, 126

Iwasaki, Katsuaki 53
Jackson, David 19, 21, 60, 104f.
James, Brian 58
Johnson, Denny 136

Kaiser, Ri 56f., 134f.
Kandinsky, Wassily 18

Klee, Paul 18
Kooning, Willem de 23, 159

Lalique 17
Lichtenstein, Roy 23, 159
Lohrum, Kurt Jean 52f.
Lucie-Smith, Edward 159

Magnus, Günter Hugo 159
Magritte, René 21
Mai-Mai Sze 159
Manet, Edouard 27
Maquaire, Jean-Jacques 51
Martin, Ruth 159
Matthews, Rodney 90f.
Mio, Kozo 37
Moholy, Nagy, Laszlo 18
Mucha, Alphons 17

Nicastri, Joe 38

Ota, Izumi 61

Paasche, Jens A. 10f.
Pastor, Terry 4, 19, 21, 50, 72
Penrose, Sir Roland 21, 159
Petty, George 18
Phillips, Peter 23, 27, 40ff., 43
Pichering, Roy 62f.
›Playboy‹ 19
Plomer, William 53
Preston, Gerry 61
Prince, Prairie 138

Ray, Man 21, 23f., 27, 30, 159
Rosenberg, Harold 23
Rubenstein, Murray 159

Salt, John 24, 36, 159
Sarkisian, Paul 32
Saunders, Su 125f.
Schonzeit, Ben 19f., 39
Sedgley, Peter 27ff., 31
Selz, Peter 23
Seng-gye 47, 95, 98, 107, 111, 115, 126ff.
Shaw, Bob 159
Soratama, Hajime 6f.
Swenson, G. R. 159

Tsuruta, Ichiro 56
The Tubes 133, 138f.

Vargas, Alberto 7, 14f., 18f.

Walker, John A. 159
Wang Chi-Yuan 159
Ward, Dick 19, 78f.
White, Charlie 60
Willcock, Harry 53, 55
Winney, Sidney 17
Wolfe, Tom 23, 159
Woodburn, Stephen 46
Wunderlich, Paul 27, 33f., 126

Zepf, Toni 18